Electronではじめる デスクトップアプリケーション開発

掌田津耶乃 著

本書に掲載されているソースコードは、サポートサイト（http://www.rutles.net/download/510/index.html）からダウンロードすることができます。

パソコンのアプリも「Web」で作る！

プログラムの開発は、時代とともに変わります。以前は、パソコンのアプリケーション開発といえばC++だのC#だのといった本格的な開発言語を使うのが基本でした。こうした言語による開発は、ハードウェアやOSに関する深い知識が必要で、ちょっとしたアプリを作るだけでも相当な苦労が伴いました。

同じ開発でも、もっと簡単に行える分野もあります。その1つが「Web」でしょう。WebはHTMLとスタイルシート、そしてJavaScriptがある程度使えれば作ることができます。だったら、パソコンアプリも「Web」で作ればいいんじゃないでしょうか？

少し前なら、そんな考えは一笑に付されていたでしょう。しかし、技術の進歩とハードウェアの進化により、「Webでパソコンアプリを作る」というのは俄然現実味を帯びてきました。というより、現在、使われているパソコンアプリのけっこうな数が、すでにWeb技術を使って作られているのです。それを可能にしたのが、「Electron」というソフトウェアです。

Electronは Webの技術を使い、パソコンのアプリを開発するフレームワークです。ベースにNode.jsとChromiumという技術を用い、JavaScriptとHTMLで本格アプリを開発します。すでにマイクロソフトなどの大手がこの技術を使ってアプリをリリースするようになっているのです。

本書はHTML、CSS、JavaScriptといったWeb技術をある程度理解している人に向けた「Electronによるパソコンアプリ開発の入門書」です。これらの技術の基本さえわかっていれば、パソコンアプリの開発を学ぶことができます。

本書では、以下のような内容について解説しています。

- Electronの基本的なコーディング。
- 基本的なUIの使い方、Bootstrapの導入。
- Electron特有のプロセス間通信の基本。
- ファイルやネットワークによるデータアクセス。
- テキストエディタ開発のフレームワーク利用。
- Reactを導入したアプリ開発の基本。
- テストとビルドの基本。

Electronについて説明していない点はまだまだたくさんありますが、とりあえずこれらがわかれば、簡単なアプリは作れるようになります。「Webの技術ならある程度わかる」という方、ぜひ今日からパソコンのアプリ開発にも挑戦してみてください。せっかく身につけた技術、もっと広い世界でフル活用しましょう！

2020年10月　掌田津耶乃

Contents

Electronではじめるデスクトップアプリケーション開発

Chapter 2 アプリケーションの基礎を理解する

COLUMN

Chapter 1

Electronの基本

ようこそ、Electronの世界へ！
まずはElectron開発の準備を整え、
そしてどのようにしてアプリケーションを作成するのか、
その基本的な手順を覚えていくことにしましょう。

Chapter
1

1.1. Electronを準備する

PCのアプリ開発の流れ

開発の世界は、目まぐるしい速さで変化しています。特に、インターネット（Web）やスマートフォン開発の分野では次々と新しい技術が登場し、瞬く間に普及していくのを日々目にしていることでしょう。

こうした分野に対して「PCのアプリケーション開発」の世界は、比較的変化に乏しいように思われているのではないでしょうか。

パソコンのアプリ開発といえば、昔ながらのコンパイラ言語でコードを書くのが基本。WindowsならVisual StudioでC#、macOSならXcodeでObjective-CかSwiftで開発する。そういうもので、それ以外の選択肢などほとんど存在しないかのように思われていることでしょう。

が、実はそうでもありません。PCのアプリ開発においても、少しずつ変化が起こっているのです。それは、昔ながらのC系言語による開発から「Web技術を使った開発」へのシフトです。

すべてはWebへ!

実をいえば、この流れはPCよりもひと足早く「スマホ開発」において始まっていました。スマートフォンは、Java/KotlinやObjective-C/Swiftといった本格言語で開発を行います。

こうした本格言語はそれなりに習得が難しく、ある程度開発に習熟していなければ本格的なアプリ開発は難しいでしょう。

しかし世の中には、もっとわかりやすい言語で開発が行われている分野もあります。それは「Web」です。HTML/CSSとJavaScriptという、比較的わかりやすい技術を使ってWebページは作られています。

「それなら、Webと同じやり方でアプリの表示や処理を作ってしまえばいいじゃないか」という考えから、多くの技術が生まれました。JavaScriptベースでアプリ開発を行う、PhoneGap（現Apache Cordova）などのフレームワークです。これらの登場により、現在多くのスマホアプリがJavaScriptを使って開発されるようになっています。

この流れはPC開発の分野においても顕著になりつつあります。HTML/CSSで画面表示を作りJavaScriptで処理を書く。PCにおいてもこれが可能になれば、開発効率は飛躍的に向上するでしょう。のみならず、メイン部分を一度開発してしまえば、Web、スマホ、PCのすべてのプラットフォームへの移植も比較的簡単に行えるはずです。

すべてはWebへ。──それこそが、今現在、多くの分野で起こっている変化なのです。

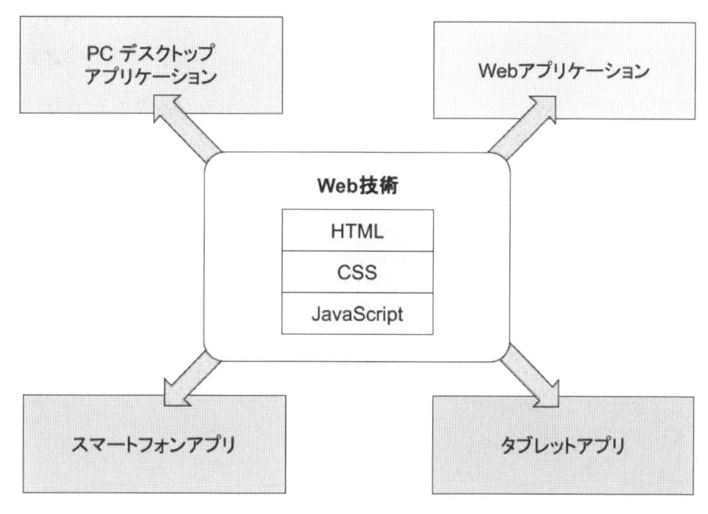

図1-1：PC、Web、スマホ、タブレットとあらゆるプラットフォームのアプリがWeb技術で作れる時代になっている。

Electronとは?

PCにおける「Web技術によるアプリ開発」の原動力となっているのが、「Electron」です。これは、GitHubが開発するオープンソースのフレームワークで、次のような特徴を持ちます。

●Chromium + Node.js

Electronでは、ChromeブラウザのベースとなっているオープンソースのChromiumと、JavaScriptエンジンであるNode.jsの技術を使っています。これらにより、JavaScriptベースでHTML/CSSを利用したGUIのアプリケーションを開発し実行します。

●ネイティブアプリが作れる

HTMLやJavaScriptで作るというと、「JavaScriptじゃ遅いだろう」「HTMLじゃ中身が見られて不安」といった声が上がるかもしれません。しかし、Electronは専用のビルダーツールを利用し、ネイティブアプリを作成できます。ビルダーではアプリのインストーラが生成され、それを起動することでアプリをインストールできるようになっているのです。ネイティブ化されていますから、そのままHTMLファイルを開いて中を覗かれる、などといった不安もありません。

●マルチプラットフォーム対応

Electronは、Windows、macOS、Linux版がリリースされています。これにより、それぞれのプラットフォーム向けのアプリが開発できます。Electronには、それぞれのプラットフォーム固有の機能も用意されていますが、そうしたものを使わなければ、同じソースコードで複数のプラットフォーム用アプリを開発できます。

ElectronのWebサイトについて

Electronは、以下のWebサイトで公開されています。日本語のドキュメントも充実しています。ただし、Electron自体はここからダウンロードなどする必要はありません。

図1-2：ElectronのWebサイト（URL https://www.electronjs.org/）。日本語の情報も豊富だ。

本書の説明について

Electronの説明に入る前に、本書の説明がどのようなものか、簡単に触れておきたいと思います。本書はElectronの入門解説書ですが、Electronを利用する上で必要となることすべてが記載されているわけではありません。本書がどのような入門書で、どういう読者を想定しているのか、簡単にまとめておくことにします。

●HTMLとCSSの基本はわかっている

Electronでは、Web技術を使ってアプリケーション開発を行います。このとき、GUI作成に用いられるのがHTMLとCSSです。

本書では、これらの基礎知識はすでに身についているという前提で説明を行います。HTMLがどういうものか、どうやって書けばいいのか、記述されている基本的な要素はどういう働きをするものなのか。そういった基礎的な知識はすでに頭に入っているものとして説明はしません。

またCSSについても、基本的なスタイルの書き方など基礎部分については説明を省略します。といっても、CSSを使った高度な表現などの知識までは不要です。フォントやカラー、マージンといった基本的なスタイルの使い方がだいたいわかっていれば問題ありません。

●JavaScriptの基本文法はわかっている

Electronでは、JavaScriptを使ってプログラムを記述します。JavaScriptはWeb作成で用いられるスクリプト言語であり、Webを作ったことがあるなら最低限の知識はあることでしょう。そこで本書では、JavaScriptの基本的な文法などについては省略します。

ただし、標準で用意されているものでも、普段あまり使うことのない機能などについては説明をしていく予定です。また、中級レベル以上の比較的高度なテクニック等までは要求しません。基本的な文法が一通りわかっていれば大丈夫です。

要するに、「HTML, CSS, JavaScriptの基本はわかっている」という前提で説明をしていく、ということです。これらについて「まだちょっと自信がないな……」という人は、あらかじめ入門書などで基礎部分を学習しておきましょう。それほど高度な知識は要求しませんので。

もし、「自分がどれぐらいのレベルにあるのかわからない」というなら、しばらく読み進めてみて、内容がちゃんと理解できるか考えてみましょう。「特に差し障りなく理解できた」というなら、あなたの技術レベルは本書を読むに十分なものです。安心して先に進みましょう！

Electron利用の準備を整える

では、Electronの開発を行うための準備を整えていきましょう。先ほど、ElectronのWebサイトで「ここからダウンロードなどしない」といいました。Electronは、「Electronというソフトをインストールして使う」というものではありません。では、どうするのか。それは、「Node.js」を使うのです。

Node.jsは、JavaScriptのランタイムエンジンプログラムです。JavaScriptを使ったWeb開発で利用されていますが、これ自体はJavaScriptのエンジンプログラムであり、Web開発のための技術というわけではありません。JavaScriptのパッケージ管理などの機能も標準的に持っていることから、現在ではJavaScript全般の開発に広く使われるようになりつつあります。

Electronは、Node.js自体をJavaScriptエンジンとして利用していますし、開発にもNode.jsの機能をいろいろと活用しています。Electronの開発を行うには、まずNode.jsを用意する必要があるのです。

では、以下のWebサイトにアクセスし、Node.jsのインストーラをダウンロードしてください。

図1-3：Node.jsのWebサイト（URL https://nodejs.org/ja/）。ここからインストーラをダウンロードする。

トップページに、使用するプラットフォーム用のインストーラをダウンロードするリンクが用意されています。これをクリックしてインストーラをダウンロードしてください。

C O L U M N

Node.js のバージョンについて

トップページには、Node.js の2つのバージョンのインストーラをダウンロードするリンクが用意されていることでしょう。

Node.js では、常に2つのバージョンがトップに掲載されています。もちろん、新しいバージョンのほうがいいのは確かですが、ダウンロードをする前に「バージョン番号が偶数か奇数か」を確認してください。

Node.js では、偶数バージョンは長期間のサポートを前提として開発されています。そして奇数バージョンは、より新しい試みを盛り込んだ短いサポート期間のものになっています。ですから、特別な事情がない限りは「偶数バージョンのもっとも新しいもの」を選んでダウンロードするようにしてください。奇数バージョンは、特にNode.js に慣れていないうちは使わない、と考えましょう。

Node.jsのインストール（Windows）

Windowsの場合、ダウンドーロされるのは.msiファイルです。これをダブルクリックして起動し、手順に従ってインストールを行います。

1. Welcome to the Node.js Setup Wizard

起動すると、ディスク内を検索します。これにはしばらく時間がかかります。「Next」ボタンが選択可能になったら、ボタンをクリックして次に進みます。

図1-4：起動し、「Next」ボタンが選択可能になったら次に進む。

2. End-User License Agreement

ライセンス契約の画面になります。下のほうにある、「I accept ...」のチェックボックスをONにして次に進みます。

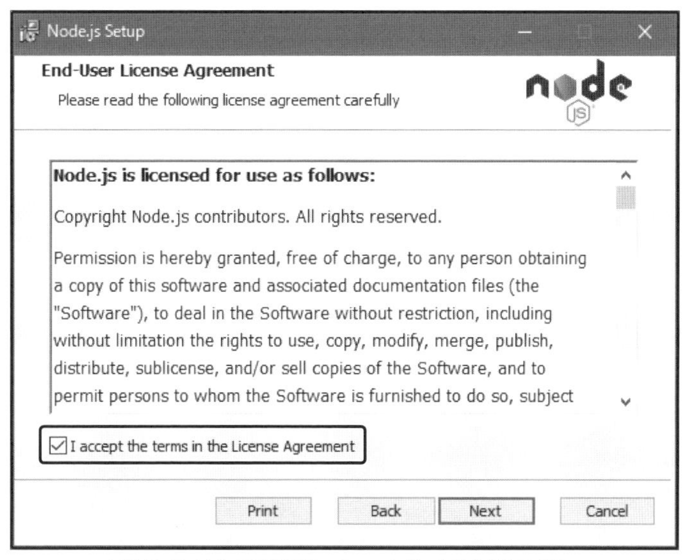

図1-5：ライセンス契約画面。チェックボックスをONにする。

3. Destination Folder

インストールする場所を指定します。デフォルトでは、「Program Files」フォルダ内に「nodejs」フォルダを作成してインストールします。特に問題なければそのままにしておきましょう。

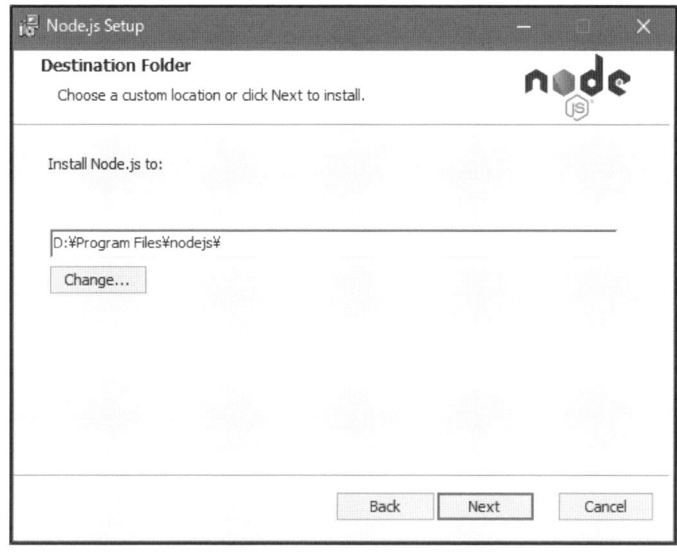

図1-6：インストール場所を指定する。

4. Custom Setup

セットアップの設定を行います。インストールする項目を指定しますが、デフォルトで一通りインストールするようになっているので、特に指定する必要はありません。

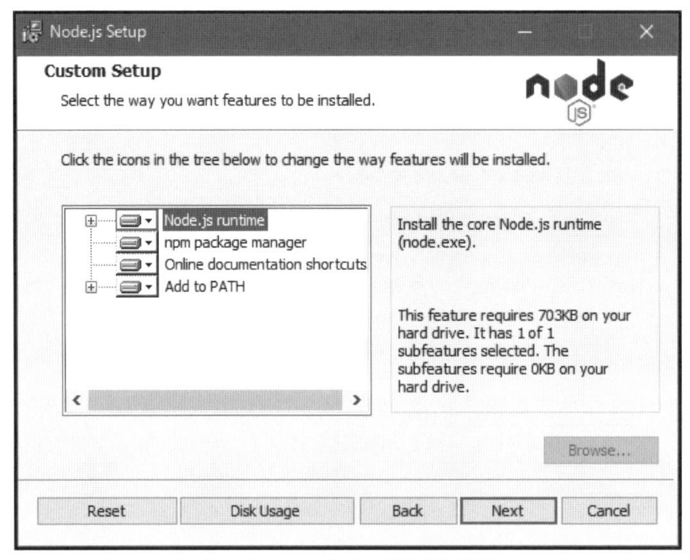

図1-7：インストールする項目を指定する。

5. Tools for Native Modules

インストールのオプション設定です。表示されているチェックボックスをONにすると必要なツール類がインストールされますが、OFFのままで問題ありません。

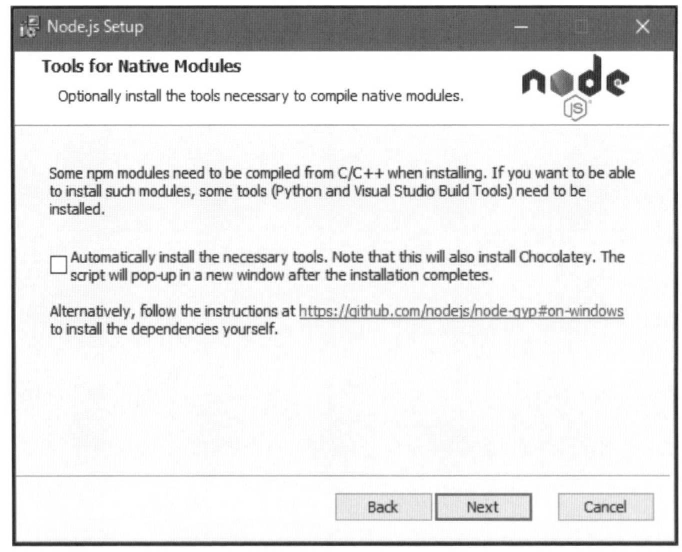

図1-8：オプション設定。そのまま次に進めばOK。

6. Ready to install Node.js

これで、インストールの準備完了です。「Install」ボタンをクリックすれば、インストールを開始します。

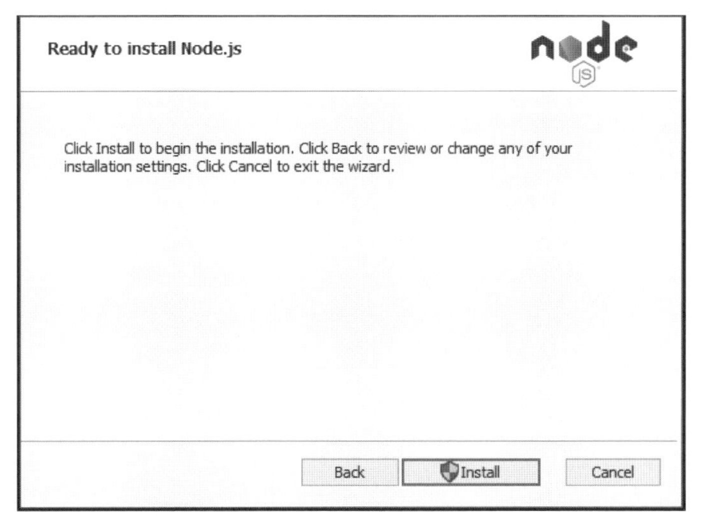

図1-9:「Install」ボタンをクリックするとインストールする。

Node.jsのインストール(macOS)

ダウンロードされるのは、.pkgファイルです。そのままダブルクリックしてインストールを行います。

1. ようこそNode.jsインストーラへ

起動すると、インストーラのウインドウが現れます。「続ける」ボタンをクリックして、次に進みます。

図1-10:起動画面。そのまま次に進む。

2. 使用許諾契約

ライセンス契約の画面です。「続ける」ボタンをクリックすると使用許諾契約の確認ダイアログが現れるので、「同意する」ボタンをクリックします。

図1-11：使用許諾契約。ダイアログから「同意する」をクリックする。

3. インストール先の選択

インストールするボリュームを選びます。ハードディスクが1台だけの場合は、自動的にそれが選択されます。

図1-12：インストールするボリュームを選ぶ。

4. "○○"に標準インストール

選択したボリュームにインストールを開始します。「インストール」ボタンをクリックして、あとはひたすら待つだけです。完了したら、インストーラを終了してください。

図1-13：インストールの開始。「インストール」ボタンをクリックすればインストールを実行する。

Node.jsのバージョンを確認する

インストールが完了したら、問題なくNode.jsが使えるか確認をしてみましょう。コマンドプロンプトまたはターミナルを起動し、以下を実行してください。

```
node --version
```

インストールしたNode.jsのバージョンが表示されれば、正常にインストールできています。もうElectronを使う準備は整いました！

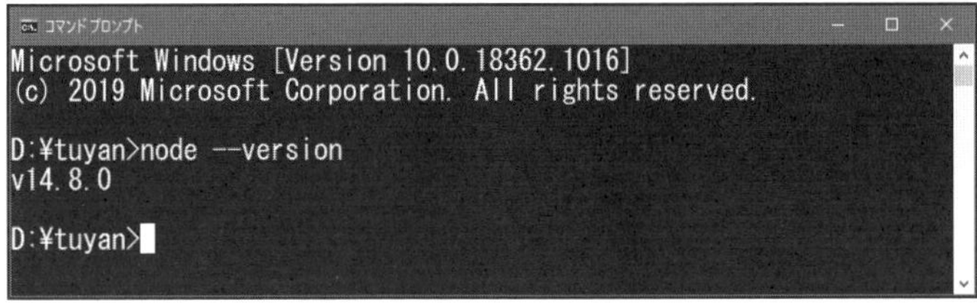

図1-14：「node --version」でバージョンを表示してみる。

Electronをnpmでインストールする

では、Electronをインストールしましょう。Electronの利用の仕方には大きく2つあります。1つは、npmにグローバルインストールする、という方法。これはnpmを使ってどこでも利用可能な形でパッケージをインストールするもので、インストールすると普通のコマンドと同様に、どこでもElectronのコマンドが使えるようになります。

もう1つの方法は、Electronをアプリケーションごとにインストールする、というものです。アプリケーションを開発する際に、そのアプリケーションの中にElectronを組み込むというもので、この方法だと作成するアプリケーションごとに異なるバージョンのElectronをインストールして使ったりすることができます。

どちらも、Node.jsの「npm」というツールを利用して行います。npmは「Node.js Package Manager」のことで、パッケージマネージャと呼ばれるプログラムです。これは、さまざまなプログラムを「パッケージ」と呼ばれる形で管理し、必要に応じてインストールしたりするツールです。npmにより、さまざまなJavaScriptのプログラムがコマンド1つでインストールできるようになります。

このnpmによるインストールは、次のようなコマンドを実行して行います。

```
npm install パッケージ
```

npm installというコマンドを使うことで、指定のパッケージがインストールできます。Electronもパッケージとして用意されており、このコマンドでインストールできるのです。

Electronのインストール方法

では、それぞれのインストール方法を以下にまとめておきましょう。コマンドプロンプトまたはターミナルから、次のようにコマンドを実行します。

▼グローバルインストールする

```
npm install -g electron
```

▼アプリケーションにインストールする

```
npm install electron
```

npm installに「-g」というオプションを付けると、グローバルインストールします。こうすると、個々のアプリケーションにはElectronはインストールされず、すべてのElectronアプリケーションの開発で同じElectronが使われるようになります。

npm install electronだと、現在開いているアプリケーションにElectronをインストールします。アプリケーション内にインストールされるので、アプリケーションのサイズはかなり大きくなります。

npm install electronの実行

ここでは、グローバルインストールを行ってみることにします。コマンドプロンプトまたはターミナルを起動し、以下のコマンドを実行してください。

```
npm install -g electron
```

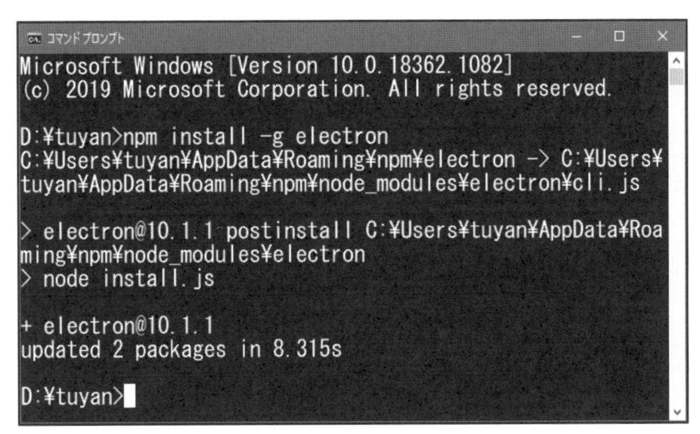

図1-15：Electronをグローバルにインストールする。
状況によっては多量のパッケージがインストールされるのでじっと待つこと。

これで、グローバルにElectronをインストールします。Node.jsをインストールした場合、関連する多量のパッケージをインストールするためインストールには意外と時間がかかります。気長に待ちましょう。

Electronのバージョンについて

本書では、Electronのver.10をベースにして説明を行います。Electronは定期的にアップデートされていますので、皆さんが読まれる際にはさらに新しいバージョンがリリースされているかもしれません。基本的に旧バージョンの内容が変更され互換性がなくなることはめったにありませんので、その場合は新しいバージョンを使っていただいてかまいません。

開発環境とVisual Studio Code

Electronの説明に入る前にもう1点、「開発環境」についても触れておきましょう。皆さんの中にはWebサイトの開発などはやったことがあるけれど、アプリの開発は未経験という人もいることでしょう。そうした人の中には、開発ツールなどを使わずテキストエディタで作業をしている人も多いはずです。

Electronの開発も、基本的にはWeb開発の延長線上として考えてかまいません。Electronは、HTML、CSS、JavaScriptといったもので開発を行うため、基本的にはWebの開発とそう違いはないのです。

ただし、使っているエディタがファイルの管理機能（フォルダ内のファイルをリスト表示し必要に応じて開いたりできる機能）を持っていないような場合は、もっと強力な編集ツールを用意したほうがいいでしょう。

Electronでは、多数のファイルを並行して編集することが非常に多いのです。そのたびに「開く...」メニューでファイルを開いて、なんてやっていたら作業効率は猛烈に悪化します。

もし、そうしたツールを持っていないならば、これを機会に「Visual Studio Code」をインストールして使ってみましょう。

Visual Studio CodeはWeb開発の定番ツール

Visual Studio CodeはWebの開発に携わる人の中で、おそらくもっとも広く使われている編集ツールの1つでしょう。これは、マイクロソフト社が開発し無償配布しているソフトウェアです。

マイクロソフトはWindowsの統合開発環境として、Visual Studioを提供しています。この編集関連の機能だけを切り離して別アプリにしたのがVisual Studio Codeです。フォルダを開き、その中にあるファイルに素早くアクセスし、同時に複数のファイルを開いて編集することができます。またHTMLやCSS、JavaScriptなど、Web開発で使われている多くの言語を標準でサポートしており、強力な編集の支援機能を提供します。

そして、このVisual Studio Codeは、Electronで開発されているのです。つまり、「Electronを使いこなせば、ここまで本格的なアプリが作れる」という見本でもあるのですね。

Visual Studio Codeは、以下のアドレスからダウンロードできます。ここから利用するプラットフォーム用のものをダウンロードしてください。

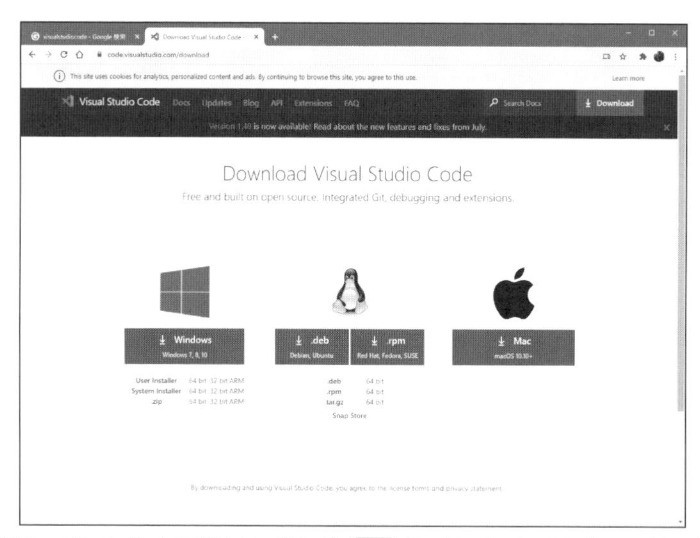

図1-16：Visual Studio Codeのダウンロードページ（URL https://code.visualstudio.com/download）。

なお、Windowsの場合は、User InstallerとSystem Installerが用意されています。前者はログインしている利用者のみにインストールし、後者はシステム全体に（すべての利用者が利用可能）インストールをします。

Visual Studio Codeをインストールする

Windowsの場合、専用のインストーラがダウンロードされます。これを起動し、手順に沿ってインストールを行います。

1. 使用許諾契約の同意

最初に表示されるのは、使用許諾契約の内容です。下にある「同意する」のラジオボタンを選択して次に進んでください。

図1-17：使用許諾契約の同意。

2. インストール先の指定（System Installerのみ）

インストールする場所を指定します。デフォルトでは「Program Files」内に「VS Code」フォルダを用意し、そこにインストールをします。

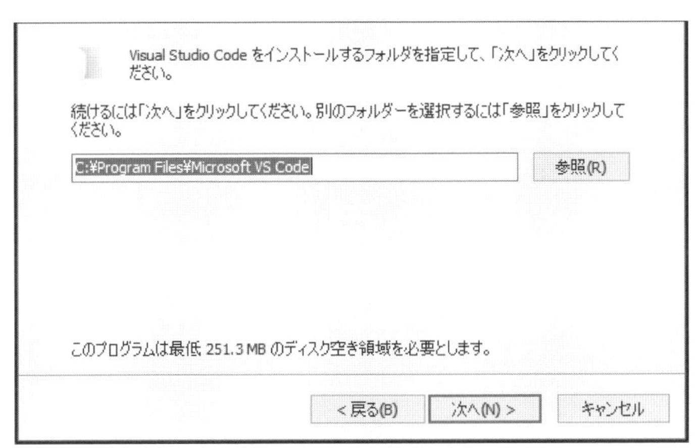

図1-18：インストール先の指定。

3. プログラムグループの指定（System Installerのみ）

「スタート」ボタンに登録されるプログラムグループ名を入力します。不要ならば、下にあるチェックをONにしておきます。

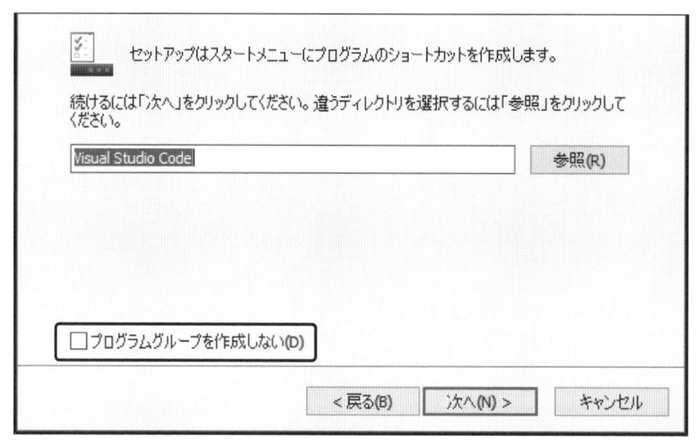

図1-19：プログラムグループの指定。

4. 追加タスクの選択

その他、インストール時に実行する処理を選択します。これらはオプションなので、不要ならばONにする必要はありません。

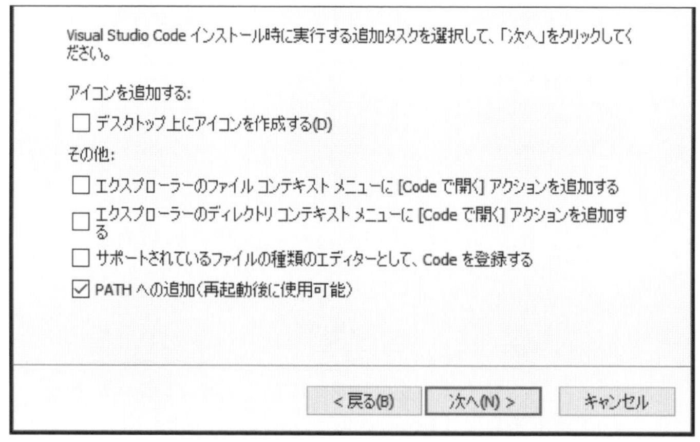

図1-20：追加タスクの選択。

5. インストール準備完了

これで、インストールの準備が完了です。「インストール」ボタンをクリックすると、インストールを実行します。

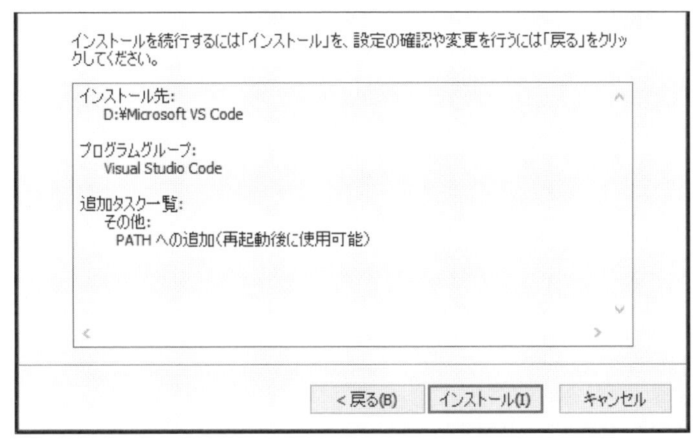

図1-21:インストール準備完了。

macOS版の場合

macOSの場合、面倒なインストール作業は不要です。リンクをクリックするとZipファイルがダウンロードされるのでそれを展開し、保存されたVisual Studio Code本体を「アプリケーション」フォルダに入れるだけです。

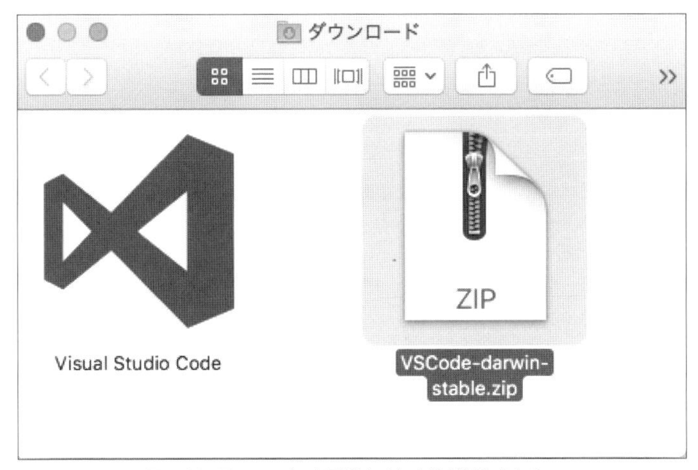

図1-22:Zipファイルを展開すると本体が保存される。

Visual Studio Codeの日本語化

今までVisual Studio Codeをインストールしたことがない場合は、おそらくVisual Studio Codeが英語で表示されるはずです。日本語で表示させるには、そのための機能拡張プログラムをインストールする必要があります。

Visual Studio Codeを起動し、左端に縦に並ぶアイコンから一番下のものをクリックしてください。機能拡張を管理するための表示に切り替わり、すぐ右側に機能拡張のリストが表示されます。

この一番上にある検索フィールドに「japanese」と入力してください。「Japanese Language Pack for Visual Stuido Code」という機能拡張が見つかるのでこれを選択し、「Install」ボタンをクリックしてインストールを行います。

インストールが完了すると、ウインドウ右下にアラートが表示されるので、「Restart Now」ボタンをクリックすると、次回起動時より日本語で表示されるようになります。

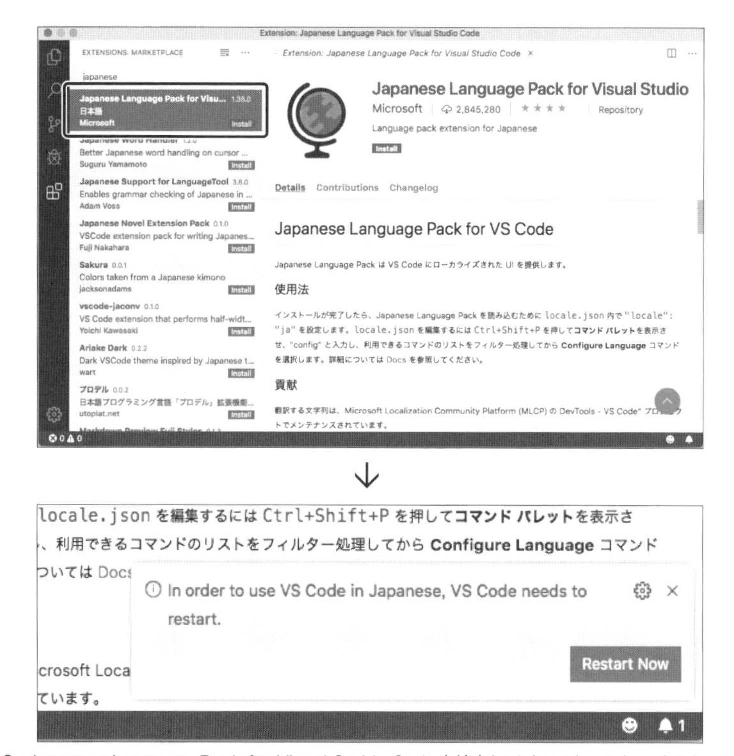

図1-23：Japanese Language Pack for Visual Stuido Codeを検索してインストールし、リスタートする。

Visual Studio Codeは「フォルダ」を開く

このVisual Studio Codeにはいろいろな機能が用意されていますが、基本は「テキストファイルを編集するテキストエディタ」です。ただし、一般のテキストエディタがファイルを開いて編集するのに対し、Visual Studio Codeは「フォルダを開く」ことができます。

何も開いていない状態で、フォルダをVisual Studio Codeのウインドウにドラッグ＆ドロップすると、そのフォルダの中身を階層表示します。そこからファイルをクリックすれば、そのファイルを開いて編集できます。同時に複数のファイルを開き、タブで切り替えながら編集できるので、多数のファイルを扱うWebの開発でも効率的に作業が行えるでしょう。

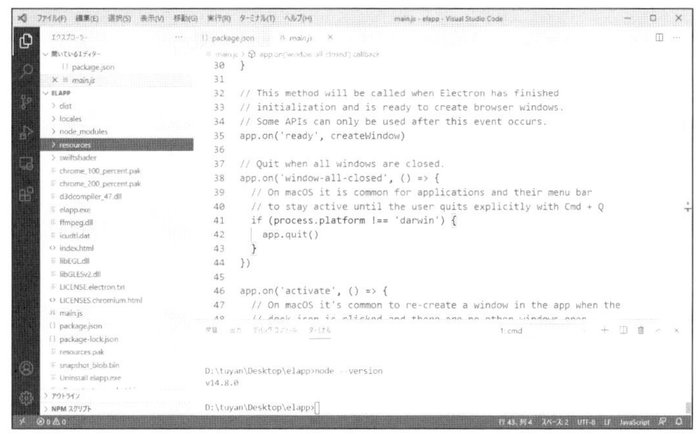

図1-24：Visual Studio CodeでElectronの開発中フォルダを開いた例。
多数のファイルが階層的に表示され、それらを開いて編集できる。

Chapter
1

1.2. アプリケーションの作成と実行

Electronアプリケーションを作る

Electronの開発は、Node.jsのパッケージ管理ツールnpmを使って行います。これらは基本的にコマンドを使って作業します。以下の手順で実行しましょう。

▼デスクトップにカレントディレクトリを移動する

```
cd Desktop
```

まず、アプリケーションを作成する場所に移動します。ここでは、デスクトップに作成することにしましょう。「cd Desktop」でカレントディレクトリをデスクトップに移動します。

コマンド操作に慣れていない人のために補足しておくと、「カレントディレクトリ」というのは現在いる場所（フォルダ）のことです。

コマンドプロンプトやターミナルは、コマンドは「どの場所で実行するか」が重要になることがあるため、常に「現在、どの場所にいるか」が決められています。

コマンドプロンプトやターミナルを起動すると、ホームディレクトリ（利用者名のフォルダ）がカレントディレクトリとして設定されます。

「cd Desktop」で、デスクトップにカレントディレクトリが移動します。以後、実行するコマンドは、デスクトップで実行されるようになります。

▼「sample_app」フォルダを作る

```
mkdir sample_app
```

mkdirは、ディレクトリ（フォルダ）を作るコマンドです。これで、デスクトップに「sample_app」フォルダが作られます。

▼「sample_app」内に移動する

```
cd sample_app
```

cdコマンドで、「sample_app」フォルダの中にカレントディレクトリを移動します。これで、このフォルダ内でコマンドが実行できるようになります。

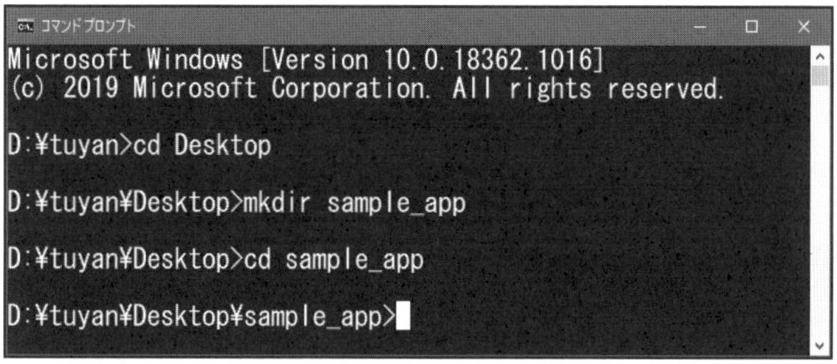

```
コマンドプロンプト
Microsoft Windows [Version 10.0.18362.1016]
(c) 2019 Microsoft Corporation. All rights reserved.

D:¥tuyan>cd Desktop

D:¥tuyan¥Desktop>mkdir sample_app

D:¥tuyan¥Desktop>cd sample_app

D:¥tuyan¥Desktop¥sample_app>
```

図1-25：デスクトップに「sample_app」フォルダを作り、その中に移動する。

Visual Studio Codeでアプリケーションを作る

この「sample_app」フォルダが、Electronのアプリケーション作成を行う場所になります。この中に、アプリケーションに必要なファイルなどを用意して開発を行うことになります。

では、このフォルダを「Electronアプリケーションのフォルダ」にしていきましょう。

Visual Studio Codeをインストールしている人はこれを起動し、「sample_app」フォルダをウインドウにドラッグ＆ドロップして開いてください。

これでフォルダが開かれ、フォルダの中身が一覧表示されるようになります。といってもまだフォルダには何もありませんから、何も表示されません。

図1-26：Visual Studio Codeで「sample_app」フォルダを開く。

ターミナルを開く

Visual Studio Codeには、コマンドを実行するための専用ツールが用意されています。「ターミナル」メニューから「新しいターミナル」を選んでください。ウインドウの下部に横長のエリアが現れます。これが、「ターミナル」です。

ターミナルは、コマンドを入力し実行できるインターフェイスです。デフォルトで「ample_app」フォルダがカレントディレクトリになっているため、そのままコマンドを実行すれば、sample_app内でさまざまな処理が行えます。

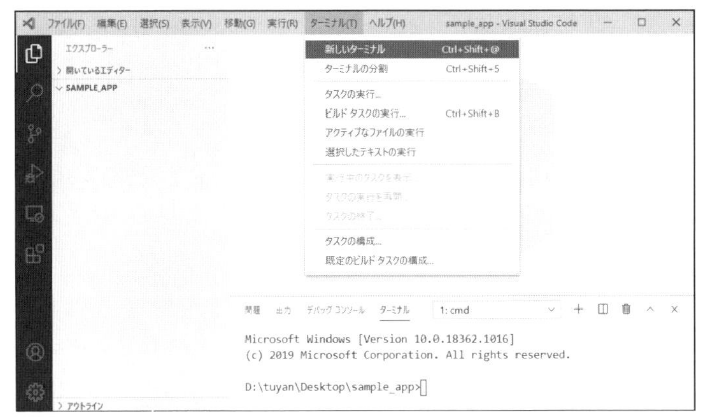

図1-27：新しいターミナルを開く。

フォルダを初期化する

では、フォルダをアプリケーションの開発場所にしていきましょう。まず最初に行うのは、「フォルダの初期化」です。ターミナルから、以下のコマンドを実行してください（Visual Studio Codeを使わない人は、コマンドプロンプトやターミナルのアプリから実行してください）。

```
npm init
```

これを実行すると、生成するアプリケーションに関する質問が順に表示されていきます。それらを次々に入力し回答していってください。といっても、ここではすべて「何も入力せず[Enter]または[return]キーを押す」でOKです。何も入力する必要はありません。

1. パッケージ名の入力

```
package name: (sample_app)
```

2. バージョンの入力

```
version: (1.0.0)
```

3. 説明文の入力

```
description:
```

4. エントリーポイント（起動プログラム）

```
entry point: (index.js)
```

5. テスト用のコマンド

```
test command:
```

6. Gitのリポジトリ

```
git repository:
```

7. キーワード

```
keywords:
```

8. 制作者

```
author:
```

9. ライセンス形態

```
license: (ISC)
```

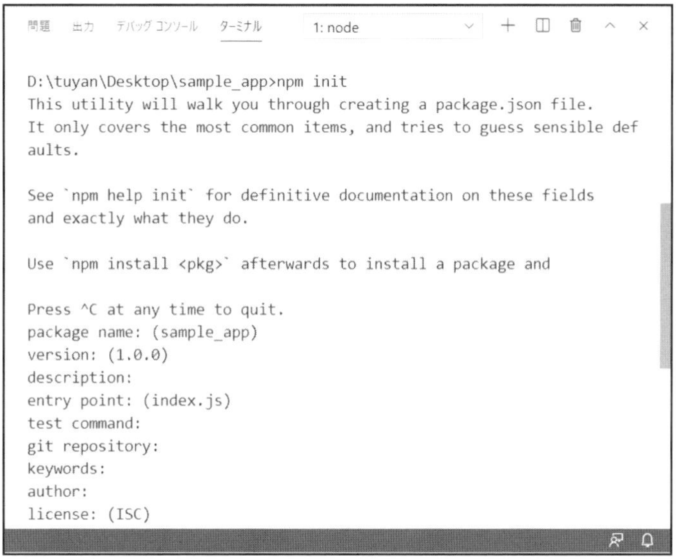

問題　出力　デバッグ コンソール　ターミナル　1: node

```
D:\tuyan\Desktop\sample_app>npm init
This utility will walk you through creating a package.json file.
It only covers the most common items, and tries to guess sensible def
aults.

See `npm help init` for definitive documentation on these fields
and exactly what they do.

Use `npm install <pkg>` afterwards to install a package and

Press ^C at any time to quit.
package name: (sample_app)
version: (1.0.0)
description:
entry point: (index.js)
test command:
git repository:
keywords:
author:
license: (ISC)
```

図1-28：npm initを実行すると、アプリケーションの情報を次々と尋ねてくる。

すべてEnterまたはreturnすると、最後にずらっとコードのようなものが表示され、「Is this OK? (yes)」とメッセージが表示されます。そのままEnterまたはreturnキーを押すと、作業終了です。

```
  "description": "",
  "main": "index.js",
  "scripts": {
    "test": "echo \"Error: no test specified\" && exit 1"
  },
  "author": "",
  "license": "ISC"
}


Is this OK? (yes)

D:\tuyan\Desktop\sample_app>
```

図1-29：Is this OK? (yes)と表示されたらEnterまたはreturnキーを押す。

package.jsonについて

npm initコマンドを実行すると、何が起こるのか。それは、開いている「sample_app」フォルダの中を見ればわかります。このフォルダの中に「package.json」というファイルが作成されているはずです。これが、npm initで作成されたファイルです。

このnpm initは、「フォルダをnpmのパッケージとして初期化する」という働きをします。npmでは、プログラをパッケージと呼ばれる形態で管理します。このパッケージには、「package.json」というファイルが作成され、この中にパッケージに関する情報が記述されます。

Visual Studio Codeでこのファイルをクリックして開いてみましょう。すると、次のように記述されているのがわかります。

▼リスト1-1

```
{
  "name": "sample_app",
  "version": "1.0.0",
  "description": "",
  "main": "index.js",
  "scripts": {
    "test": "echo \"Error: no test specified\" && exit 1"
  },
  "author": "",
  "license": "ISC"
}
```

作成するパッケージの情報がいろいろと書かれていることがわかります。これらの中で非常に重要なのが、「main」という項目です。これは、メインプログラムとして実行されるスクリプトファイルを指定するものです。ここでは「index.js」となっていますね。この「sample_app」フォルダ内にindex.jsという名前のファイルを作成すれば、それがアプリケーションとして実行されるようになる、というわけです。

ファイルを作成する

では、フォルダの中にElectronアプリケーションのプログラムを作っていきましょう。といっても、アプリケーションに最低限必要となるファイルは、2つだけです。表示するHTMLファイルと、実行するJavaScriptファイルです。

Visual Studio Codeの左側に表示されているフォルダ内のファイルの一覧リスト部分には、開いているフォルダ「SAMPLE_APP」という表示が見えます。この横にいくつかのアイコンが並んでいますね？ その一番左にある「新しいファイル」アイコン（白いファイルのアイコン）をクリックしましょう（図1-30）。これで、新しいファイルが作成されます。ここでは、以下の2つのファイルを作成します。

```
index.html
index.js
```

なお、Visual Studio Codeを使わない人は、「sample_app」フォルダを開いて直接テキストファイルを作成してください。

図1-30:「新しいファイル」アイコンをクリックしてindex.htmlとindex.jsを作る。

index.htmlを記述する

では、作ったファイルの内容を記述しましょう。まずは、index.htmlからです。次のように記述をしておきます。

▼リスト1-2

```
<!DOCTYPE html>
<html lang="ja">
  <head>
    <meta charset="UTF-8">
    <meta name="viewport"
      content="width=device-width, initial-scale=1.0">
    <title>Sample App</title>
  </head>
  <body>
    <h1>Hello world</h1>
    <p>This is sample application!</p>
  </body>
</html>
```

ごく簡単なHTMLのソースコードです。これはただ画面に表示するだけのものなので、表示内容はそれぞれで適当に記述してかまいません。あまりHTMLは得意でないという人は、このリストの通りに書いておけばいいでしょう。

index.jsを記述する

続いて、メインプログラムとなるindex.jsを作成しましょう。次のように内容を記述してください。

▼リスト1-3

```
const { app, BrowserWindow } = require('electron');

function createWindow () {
  let win = new BrowserWindow({
    width: 400,
    height: 200,
    webPreferences: {
      nodeIntegration: true
```

```
    }
  });
  win.loadFile('index.html');
}

app.whenReady().then(createWindow);
```

ソースコードの内容については次章で改めて説明するので、今は深く考えないでください。これで、プログラムは完成しました。

アプリケーションを実行する

作成したアプリケーションを実行してみましょう。Visual Studio Codeのターミナルから以下を実行してください（コマンドプロンプト等を利用している場合は、「sample_app」フォルダに移動していることを確認してから実行ください）。

```
electron .
```

「electron」というのが、Electronのコマンドです。その後にある「.」は、カレントディレクトリを表します。Electronは「electron パス」という形で、アプリケーションのフォルダのパスを指定して実行します。ここでは、カレントディレクトリのアプリケーションを実行していたのですね。

実行すると、画面に「Hello world」と表示されたウインドウが現れます。これが、作成したElectronアプリケーションのウインドウです。

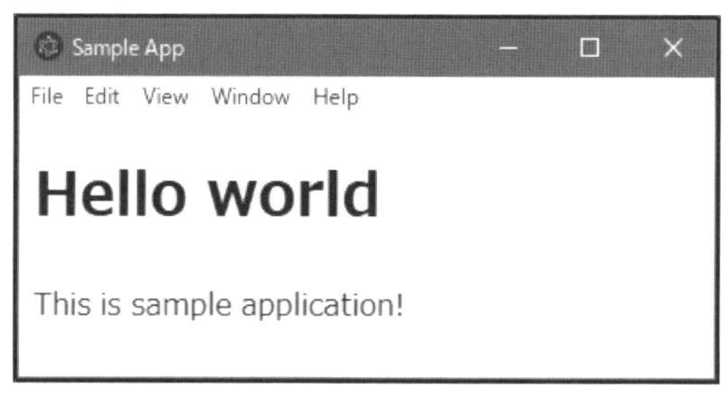

図1-31：アプリケーションのウインドウ。index.htmlの内容が表示されている。

このウインドウには、「File」「Edit」というようにいくつかのメニューが並んだメニューバーが表示されています。これはElectronによって生成されたもので、一般的なカット&ペーストや表示のリロードなどといった基本的な機能が用意されています。

――これで、アプリケーションの作成から実行までの基本的な手順がわかりました。「Electronによるアプリケーション開発」といっても、実は「フォルダの中にHTMLファイルとJavaScriptファイルを用意して実行するだけ」であることがわかったでしょう。

もちろん、この状態ではアプリケーションとして使うのも面倒ですし、自由に配布することもできません。そのためには、アプリケーションのビルドに関する機能などについて学ぶ必要があります。が、とりあえずElectronの開発を行う上では、ここまで覚えた知識だけで十分でしょう。

Chapter 2

アプリケーションの基礎を理解する

アプリケーションの基本はappとBrowserWindowです。
この2つのオブジェクトの基本的な働きを理解し、
Electronアプリのウインドウを使いこなせるようになりましょう。

Chapter
2

2.1.
Electronの基本処理をマスターする

index.jsの処理について

では、Electronのプログラムについて説明をしていくことにしましょう。最初に覚えるのは、「Electronのプログラムの基本的な処理」についてです。

前章で簡単なアプリケーションを作成し実行しました。まずは、このプログラムについて考えていくことにしましょう。

作成したindex.jsは、Electronアプリケーションのもっとも基本的な処理を実行しているものなのです。この内容がわかれば、Electronの基本部分が理解できます。

作成したのは、次のようなプログラムでした。

▼リスト2-1

```
const { app, BrowserWindow } = require('electron');

function createWindow () {
  let win = new BrowserWindow({
    width: 400,
    height: 200,
    webPreferences: {
      nodeIntegration: true
    }
  });
  win.loadFile('index.html'); // ☆
}

app.whenReady().then(createWindow);
```

ここでは、createWindowという関数を定義し、これを使ってアプリケーションのウインドウを表示しています。

では、内容を順に説明していきましょう。

requireについて

まず最初に用意されているのは、requireという関数を使って必要なモジュールを読み込む文です。以下のものですね。

```
const { app, BrowserWindow } = require('electron');
```

Node.jsを使ったことがある人なら馴染み深いものですが、一般的な（Webページなどの）JavaScriptしか経験がないと、よくわからないかもしれません。

この「require」というのは、Node.jsに用意されている関数です。これは、Node.jsで「モジュール」と呼ばれる拡張プログラムをロードするものです。Node.jsでは、npmを使ってさまざまなパッケージをアプリケーションに組み込むことができます。これら組み込まれたパッケージには、JavaScriptで利用できるプログラムがモジュールという形で用意されています。このモジュールに用意されている機能を利用するのに、requireが使われます。

```
変数 = require( モジュール );
```

requireは、このようにモジュールを引数に指定して呼び出します。ここでは、require('electron')と実行していますね。これで、Electronのモジュールをロードしていたのです。

オブジェクトの分割代入について

通常、このrequireはモジュールを読み込み、オブジェクトとして返します。しかし、ここでは代入する値をconst { app, BrowserWindow }というように、{}で複数の変数を用意し代入しています。

これは、JavaScriptの「分割代入」と呼ばれる機能です。オブジェクトにある機能を複数の変数に取り出すものです。

```
{ a, b, c } = obj;
```

例えばこのように実行すると、obj.aをaに、obj.bをbに、obj.cをcにそれぞれ取り出します。ということは、{ app, BrowserWindow }というのは、requireでロードしたElectronモジュールから、appとBrowserWindowをそれぞれ変数に取り出していたのですね。

appとBrowserWindow

この「app」というのは、アプリケーションの本体となる部分です。アプリケーションの起動や終了、ウインドウのオープン・クローズといったイベントの管理が行われています。ここで、こうしたアプリケーション関連のイベントに対する処理を用意します。

もう１つの「BrowserWindow」は、Electronのアプリで表示されるウインドウのオブジェクトです。これにHTMLファイルの内容を読み込んで設定することで、ウインドウを表示します。

appとBrowserWindowは、Electronの「アプリケーション本体」と「表示ウインドウ」という、2大要素を扱うものなのです。

Electronアプリケーションでは、この2つは必ず使うものと考えていいでしょう。

ウインドウの生成

そのあとにあるcreateWindow関数は、ウインドウを作成するためのものです。これは、実は2つの文しか記述されてはいません。整理すると、こうなっているのです。

```
function createWindow () {
  let win = new BrowserWindow({……});
  win.loadFile('index.html');
}
```

BrowserWindowの引数が長いために、複雑そうに見えていただけだったのですね。

1行目は、BrowserWindowオブジェクトを作成する文です。これは、先ほどrequireで触れたように、アプリケーションで表示するウインドウのオブジェクトです。引数には、必要な情報をまとめたオブジェクトを用意します。

そして2行目は、BrowserWindowオブジェクトの「loadFile」メソッドを呼び出すもので、引数に指定したHTMLファイルを読み込んでウインドウに設定し表示します。つまり、これでindex.htmlの内容をウインドウに表示していたのです。

BrowserWindowの引数

わかりにくいのが、BrowserWindowの引数部分でしょう。ここでは、大きく3つの設定がオブジェクトにまとめられています。簡単に整理しておきましょう。

```
{
  width: 横幅,
  height: 高さ,
  webPreferences: {
    nodeIntegration: 真偽値
  }
}
```

widthとheightは、表示するウインドウの横幅と高さを指定するものです。これらはいずれも整数（ピクセル数）で指定します。

そのあとにあるwebPreferencesは、ウインドウに表示するWebページの設定です。設定情報をまとめたオブジェクトを値に指定します。

ここでは、「nodeIntegration」という値が用意されています。これは、Nodeインテグレーションというものを設定するものです。Nodeインテグレーションは、Node.jsの機能を統合するかどうかを示すもので、trueにすることでNode.jsの機能が使えるようになります（falseにするとNode.jsの機能が使えなくなります）。

アプリケーションの実行

これで、必要なものが揃いました。最後に、createWindow関数を利用してアプリケーション起動時の処理を実行します。それが以下の文です。

```
app.whenReady().then(createWindow);
```

この文では、appオブジェクト内の「whenReady」を呼び出しています。whenReadyは、Electronアプリケーションを起動し初期化される際に実行される Promise（非同期処理の完了オブジェクト）です。起動が完了したところで必要な処理を実行するために用いられます。

このメソッドは非同期であり、Electronの起動が完了すると、thenに用意された処理が実行されます。つまり、これは「Electronの準備が整ったら、createWindowを実行してウインドウを作成し表示する」というものだったのです。

これで、用意したプログラムで行っていることがすべてわかりました！

C O L U M N

非同期処理ってなに？

whenReadyで、いきなり「非同期処理」というのが登場して面食らった人も多いでしょう。非同期処理というのは、現在実行している処理から切り離して新しい処理を実行するものです。普通の関数やメソッドなどは、1つの処理が完了したら次の処理を実行しますが、非同期処理は、処理が完了しなくても次に進みます。そして、バックグラウンドでメインの処理とは別に独自に処理を行うのです。

非常に時間がかかる処理などの場合、同期処理（1つずつ順番に実行する方式）だと処理が終わるまでずっと待たされてしまいます。しかし、非同期処理ならすぐに処理が完了し、ユーザーは次の作業に進むことができます。

この非同期処理は、Webページのアクセスなどで見ることができます。アクセスするとすぐにページが表示され、そのあとで1つ1つの大きなイメージなどが現れることがありますね？　あれは、イメージの読み込みが非同期で行われているからです。プログラミングでも、こんな具合に時間がかかる処理は非同期処理として用意されていることが多いのです。

macOSの終了処理について

これで基本コードはすべてわかった……といいたいところですが、1つだけ問題が残っています。それは、macOSの終了処理です。

Windowsの場合、ウインドウを閉じるとアプリケーションは終了しましたが、macOSの場合、ウインドウが閉じられてもアプリケーションそのものは残っています。まぁ、アプリケーションメニューから「Quit」を選んで終了させればいいのですが、Windowsと同じようにウインドウを閉じたら終了してほしいと思う人も多いことでしょう。

先ほどのindex.jsの一番最後（app.whenReady……の後）に、次の処理を追記してください。

▼リスト2-2
```
app.on('window-all-closed', () => {
  if (process.platform !== 'darwin') {
    app.quit()
  }
})
```

これで、macOSでもウインドウを閉じるとアプリケーションを終了するようになります。

ここでは、すべてのウインドウを閉じた際に発生するイベントを使い、プラットフォームがmacOSならば、appオブジェクトの「quit」メソッドを実行するようにしています。このquitを呼び出すと、アプリケーションが終了します。

ウインドウを閉じたときの処理は、アプリケーションのイベント処理についてわからないと理解が難しいでしょう。もう少しあとで、これらのイベントについて説明しますので、今回の処理も詳細はそこで改めて行います。ここでは、「こう書いておけばmacOSでも終了する」という程度に考えてください。

メインプロセスとレンダラープロセス

Electronアプリケーションの流れがだいたい理解できると、プログラムが２段階で動いていることに気がつくことでしょう。

１つは、index.jsの中で実行されているプログラム。そしてもう１つは、BrowserWindowで作成されたウインドウの中で実行される処理です。

Electronアプリケーションは、「メインプロセス」と「レンダラープロセス」という２つのプロセス（実行する処理の流れのこと）で構成されています。これらは、次のようなものです。

メインプロセス	起動するメインプログラム（サンプルではindex.js）が実行されるプロセス。
レンダラープロセス	表示されるウインドウ内部で実行されるプロセス。

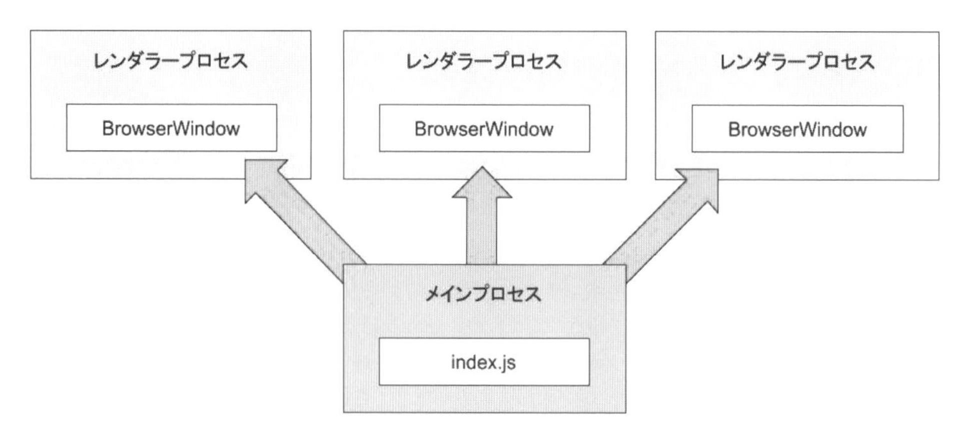

図2-1：Electronではメインプログラムを実行するプロセスと、各ウインドウ内で実行されるプロセスがある。

Electronアプリケーションでは、index.jsからBrowserWindowによるウインドウが作成され実行されます。しかしウインドウが表示されたあとも、index.jsを実行したプロセスは終了はしません。イベントループが働いており、アプリケーション側のイベントなどが発生すれば、それに対応する処理が呼び出され実行されます。

また、ウインドウに表示されているWebページでは、その中に記述されたJavaScriptの処理などがメインプロセスとは別のプロセスとして実行されます。これが、レンダラープロセスです。複数のウインドウを開けば、それぞれのウインドウ内でレンダラープロセスで処理が実行されていきます。

この、「2つの異なるプロセスで動いている」という点をよく頭に入れておきましょう。

指定したURLのWebページを表示する

サンプルでは、あらかじめ用意したHTMLファイルを読み込んで表示していました。が、BorwserWindowは、単にHTMLデータをレンダリングして表示するというものですから、ローカルではなく、ネットワーク経由でHTMLデータを読み込み表示することも、もちろんできます。

例として、先ほどのindex.jsで、☆マークの文（リスト2-1参照）を、次のように書き換えてみましょう。

▼リスト2-3

```
win.loadURL('https:///www.tuyano.com');
```

図2-2：実行すると、www.tuyano.comにアクセスしてWebページを表示する。

修正して「electron .」コマンドを実行すると、www.tuyano.comのトップページが表示されます。これは、BrowserWindowの「loadURL」というメソッドを使っています。

```
《BrowserWindow》.loadURL( テキスト );
```

引数にURLをテキストで指定するとそのアドレスにアクセスし、Webページを読み込んで表示します。このloadURLを使えば、インターネット上で表示する内容を用意しておくこともできます。アプリはそのままに、表示内容を変更することも行えますね。

ブラウザの代わりではない

ただし、実際にURLを指定してWebページを表示してみると、いろいろと不都合なこともわかってくるでしょう。例えば、ページに表示されたリンクをクリックして次のページに移動したとしても、元のページに戻る方法がありません。こうしたページのナビゲーションは、Webブラウザに用意されている機能を使って行っているのです。「ただHTMLをレンダリングし表示するだけ」のBrowserWindowでは、ページの移動をするボタンやメニューなども用意されていません。リンクを移動したら、移動しっぱなしなのです。

また、Webページのすべての機能が動くわけでもありません。例えば、サンプルとしてアクセスしたwww.tuyano.comでは上部に各ページへのリンクがメニューとして組み込まれていますが、これをクリックしてもメニューが表示されません。BrowserWindowでは、うまく表示されない機能も実はあるのです。

BrowserWindowはHTMLを表示するものですが、Webブラウザそのものではなく、Webブラウザの代わりになるわけではありません。この点は、よく頭に入れておいてください。

バックグラウンドカラーを指定する

loadURLで指定のアドレスにアクセスする場合、表示がされるまでしばらく待たされることでしょう。BrowserWindowでは、読み込みが完了してからレンダリングして表示を行います。このため、アクセスが完了するまで何も表示されないのです。

loadURLでネットワーク経由で表示を行う場合は、ウインドウのバックグラウンドカラーを設定しておくとだいぶ感じが変わります。リスト2-1で、new BrowserWindowの部分を次のように修正してみましょう。

▼リスト2-4

```
let win = new BrowserWindow({
  width: 800,
  height: 500,
  backgroundColor: '#660066', // 追記
  webPreferences: {
    nodeIntegration: true
  }
});
```

図2-3：起動すると、ウインドウが指定の背景色で表示される。指定アドレスのアクセスが完了すると、そのページが表示される。

こうして実行すると、画面がパープルカラーで塗りつぶされて表示され、すべて読み込まれてからコンテンツが表示されます。ここではnew BorwserWindowする際、引数のオブジェクトに「backgroundColor」という値を用意してあります。これにより、コンテンツのロードが完了するまでの間、指定の色で背景が塗りつぶされ表示されます。

BrowserWindow内の処理の実行

BrowserWindowに表示されるのは、Webページとまったく同じHTMLだということはよくわかりました。このことがわかれば、表示されたウインドウ内でなにかの処理を実行させるにはどうするのかも自ずとわかってきます。HTMLにJavaScriptのスクリプトを用意しておき、それを呼び出して実行すればいいのです。

試しに、簡単なサンプルを動かしてみましょう。index.htmlの内容を次のように書き換えてください。なお、index.jsは最初の状態（リスト2-1）に戻しておいてください。

▼リスト2-5

```
<!DOCTYPE html>
<html lang="ja">
<head>
  <meta charset="UTF-8">
  <meta name="viewport"
    content="width=device-width, initial-scale=1.0">
  <title>Sample App</title>
</head>
<body>
  <h1>Hello world</h1>
  <p id="msg">This is sample application!</p>
  <div>
    <button onclick="doAction();">CLICK</button>
  </div>
</body>
<script>
var counter = 0;
function doAction(){
  let p = document.querySelector("#msg");
  p.textContent = "count: " + ++counter;
}
</script>
</html>
```

図2-4：ボタンをクリックすると、数字をカウントしていく。

アクセスすると、「CLICK」というボタンが1つ表示されます。これをクリックすると、数字をカウントしていきます。ごく単純なものですが、ウインドウ内で処理が実行されているのがわかるでしょう。
ここでは次のように、ボタンにonclickイベントの処理を用意してあります。

```
<button onclick="doAction();">CLICK</button>
```

これでクリックすると、doAction関数が呼び出されるようになります。関数自体は、そのあとの<script>タグに用意してありますね。

```
function doAction(){
  let p = document.querySelector("#msg");
  p.textContent = "count: " + ++counter;
}
```

documentオブジェクトのquerySelectorメソッドを使ってid="msg"のElementを取得し、そのtextContentを変更しています。内容そのものは、ごく普通のWebページでの処理とまったく変わりありません。このあたりはJavaScriptでWebページの要素を操作する際の基本ですので、よくわからないという人がいたら、別途JavaScriptの入門書などでどういうことを行っているのか確認しておきましょう。

レンダラープロセスはWebとほぼ同じ

ここで作成したindex.htmlのJavaScript処理は、先ほど説明した「レンダラープロセス」で実行されます。要するにレンダラープロセスというのは、「表示されているWebページの中で動いているJavaScriptのプロセス」だと考えればいいでしょう。
つまりレンダラープロセスは、一般的なWebページのJavaScript処理とほぼ同じものなのです。ウインドウに表示されているコンテンツ内で完結する(表示されているテキストやフォームなどを操作するだけ)なら、「レンダラープロセス=Webページと同じもの」と考えてしまってかまいません。
ただし、ElectronやNode.jsの機能を利用する場合は話が違ってきます。そうした外部の機能を使わず、Webページ内にあるものだけしか使わないならば、という話です。

HTMLテキストを表示する

HTMLの表示は、ファイル、URLと行ってきました。では、「テキストでHTMLを用意して表示する」ということはできるのでしょうか？
これは、一捻りすれば可能です。やってみましょう。index.jsを次のように書き換えてください。

▼リスト2-6

```
const { app, BrowserWindow } = require('electron');

const html = '<html><head>'
  + '<title>HTML STRING</title>'
  + '</head><body>'
  + '<h1>HTML STRING</h1>'
```

```
  + '<p>This is string content.</p>'
  + '</body></html>';

function createWindow () {
  let win = new BrowserWindow({
    width: 400,
    height: 200,
    webPreferences: {
      nodeIntegration: true
    }
  });
  win.loadURL('data:text/html;charset=utf-8,' + html);
}

app.whenReady().then(createWindow)
```

図2-5：実行すると、変数htmlに用意したHTMLのテキストを表示する。

実行すると、「HTML STRING」と表示されたウインドウが現れます。これが、テキストで用意したHTMLの表示です。

ここでは、loadURLを使って表示を行っています。この引数部分を見ると、次のような形のテキストが用意されていることがわかるでしょう。

```
'data:text/html;charset=utf-8,《HTMLソースコード》'
```

テキストの冒頭にdata:text/html;charset=utf-8を指定することで、loadURLでテキストの値を直接表示させることができるようになります。ただし、やってみるとわかりますが、HTMLのタグ構造が少しでも崩れていたりすると表示がうまくできず、真っ白いウインドウのままになります。

また、ここでは事前に変数htmlにHTMLのソースコードを用意していますが、テキストの値としてHTMLソースコードを用意するのは思いのほか面倒です。これは、「いざとなれば、こうやってテキストから直接表示させることもできる」という程度に理解しておけばいいでしょう。あまり日常的に利用するテクニックではありません。

親ウインドウと子ウインドウ

複数のBrowserWindowを利用する場合、基本的にはそれぞれが独立したウインドウとして扱われます。ウインドウをクリックすれば、そのウインドウが一番手前に移動して選択されます。あるウインドウを閉じても、別のウインドウは変わらずに表示され動き続けます。そして、すべてのウインドウが閉じられるとアプリケーションが終了します。表示されるウインドウはすべて同等に扱われるのです。

しかし、複数のウインドウを扱うとき、「このウインドウは別のウインドウに属するものとして扱いたい」ということもあります。例えば、アプリケーション内からダイアログを呼び出すような場合、ダイアログのウインドウはアプリケーションのウインドウに属するものになります。

これは、「親子関係のウインドウ」として作られているのです。アプリケーションは親であり、そこから呼び出されるダイアログはアプリケーションの子ウインドウです。子ウインドウは常に親ウインドウの前に表示され、親ウインドウが選択されても子ウインドウの前に表示されることはありません。そして、子ウインドウが閉じられても親ウインドウには影響はありませんが、親ウインドウが閉じられると子ウインドウもすべて閉じられます。

このように、子ウインドウは親ウインドウの中でのみ存在できるのです。

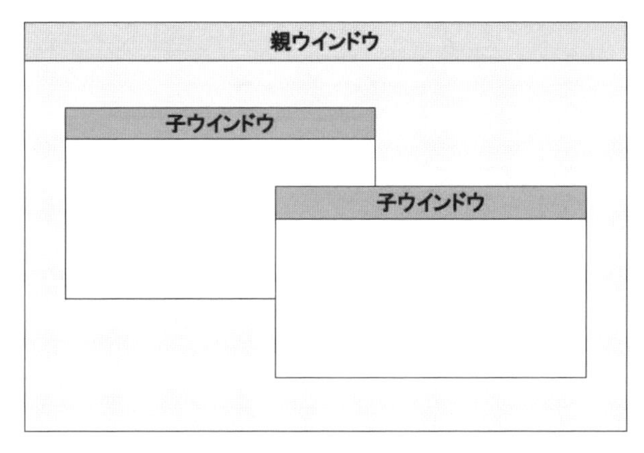

図2-6：親子関係のウインドウ。子ウインドウは親ウインドウに属し、常に親ウインドウの手前に表示される。

親子ウインドウを作ってみる

では、実際に親ウインドウと子ウインドウを作成してみましょう。index.jsの内容を、次のように修正してください。

▼リスト2-7

```
const { app, BrowserWindow } = require('electron');

const html = '<html><head>'
  + ……中略……
  + '</body></html>';

function createWindow () {
  let win = new BrowserWindow({
    width: 400,
    height: 300,
    webPreferences: {
      nodeIntegration: true
    }
  });
  win.loadFile('index.html');
```

```
  let child = new BrowserWindow({
    width: 350,
    height: 200,
    parent: win, // ☆
    webPreferences: {
      nodeIntegration: true
    }
  });
  child.loadURL('data:text/html;charset=utf-8,' + html);
}

app.whenReady().then(createWindow)
```

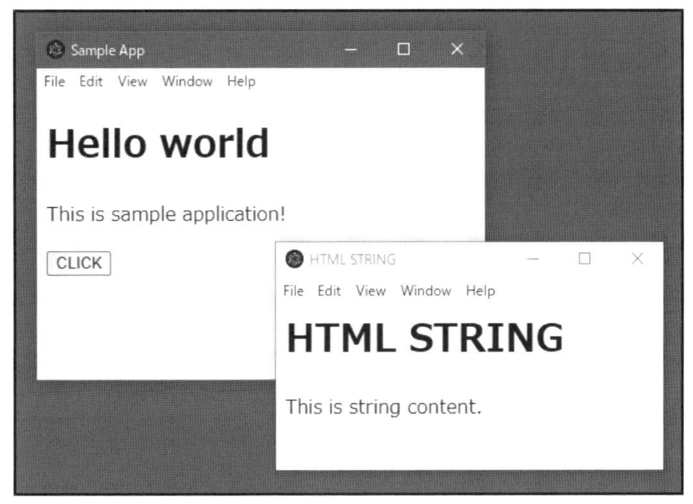

図2-7：実行すると、2つのウインドウが現れる。

実行すると、2つのウインドウが現れます。この2つは親子関係になっており、下にあるウインドウ（親ウインドウ）をクリックしても上の子ウインドウと入れ替えることはできません。また、親ウインドウのクローズボックスをクリックすると子ウインドウも自動的に閉じられ、アプリケーション自体が終了するのがわかります。

parentの指定

ここでは、2つ目のウインドウをnew BrowserWindowで作成しているところで親子の設定がされています。それが、☆の部分です。

```
parent: win,
```

このparentは、親ウインドウを示す値です。これにwinを指定することで、winがchildの親ウインドウに設定されます。親子関係の設定は、たったこれだけです。親ウインドウ側には、特定のウインドウを子に指定するためのプロパティなどはありません。ただ、子ウインドウで「これが親」と指定するだけでいいのです。

モーダルウインドウ

複数のウインドウを使うというとき、覚えておきたいのが「モーダルウインドウ」の表示です。アプリケーションで何か重要な設定などを行うとき、表示されると背後の親ウインドウをクリックできなくなり、そのウインドウだけしか操作できなくなるようなダイアログが使われることがあります。これが「モーダル」なウインドウです。そのウインドウが表示されている間、他のウインドウは動作が停止し、操作できなくなるのです。

このようなモーダルなウインドウも、Electronでは簡単に作成できます。実際にやってみましょう。

まず、モーダルウインドウで表示するためのHTMLを用意しましょう。「sample_app」フォルダ内に「sub.html」という名前でファイルを作成してください。そして、次のようにソースコードを記述しておきます。

▼リスト2-8

```
<!DOCTYPE html>
<html lang="ja">
<head>
  <meta charset="UTF-8">
  <meta name="viewport"
    content="width=device-width, initial-scale=1.0">
  <title>Sample App</title>
</head>
<body>
  <h1>Sub Window</h1>
  <p id="msg">This is sample application!</p>
  <div>
    <button onclick="doAction();">CLICK</button>
  </div>
</body>
<script>
function doAction(){
  window.close();
}
</script>
</html>
```

ごく単純な表示です。ボタンが1つあり、クリックするとwindow.close();を実行してウインドウを閉じるようにしてあります。

では、index.jsを修正しましょう。createWindow関数を、次のように書き換えてください。

▼リスト2-9

```
function createWindow () {
  let win = new BrowserWindow({
    width: 500,
    height: 400
  });
  win.loadFile('index.html');

  let child = new BrowserWindow({
    width: 350,
```

```
    height: 200,
    parent: win, // ☆
    frame:false, // ☆
    modal: true // ☆
  });
  child.loadFile('sub.html');
}
```

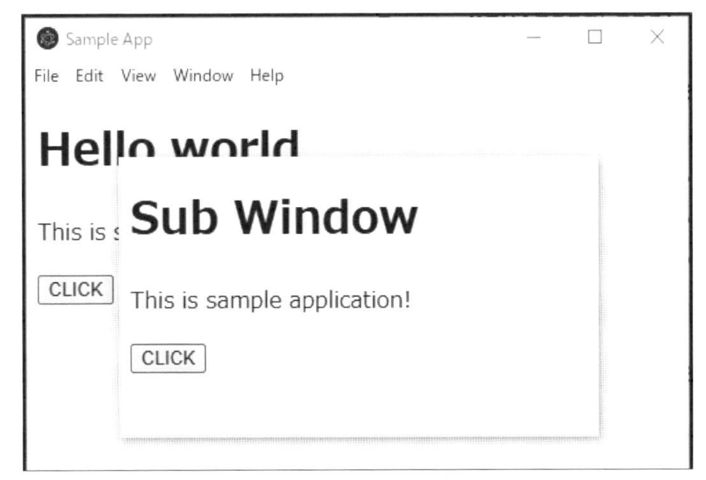

図2-8：実行すると、アプリケーションのウインドウの前にモーダルウインドウが現れる。ボタンをクリックして閉じると、親ウインドウが使えるようになる。

実行すると、親ウインドウの手前にタイトルバーもなにもない枠だけのウインドウが現れます。これがモーダルウインドウです。下に見える親ウインドウのボタンをクリックしたり、クローズボックスをクリックしたりしても、まったく機能しません。モーダルウインドウを閉じるまでは、下にあるウインドウは一切操作できないのです。また、ウインドウにはタイトルバーなどもないため、ドラッグして動かすこともできません。

フレームレスとモーダル

ここでは、子ウインドウをnew BrowserWindowで作成する際、引数の中に☆マークの以下の項目が追加されています。

```
parent: win,
frame:false,
modal: true
```

これらは、作成するウインドウの性質を示すものです。それぞれ、次のような性質を指定しています。

parent	親ウインドウの指定
frame	フレーム（ウインドウのタイトルバーなど）を表示するかどうか
modal	モーダルにするかどうか

parentはすでに利用しました。ここでは、さらにframeでフレームレスなウインドウにし、modalでモーダルウインドウに設定しています。これらによりタイトルバーなどのない、ただの四角いモーダルウインドウが表示されたのです。

レンダラープロセスでwindow.close();を実行し、モーダルウインドウが閉じられると、親であるアプリケーションのウインドウにあるボタンなどをクリックして操作できるようになります。

透過ウインドウの利用

ウインドウの中には、「背景を透明にする」というものもあります。ウインドウにコンテンツがあった場合、そのコンテンツだけが表示されるわけです。こうした透過ウインドウは、「transparent」あるいは「opacity」といった項目を使って作成できます。

これらは、いずれもBrowserWindowの引数に設定項目として用意します。似ていますが、それぞれ次のような働きをします。

transparent	ウインドウの背景を透過するかどうかを指定する。trueにすると透過し、falseにすると透過しない。
opacity	ウインドウ全体の透過度を0～1の実数で指定する。ゼロなら完全に透過し、1なら完全に不透過となる。

transparentは、例えばアプリケーション起動時に表示されるスプラッシュウインドウなどに利用できるでしょう。またopacityは、半透明で表示されるウインドウを作りたいときに使えますね。

透過ウインドウと半透明ウインドウ

実際に試してみましょう。index.jsのcreateWindow関数を次のように書き換えてください。

▼リスト2-10

```
function createWindow () {
  let win = new BrowserWindow({
    width: 500,
    height: 400,

  });
  win.loadFile('index.html');

  let child1 = new BrowserWindow({
    width: 350,
    height: 250,
    parent: win,
    frame: false, // ☆
    transparent: true // ☆
  });
  child1.loadFile('sub.html');

  let child2 = new BrowserWindow({
    width: 350,
```

```
    height: 250,
    parent: win,
    opacity: 0.5 // ☆
  });
  child2.loadFile('sub.html');
}
```

図2-9：背景を透過するウインドウと半透明のウインドウ。
なお、わかりやすいように子ウインドウ側はテキストカラーを変更してある。

実行すると、アプリケーションのウインドウ（親ウインドウ）の上に、背景を透過したウインドウと半透明ウインドウが現れます。背景を透過したウインドウは、コンテンツのテキストだけが表示されます。半透明ウインドウは、ウインドウ全体が半透明になります。

child1のウインドウでは、transparent: trueを指定して透過ウインドウにしています。このとき注意したいのは、「frame: falseでフレームを非表示にする」という点です。Windowsの場合、フレームが表示されていると透過ウインドウとして表示されません。

半透明ウインドウは、opacityで透明度を指定するだけです。ここでは0.5にしていますね。小さくなるほど透明になり、大きくなるほど不透明になります。数値をいろいろ変更して表示を確認してみましょう。

デベロッパーツールの利用

Electronの開発で頭に入れておかなければいけないのが、「デバッグの方法」です。すでに述べたように、Electronではメインプロセスとレンダラープロセスがあります。このうちメインプロセスについては、console.logなどによりターミナルに値を出力させたりすることができます。つまり、何か調べたいことがあるなら、console.logでその内容を出力させればヒントが得られるわけですね。

しかしレンダラープロセスでは、そのままではこれが使えません。console.logしても、出力されるコンソールがないからです。

このような場合は、「デベロッパーツール」をウインドウに組み込んで利用するのがよいでしょう。BrowserWindowには、デベロッパーツールを開く機能が用意されています。これを利用して、ウインドウにデベロッパーツールを用意してデバッグを行うのです。

例として、index.jsのcreateWindow関数を次のように書き換えてみましょう。

▼リスト2-11

```
function createWindow () {
  let win = new BrowserWindow({
    width: 500,
    height: 300
  });
  win.loadFile('index.html');
  win.webContents.openDevTools(); // ☆
}
```

図2-10：実行すると、ウインドウ内にデベロッパーツールが組み込まれる。

アプリケーションを実行すると、ウインドウにデベロッパーツールが組み込まれて表示されます。ここでレンダラープロセスのデバッグ作業を行うことができます。

ここではウインドウをloadFileしたあと、☆マークの文を実行しています。

```
win.webContents.openDevTools();
```

これが、デベロッパーツールを呼び出している文です。webContentsは、表示されているコンテンツを扱うWebContentsオブジェクトが保管されるプロパティです。そこからopenDevToolsメソッドを呼び出すことで、デベロッパーツールが開かれます。

よくわからなくとも、とりあえず「BrowserWindowを作ったら、そのあとでウインドウからwebContents.openDevTools()を呼び出す」ということだけ覚えておけば、レンダラープロセスのデバッグが可能になります。

Visual Studio Codeでメインプロセスをデバッグ

では、メインプロセスのデバッグはどうするのでしょう？　console.logで値を出力するぐらいしかできないのでしょうか？　もし、あなたがVisual Studio Codeを利用しているなら、メインプロセスをデバッグできます。これには、デバッグの設定ファイルが必要になります。

アプリケーションフォルダ（「sample_app」フォルダ）の中に「launch.json」という名前でファイルを作成し、次のように内容を記述してください。

▼リスト2-12

```
{
  "version": "0.0.1",
  "configurations": [
    {
      "name": "Debug Main Process",
      "type": "node",
      "request": "launch",
      "cwd": "${workspaceFolder}",
      "runtimeExecutable": "${workspaceFolder}/node_modules/.bin/electron",
      "windows": {
        "runtimeExecutable": "${workspaceFolder}/node_modules/.bin/electron.cmd"
      },
      "args" : ["."],
      "outputCapture": "std"
    }
  ]
}
```

これが、デバッグで必要になります。このまま写してしまえばいいので、内容などは深く考える必要ありません。

記述して保存したら、Visual Studio Codeの左端に見えるアイコンから、上から４番目のもの（「実行」アイコン）をクリックしてください。ここで、デバッグモードで実行する際の状況が表示されますが、まだ起動していない状態では「Node.js Debug Terminal」というボタンが表示されているので、これをクリックしてください。新しいデバッグ用のターミナルが開かれます。

図2-11：実行アイコンをクリックし、「Node.js Debug Terminal」をクリックする。

新たに開かれたNode.js Debug Terminalは、デバッグモードで実行するためのターミナルです。ここから「electron .」でアプリケーションを実行すると、デバッグモードで起動します。

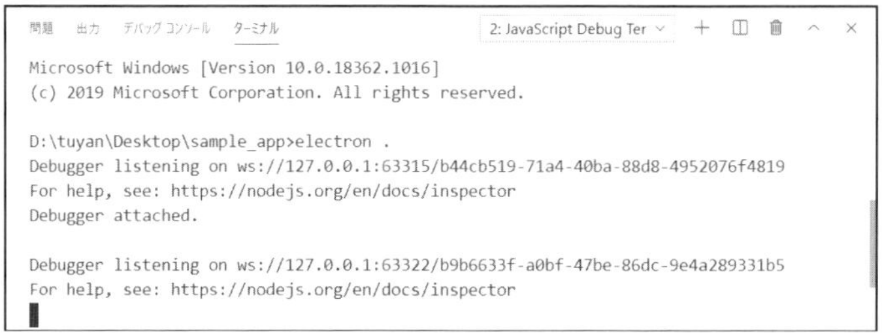
問題 出力 デバッグ コンソール ターミナル
2: JavaScript Debug Ter
Microsoft Windows [Version 10.0.18362.1016]
(c) 2019 Microsoft Corporation. All rights reserved.
D:\tuyan\Desktop\sample_app>electron .
Debugger listening on ws://127.0.0.1:63315/b44cb519-71a4-40ba-88d8-4952076f4819
For help, see: https://nodejs.org/en/docs/inspector
Debugger attached.
Debugger listening on ws://127.0.0.1:63322/b9b6633f-a0bf-47be-86dc-9e4a289331b5
For help, see: https://nodejs.org/en/docs/inspector
図2-12：Node.js Debug Terminalで実行すると、デバッグモードで実行される。

ブレイクポイントからデバッグモードへ

Visual Studio Codeでメインプロセスのソースコードを開いて、適当な行の一番左端部分をクリックしましょう。そこに●マークが付けられます。これが、ブレイクポイントです。ブレイクポイントは、デバッグモードに入る地点を指定するものです。

そのままNode.js Debug Terminalで実行すると、ブレイクポイントまできたところでデバッグモードに切り替わります。そして、「実行」アイコンで表示されるエリアに、ローカルとグローバルの変数やウオッチ式（監視する数式）、コールスタック（呼び出し順のリスト）などの情報が表示されます。またソースコードも、変数やオブジェクトのところにマウスポインタを持っていけば、現在の値がポップアップして表示されるようになります。ここから、現時点でのさまざまな変数やオブジェクトの状態を見ることができます。

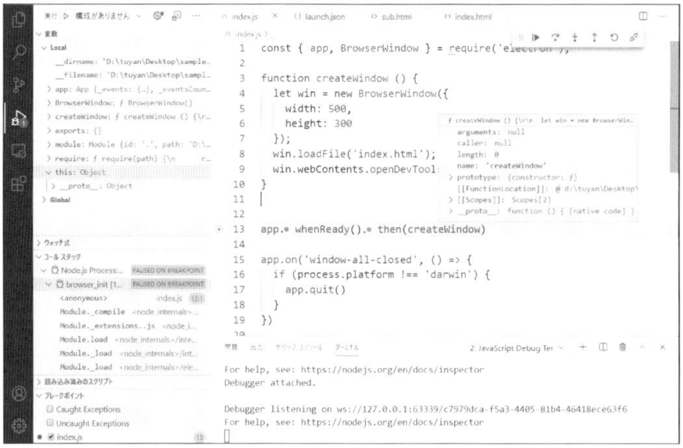
function createWindow () {
let win = new BrowserWindow({
width: 500,
height: 300
});
win.loadFile('index.html');
app.on('window-all-closed', () => {
if (process.platform !== 'darwin') {
app.quit()
Caught Exceptions
Uncaught Exceptions
図2-13：ブレイクポイントを設定すると、そこでデバッグモードに切り替わる。

2つのデバッグを組み合わせよう

このように、Electronアプリケーションのデバッグは、2つの機能を組み合わせて行うことになります。はじめのうちは慣れが必要かもしれませんが、メインプロセスとレンダラープロセスがきちんと区別がついているなら、「今はどちらのデバッグをするべきか」はすぐにわかるようになるでしょう。

Chapter 2

2.2. イベントを理解する

appオブジェクトのイベント

メインプロセスでは、appオブジェクトとBrowserWindowオブジェクトを作成し利用しています。これらのオブジェクトは、メインプロセスで利用するものです。これらの基本的な使い方を覚えることが、メインプロセスの処理では重要になります。

メインプロセスで、これらのオブジェクトで利用されるもっとも重要な要素は「イベント」です。appにはアプリケーションに関するイベントが、BrowserWindowにはウインドウ関係のイベントが多数用意されています。これらのイベントを使い、特定のイベントが発生したときの処理を用意することで、さまざまな機能を実装できます。

まずは、appオブジェクトのイベントから見ていきましょう。これは、アプリケーションを管理するオブジェクトです。このappは、アプリケーションのイベントライフサイクルを制御する働きを持ちます。ここでアプリケーションのイベント処理を実装することで、さまざまな動作に応じた処理が行えるようになります。

実をいえば、この「appのイベント処理」はすでに使っています。macOSでのアプリケーション終了を行うために、こんな処理を作成したことを思い出してください。

```
app.on('window-all-closed', () => {
  if (process.platform !== 'darwin') {
    app.quit()
  }
})
```

これが、実はアプリケーションのイベント処理だったのです。すべてのウインドウが閉じられたときに発生するイベントを利用し、アプリケーションの終了を行っていたのです。

onによるイベント処理組み込み

イベント処理の組み込みは、appオブジェクトの「on」メソッドを使います。これは、次のように記述します。

```
app.on( イベント名 , ()=>{……処理……} );
```

第１引数には、利用するイベント名をテキストで指定します。macOSの終了処理では、'window-all-closed'というイベントを使っていました。これが、すべてのウインドウが閉じられたときに発生するイベントだったのです。

第２引数には、関数を指定します。ここで、イベント発生時に実行する処理を用意しておきます。イベント処理の設定は、たったこれだけです。

C O L U M N

値としての関数とアロー関数

app.on の説明で「第２引数は、関数を指定します」としれっと説明されて、「関数？」と驚いた人もいたことでしょう。JavaScript では、関数も値として扱うことができます。例えば、こんな具合ですね。

```
var fn = function(){……}
```

これで、関数を変数に代入できます。app.on のように「引数に関数を指定する」というときは、この関数の定義を引数に用意すればいいのです。

ただし、ここで使われている関数定義は、皆さんが見慣れたものとちょっと違うかもしれません。これは、アロー関数と呼ばれる書き方です。普通の関数定義の書き方をちょっと変えただけのものです。

```
function ( 引数 ) {……}
        ↓
( 引数 ) => {……}
```

これは、どちらも同じものなのです。アロー関数を使うことによって、よりシンプルに関数を書くことができるのですね。Electron ではアロー関数を使った書き方が多用されるので、今のうちに書き方を覚えておきましょう。

起動時のイベント

appにはどのようなイベントが用意されているのでしょうか？　主なものを、アプリケーションの起動から終了まで順を追って見ていくことにしましょう。まずは、アプリケーションの起動時の処理です。

▼起動処理の完了

```
will-finish-launching
```

▼初期化処理完了(macOS)

```
ready
```

Electronの起動処理が完了したところで発生するのが、will-finish-launchingイベントです。Windowsなどでは、ここで初期化処理を用意すればいいでしょう。

macOSの場合、これはmacOSのCocoaフレームワークに用意されているapplicationWillFinishLaunchingというイベントに相当するものになります。さらにそのあとで、アプリケーションの初期化が終了するとreadyイベントが発生するようになっており、こちらに初期化処理を用意するほうがよいでしょう。

では、簡単な利用例を挙げておきます。これをindex.jsのapp.whenReady().then(createWindow);のあとに追記してください。アプリケーションを起動すると、ターミナルにテキストが出力されます。

▼リスト2-13

```
app.on('will-finish-launching', ()=> {
  console.log('will-finish-launching');
});
```

図2-14：起動すると、ターミナルにwill-finish-launchingと出力される。

ウインドウのフォーカス

ウインドウがフォーカスされた（選択された）、フォーカスが外れたといったときにも発生するイベントがあります。それが以下のものです。

▼ウインドウがフォーカスされた

```
browser-window-focus
```

▼ウインドウのフォーカスが外れた

```
browser-window-blur
```

これらは、Electronアプリケーションで複数のウインドウを切り替えたときにも発生しますし、他のアプリケーションのウインドウと切り替わった際にも発生します。これも実際に使ってみましょう。

createWindow関数の修正と、さらに追記する処理をまとめておきました。createWindow関数を削除し、その部分に次のように記述してください。

▼リスト2-14

```
function createWindow () {
  let win1 = new BrowserWindow({
    width: 400,
    height: 200
  });
  win1.loadFile('index.html');
  let win2 = new BrowserWindow({
    width: 400,
    height: 200
  });
  win2.loadFile('index.html');
}

app.on('browser-window-focus', (event)=> {
  console.log('browser-window-focus: '
    + event.sender.id);
});

app.on('browser-window-blur', (event)=> {
  console.log('browser-window-blur: '
    + event.sender.id);
});
```

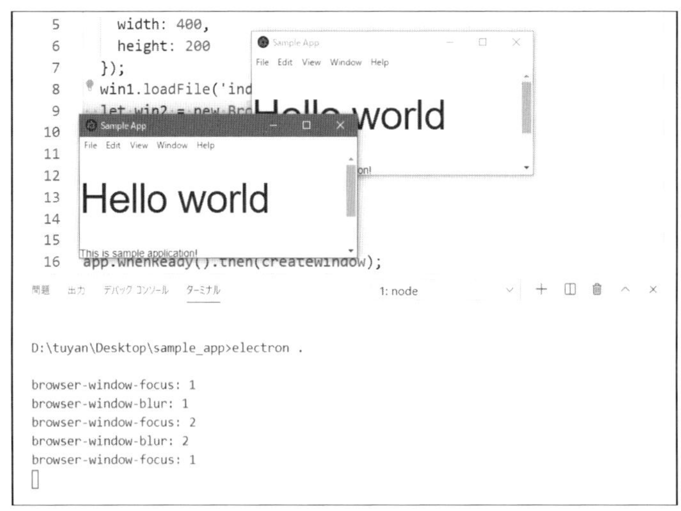

図2-15：実行すると、2つのウインドウが表示される。

これらを切り替えると、切り替えのイベントとウインドウに割り当てられたIDはターミナルに次のように出力されます。

```
browser-window-blur: 1
browser-window-focus: 2
```

ここでは、第2引数に割り当てる関数に「event」という引数を指定しています。これにはイベントに関する情報をまとめたオブジェクトが渡されます。event.sender.idという値をconsole.logで出力していますね。

event.senderには、イベントが発生した対象となるウインドウ（BrowserWindowオブジェクト）が設定されています。ここでは、そのidプロパティを表示しています。idは、生成されたBrowserWindowに割り当てられる整数値で、ユニークな値（同じ値が使われない）であるため、ウインドウを識別するのに使われます。

ウインドウとコンテンツの生成

メインプロセスのもっとも大きな仕事は、「BrowserWindowを作成すること」です。appには、ウインドウの生成に関するイベントも用意されています。

▼BrowerWindowが生成された

```
browser-window-created
```

▼Webコンテンツが生成された

```
web-contents-created
```

ウインドウの生成と、そこに表示されるコンテンツの生成それぞれにイベントが用意されています。簡単な例を挙げましょう。

▼リスト2-15

```
app.on('browser-window-created', ()=> {
  console.log('browser-window-created');
});

app.on('web-contents-created', ()=> {
  console.log('web-contents-created');
});
```

図2-16：実行すると、ターミナルにメッセージが出力される。

ここでは、ウインドウの生成とコンテンツの生成で、ターミナルに簡単なメッセージを出力させています。実行すると、次のように表示されるでしょう。

```
web-contents-created
browser-window-created
```

意外なのは、まずweb-contents-createdが出力され、それからbrowser-window-createdが出力されるという点です。まず表示するコンテンツが生成され、それを表示するウインドウが生成されていることがわかります。

アプリケーションの終了

アプリケーションを終了する際には、その段階に応じていくつかのイベントが発生します。これらにより、終了時にきめ細かな処理を実行させることができるようになっています。

▼すべてのウインドウが閉じられた

```
window-all-closed
```

▼全ウインドウを閉じ始める前に呼び出される

```
before-quit
```

▼終了する直前に呼び出される

```
will-quit
```

▼終了時に呼び出される

```
quit
```

非常にわかりにくいのが、「before-quitとwill-quitはどう違うのか」でしょう。Windowsでは、アプリケーションに終了の命令が送られると、開いているすべてのウインドウを閉じてアプリケーションが終了されます。このとき、ウインドウを閉じる作業を開始する前に呼ばれるのがbefore-quitで、ウインドウを閉じる作業が終わり、アプリケーションを終了する直前に呼ばれるのがwill-quitです。

呼ばれるタイミングの他にも、大きな違いが1つあります。will-quitはevent.preventDefault()を呼び出すことで、アプリケーションが終了する既定の動作を阻害できます。つまり、「終了をキャンセルできる」のです。before-quitでは、これはできません。

また、「全ウインドウを閉じるイベントだけで、個別のウインドウを閉じるイベントはないのか」と思った人もいるかもしれません。これは、ウインドウであるBrowserWindow側に用意されています。appに用意されているのは、「すべてのウインドウが閉じられたイベント」のみです。

BrowserWindowのイベント

続いて、BrowserWindowのイベントについてです。BrowserWindowは、アプリケーションから開かれるウインドウのオブジェクトですが、これにも、もちろん各種のイベントが用意されています。

役割や用途ごとにまとめて説明しましょう。まずは、ウインドウの表示に関するものからです。

▼ウインドウが表示されるとき

```
show
```

▼ウインドウが非表示になるとき

```
hide
```

▼ウインドウを表示する準備が完了したとき

```
ready-to-show
```

▼ウインドウを閉じるとき

```
close
```

▼ウインドウが閉じられた

```
closed
```

ウインドウは表示・非表示を設定できます。これらが変更されるときに発生するのが、show/hideイベントです。表示状態の変更のイベントですね。

ready-to-showは、これとは少し違います。これは、ウインドウが表示できる状態になったことを示すイベントです。つまり、コンテンツのロードや表示のレンダリングなどがすべて完了し、もうすぐに表示できる状態になったことを伝えるものです。

また、閉じる際のイベントが2つありますが、closeは閉じる前、closedは閉じられてから発生します。closeではevent.preventDefault()を呼び出すことで、閉じる処理をキャンセルすることができます。

ロード完了してからウインドウを表示する

では、これらのイベントの利用例を挙げておきましょう。index.jsで、createWindow関数を次のように書き換えてください。

▼リスト2-16

```
function createWindow () {
  let win = new BrowserWindow({
    width: 800,
    height: 600,
    show: false
  });
  win.loadURL('http://www.tuyano.com');
  win.on('ready-to-show', ()=>{
    win.show();
  });
  win.on('show', ()=>{
    console.log('show browser-window.');
  });
}
```

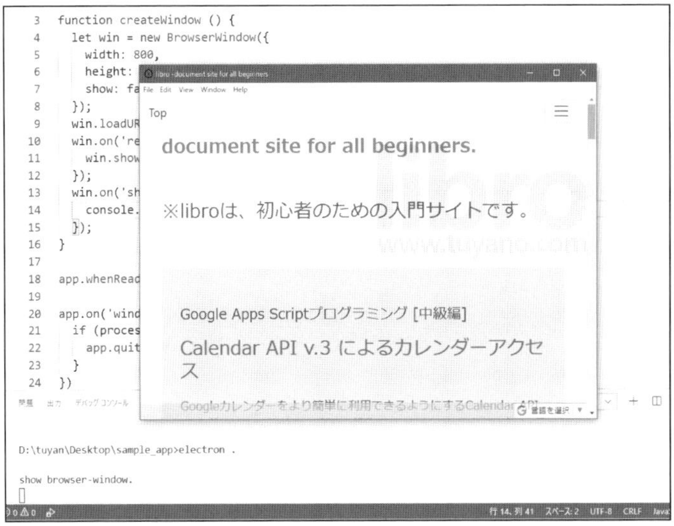

図2-17：実行すると、URLのコンテンツのロードが完了してからウインドウが現れる。

loadURLで指定のWebページを表示していますが、今回はウインドウが開かれたときには、すでにページが表示されています。これまでのように何も表示されないウインドウが現れ、しばらくしてからコンテンツが表示される、といったことはありません。

ここでは、BrowserWindowを作成する際に、「show: false」という設定を引数のオブジェクトに用意しています。これを用意することで、ウインドウが生成されても非表示のままになります。

そして、ready-to-showイベントを利用して、準備完了したところでウインドウが表示されるようにしています。この部分ですね。

```
win.on('ready-to-show', ()=>{
  win.show();
});
```

BrowserWindowの表示は「show」「hide」といったメソッドを呼び出して表示・非表示を行えます。ready-to-showでshowすることで、すべての準備が完了してからウインドウが表示されるようになります。

ウインドウのフォーカスイベント

ウインドウのフォーカス（選択状態）に関するイベントはappにもありましたが、BrowserWindowにも用意されています。

▼ウインドウがフォーカスされた

```
focus
```

▼ウインドウからフォーカスが外れた

```
blur
```

いずれも、eventオブジェクトからsenderでBrowserWindowを得ることができます。そこから、イベントが発生したオブジェクトを操作できるでしょう。

では、これも利用例を挙げておきます。createWindow関数を書き換えてください。

▼リスト2-17

```
function createWindow () {
  var fn = (event)=> {
    console.log('focus: ' + event.sender.id);
  };
  let win1 = new BrowserWindow({
    width: 400,
    height: 200
  });
  win1.loadFile('index.html');
  win1.on('focus', fn);
  let win2 = new BrowserWindow({
    width: 400,
    height: 200
  });
  win2.loadFile('index.html');
  win2.on('focus',fn);
}
```

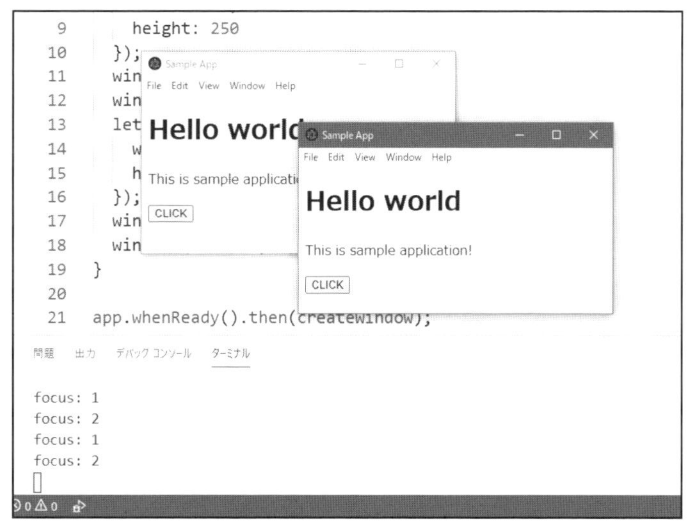

図2-18：2枚のウインドウを切り替えると、ターミナルに「focus ID番号」が出力される。

実行すると、2枚のウインドウが現れます。これをクリックして選択状態を切り替えると、ターミナルに「focus ○○」とアクティブになったウインドウのID番号が表示されます。

ここでは、あらかじめ次のような関数を変数に用意しています。

```
var fn = (event)=> {
  console.log('focus: ' + event.sender.id);
};
```

event.senderで、イベントが発生したBrowserWindowが得られます。そのidを、console.logで出力しています。この変数fnを、new BrowserWindowしたオブジェクトに、win1.on('focus', fn);というようにしてfocusイベントの処理として設定しています。

ウインドウ操作のイベント

BrowserWindowsはウインドウのオブジェクトですから、当然、ウインドウの操作に関するイベントもいろいろと用意されています。それらをまとめておきましょう。

▼ウインドウを最大化したとき

```
maximize
```

▼最大化からもとに戻したとき

```
unmaximize
```

▼ウインドウを最小化したとき

```
minimize
```

▼最小化からもとに戻したとき

```
restore
```

▼リサイズする直前

```
will-resize
```

▼リサイズされているとき

```
resize
```

▼ウインドウを移動する直前

```
will-move
```

▼移動しているとき

```
move
```

ここではウインドウの最大化、最小化、リサイズ、移動といった操作に対応するイベントを挙げておきました。これらのうち、わかりにくいのが「will-resizeとresize」「will-moveとmove」の違いでしょう。

「will- ~」というイベントは、操作を行う直前に発生するものです。これらはevent.preventDefault();を実行することで、操作そのものをキャンセルできます。will-resizeならばリサイズをキャンセルしリサイズできないようにしますし、will-moveならば移動ができないようにします。

resizeとmoveは操作をしている間、繰り返し発生するイベントです。resizeはリサイズ中、moveは移動中、大きさや位置が変わると発生します。つまり、ドラッグして移動やリサイズをしている間、何度も繰り返し発生し続けるわけです。

移動とリサイズを制御する

これらの利用例を挙げておきましょう。例によって、createWindow関数を修正して使います。

▼リスト2-18

```
function createWindow () {
  let win = new BrowserWindow({
    width: 400,
    height: 250
  });
  win.loadFile('index.html');

  win.flag = true;
  win.on('focus',(event)=> {
    event.sender.flag = !event.sender.flag;
    console.log('flag: ' + event.sender.flag);
  });
  win.on('will-move', (event)=> {
    if (event.sender.flag) {
      event.preventDefault();
    }
  });
  win.on('move', (event)=> {
    console.log(event.sender.getPosition());
  });
  win.on('will-resize', (event)=> {
    if (!event.sender.flag) {
      event.preventDefault();
    }
  });
  win.on('resize', (event)=> {
    console.log(event.sender.getSize());
  });
}
```

図2-19：ウインドウをアクティブにするごとに、リサイズと移動のどちらかが行えるようになる。

実行すると、ウインドウの移動はできるがリサイズはできない状態になります。他のウインドウなどをクリックして再度ウインドウを選択すると、リサイズはできるが移動はできなくなります。このように、ウインドウをアクティブにするたびにリサイズと移動のどちらかが可能になり、他方ができなくなります。

ここでは、次のようにしてfocusイベントを設定しています。

```
win.flag = true;
  win.on('focus',(event)=> {
  event.sender.flag = !event.sender.flag;
  console.log('flag: ' + event.sender.flag);
});
```

win.flagの値をtrue/falseで切り替えています。will-moveとwill-resizeイベントでは、このflagの値を元にpreventDefaultを送るようにしています。

```
win.on('will-move', (event)=> {
  if (event.sender.flag) {
    event.preventDefault();
  }
});
win.on('will-resize', (event)=> {
  if (!event.sender.flag) {
    event.preventDefault();
  }
});
```

これで、flagがtrueならばwill-moveがキャンセルされ、falseならばwill-resizeがキャンセルされます。これにより、移動やリサイズが行えなくなります。

フルスクリーン関連のイベント

ウインドウのフルスクリーン表示は、注意が必要です。通常のイベントと、HTML APIを利用した場合のイベントの２種類が用意されているからです。以下に整理しておきましょう。

▼ウインドウがフルスクリーンになるとき

```
enter-full-screen
```

▼フルスクリーンからもとに戻るとき

```
leave-full-screen
```

▼ウインドウがHTML APIによってフルスクリーンになるとき

```
enter-html-full-screen
```

▼ウインドウがHTML APIによってフルスクリーンからもとに戻るとき

```
leave-html-full-screen
```

▼常時、一番手前に表示される設定が操作されたとき

```
always-on-top-changed
```

HTML APIというのは、HTML5より用意されたAPIのことです。これを利用してフルスクリーン化した場合と、それ以外（Electronの機能を使うなど）の場合で異なるイベントが発生するようになっているのです。

また、always-on-top-changedは、ウインドウを常に一番手前に表示されるように操作した際のイベントです。一番手前に表示されるように設定した場合だけでなく、その状態から元に戻したときも発生します。このイベントに設定される関数には、2つの値が渡されます。

```
(event, cmd)=>{……処理……}
```

第1引数にはイベントのオブジェクトが渡されますが、第2引数には変更された状態を表す真偽値が渡されます。一番手前に表示されるよう設定されたときはtrue、その反対のときはfalseが渡されます。

Chapter 2

2.3. BrowserWindow、BrowserView、WebContent

ウインドウの基本操作に関するメソッド

アプリケーションで表示されるウインドウには、イベント以外にもさまざまな機能がメソッドとして実装されています。それらの基本的な使い方についても見ていくことにしましょう。

ウインドウは、BrowserWindowオブジェクトとして用意されていました。このオブジェクトには、ウインドウに関するさまざまなメソッドが用意されています。ウインドウの基本的な操作に関するメソッドをざっと整理しておきましょう。

●《BrowserWindow》.destroy()
強制的にウインドウを破棄する。この場合、closeイベントは発生しない。また、キャンセルはできない。

●《BrowserWindow》.close()
ウインドウを閉じる。will-closeイベントでキャンセルすることができる。

●《BrowserWindow》.focus()
ウインドウにフォーカスを移動する（選択する）。

●《BrowserWindow》.blur()
ウインドウからフォーカスを外す（選択されない状態にする）。

●《BrowserWindow》.isFocused()
ウインドウがフォーカスされているかどうかを返す。戻り値は、真偽値でフォーカスされていればtrueとなる。

●《BrowserWindow》.isDestroyed()
ウインドウが破棄されたかどうかを返す。戻り値は、真偽値。

●《BrowserWindow》.show()
ウインドウを表示し、フォーカスする。

●《BrowserWindow》.showInactive()
ウインドウを表示するがフォーカスは与えない（アクティブでない状態で表示する）。

●《BrowserWindow》.hide()
ウインドウを非表示にする。

●《BrowserWindow》.isVisible()
ウインドウが表示されているかどうかを返す。戻り値は、真偽値。

●《BrowserWindow》.isModal()
ウインドウがモーダルウインドウかどうかを返す。戻り値は、真偽値。

●《BrowserWindow》.maximize()
ウィンドウを最大化する。

●《BrowserWindow》.unmaximize()
最大化されたウインドウをもとに戻す。

●《BrowserWindow》.isMaximized()
ウインドウが最大化されているかどうかを返す。戻り値は、真偽値。

●《BrowserWindow》.minimize()
ウィンドウを最小化する。

●《BrowserWindow》.restore()
最小化されたウインドウをもとに戻す。

●《BrowserWindow》.isMinimized()
ウインドウが最小化されているかどうかを返す。戻り値は、真偽値。

●《BrowserWindow》.setFullScreen(真偽値)
ウインドウをフルスクリーンにするかどうかを設定する。引数にtrueを指定すると、フルスクリーンになる。

●《BrowserWindow》.isFullScreen()
ウインドウがフルスクリーンモードかどうかを返す。戻り値は、真偽値。

●《BrowserWindow》.isNormal()
ウィンドウが通常の状態かどうか(最大化、最小化、フルスクリーンでない)を返す。戻り値は、真偽値。

これらは、基本的に引数も戻り値もないか、あっても引数や戻り値で真偽値を使う程度であり、非常に簡単に利用できます。これらが一通り頭に入っていれば、ウインドウの基本的な操作は行えるようになります。

位置と大きさに関するメソッド

　ウインドウは、移動やリサイズなどが行えます。BrowserWindow内から、これらを操作するメソッドも用意されています。

●《BrowserWindow》.SetBounds(《Rectangle》[, 真偽値]);
ウインドウの表示領域を設定する。第1引数には、領域を示すRectangleオブジェクトを指定する。次のような形で定義できる。

```
{ x: 横位置 , y: 縦位置 , width: 横幅 , height: 高さ }
```

第2引数には、ウインドウをアニメーションして領域を変更するかどうかを真偽値で指定できる。trueにするとアニメーションする。

●《BrowserWindow》.GetBounds();
ウインドウの表示領域を返す。戻り値は、Rectangleオブジェクト。ここからx、y、width、heightの値を取り出し利用する。

●《BrowserWindow》.SetContentBounds(《Rectangle》[, 真偽値]);
コンテンツ表示領域を設定する。第1引数には、領域を示すRectangleオブジェクトを指定する。第2引数には、ウインドウをアニメーションして領域を変更するかどうかを真偽値で指定できる。

●《BrowserWindow》.GetContentBounds();
現在のコンテンツ表示領域を返す。戻り値は、Rectangleオブジェクト。

●《BrowserWindow》.SetSize(横幅, 高さ [, 真偽値]);
ウインドウの大きさを設定する。引数には、横幅と高さを整数で指定する。第3引数に、アニメーションするかどうかを真偽値で指定できる。

●《BrowserWindow》.GetSize();
現在のウインドウのサイズを得る。戻り値は、横幅と高さの2つの整数値を配列にまとめたものになる。

●《BrowserWindow》.SetContentSize(横幅, 高さ [, 真偽値]);
コンテンツの表示領域を設定する。引数には、横幅と高さを整数で指定する。第3引数に、アニメーションするかどうかを真偽値で指定できる。

●《BrowserWindow》.GetContentSize();
　コンテンツの表示領域を得る。戻り値は、横幅と高さの2つの整数値を配列にまとめたものになる。

●《BrowserWindow》.SetMinimumSize(横幅 , 高さ [, 真偽値]);
ウインドウの最小サイズを設定する。引数には、横幅と高さを整数で指定する。第3引数に、アニメーションするかどうかを真偽値で指定できる。

●《BrowserWindow》.GetMinimumSize();
ウインドウの最小サイズを得る。戻り値は、横幅と高さの2つの整数値を配列にまとめたものになる。

●《BrowserWindow》.SetMaximumSize(横幅 , 高さ [, 真偽値]);
ウインドウの最大サイズを設定する。引数には、横幅と高さを整数で指定する。第3引数に、アニメーションするかどうかを真偽値で指定できる。

●《BrowserWindow》.GetMaximumSize();
ウインドウの最大サイズを得る。戻り値は、横幅と高さの2つの整数値を配列にまとめたものになる。

●《BrowserWindow》.SetPosition(横位置 , 縦位置 [, 真偽値]);
ウインドウの位置を設定する。引数には、横位置と縦位置を整数で指定する。第3引数に、アニメーションするかどうかを真偽値で指定できる。

●《BrowserWindow》.GetPosition();
ウインドウの位置を得る。戻り値は、横位置と縦位置の2つの整数値を配列にまとめたものになる。

● win.moveTop()
ウィンドウを一番手前に移動する。

● win.center()
ウインドウを画面の中央に移動する。

● win.setTitle(テキスト)
ウインドウのタイトルを変更する。引数には、新たに設定するタイトルのテキストを用意する。

● win.getTitle()
ウインドウのタイトルを返す。

領域はRectangle、位置と大きさは配列

　これらのメソッドでは、位置、大きさ、領域に関する値が多用されます。どのメソッドでもだいたい共通の値が用いられます。
　領域は、Rectangleというオブジェクトを使います。位置と大きさは、整数2つの配列を利用します。これらの値の書き方は、ここでよく頭に入れておきましょう。
　では、実際の利用例を挙げておきましょう。createWindow関数を書き換えます。

▼リスト2-19

```
function createWindow () {
  let win = new BrowserWindow({
    width: 400,
    height: 250
  });
  win.loadFile('index.html');

  win.on('focus',(event)=> {
    var p = event.sender.getPosition();
    var s = event.sender.getSize();
    p[0] += 10;
    p[1] += 10;
    s[0] += 10;
    s[1] += 10;
    event.sender.setPosition(p[0], p[1], true);
    event.sender.setSize(s[0], s[1], true);
    var b = event.sender.getBounds();
    console.log('new bounds: ' + '['
      + b.x + ', ' + b.y + ', '
      + b.width + ', ' + b.height + ']');
  });
}
```

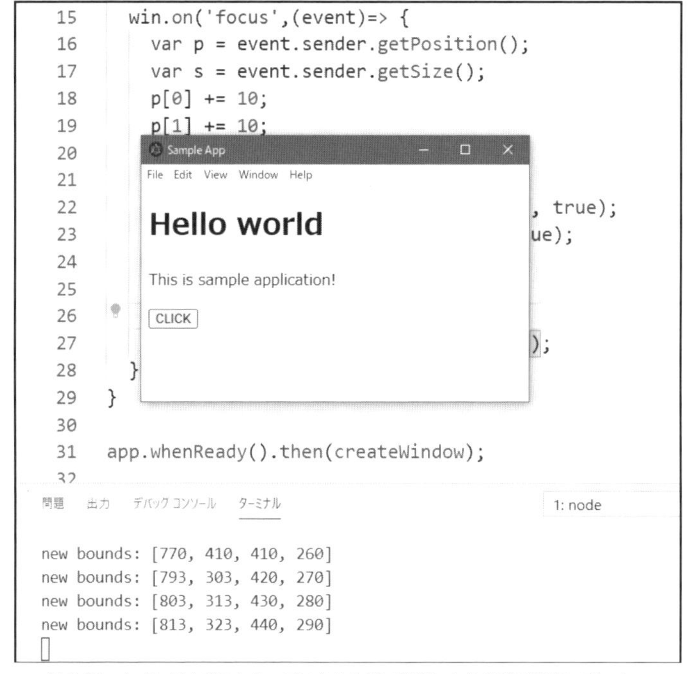

図2-20：ウインドウがアクティブになるたびに位置と大きさが加算されていく。

ウインドウが表示されたら他のところをクリックし、またウインドウをクリックしてアクティブにしてください。ウインドウのサイズが縦横10ドット増え、表示位置が縦横10ドット右下に移動します。何度かアクティブにしていくと、次第にウインドウが大きくなっていくのがわかるでしょう。

ここでは、ウインドウの位置と大きさの値を次のように取り出しています。

```
var p = event.sender.getPosition();
var s = event.sender.getSize();
```

そして、取り出した値にそれぞれ10を加算し、変更された値を位置と大きさに設定しています。

```
event.sender.setPosition(p[0], p[1], true);
event.sender.setSize(s[0], s[1], true);
```

これで、位置と大きさが変更されました。最後にevent.sender.getBounds()で領域を取得し、その値をテキストにしてconsole.logに出力しています。

領域（getBounds）は、位置と大きさの値（getPosition/getSize）と内容的には同じものですが、領域の利用例としてあえて使っておきました。

WebContentsについて

ウインドウ関係のイベントはWebBrowserに用意されていますが、では表示されるWebコンテンツに関するイベントは？　これは、WebBrowserに組み込まれている「WebContents」というオブジェクトを利用します。

WebContentsオブジェクトはWebBrowserに組み込まれているオブジェクトで、Webコンテンツの状況を管理するものです。Webコンテンツをロードしたり別のものに差し替えたりする際、WebContentsオブジェクトには各種のイベントが発生します。これを利用することで、Webコンテンツの読み込みから破棄まで、さまざまなイベントを使って必要な処理を行うことができます。

このWebContentsオブジェクトに用意されているイベントは非常にたくさんありますので、ここではよく使うものや重要なものをピックアップして紹介しておくことにしましょう。

● did-finish-load

did-finish-loadは、コンテンツのロードが完了した際に発生するイベントです。引数などはイベント用オブジェクト（event）以外には特にありません。

● did-frame-finish-load

フレームのコンテンツロードが完了した際に発生します。引数にはメインフレームかどうか、フレームプロセスID、フレームルーチンIDといった値が渡されます。

引数

event	イベントオブジェクト
isMainFrame	メインフレームか否か
frameProcessId	プロセスID
frameRoutingId	ルーチンID

● did-start-loading

コンテンツに表示するコンテンツの読み込みが開始された際に発生します。

● did-stop-loading

コンテンツの読み込みが停止される直前に発生し送られます。

● dom-ready

指定のフレームに表示するドキュメントのロードが完了し、DOMツリーの生成が完了したところで送られます。

引数

event	イベントのオブジェクト

● new-window

新しいウインドウを作成する際のイベントです。引数は非常に多くのものが用意されています。

引数

event	新しいウインドウ
url	表示するURL
frameName	フレーム名
disposition	ウインドウの配置を示す値。default、foreground-tab、background-tab、new-window、save-to-disk、otherがある。
options	新しいウインドウに使われるオプション。BrowserWindowConstructorOptionsオブジェクトとして用意される。
additionalFeatures	window.open() に与えられている、標準でない機能 。String引数として用意される。
referrer	新しいウィンドウへ渡されるReferrerオブジェクト。前のコンテンツのURLなどの情報が含まれる。

● will-navigate

URLで指定されたコンテンツにアクセスしようとするときに発生します。イベントとURLが引数に渡されます。preventDefaultでイベントをキャンセルできます。

引数

event	イベントのオブジェクト
url	表示するURL

● did-start-navigation

指定URLへの移動を開始した際に発生するイベントです。これも開始するプロセスのIDなど多数の引数があります。

引数

event	イベントのオブジェクト
url	表示するURL
isInPlace	ページ内の移動かどうか
isMainFrame	メインフレームか否か
frameProcessId	プロセスID
frameRoutingId	ルーチンID

● will-redirect

リダイレクトする際に発生するイベントです。did-start-navigationとほぼ同様の引数が用意されます。preventDefaultでイベントをキャンセルできます。

引数

event	イベントのオブジェクト
url	表示するURL
isInPlace	ページ内の移動かどうか
isMainFrame	メインフレームか否か
frameProcessId	プロセスID
frameRoutingId	ルーチンID

● did-redirect-navigation

リダイレクトが実行されたあとに発生するイベントです。通常のナビゲーションでは発生しません。

引数

event	イベントのオブジェクト
url	表示するURL
isInPlace	ページ内の移動かどうか
isMainFrame	メインフレームか否か
frameProcessId	プロセスID
frameRoutingId	ルーチンID

● did-navigate

ナビゲーションが完了したときに発生するイベントです。HTTPのレスポンスコードやステータスのテキストなどが引数で渡されます。

引数

event	イベントのオブジェクト
url	表示するURL
httpResponseCode	HTTPレスポンスのコード番号
httpStatusText	HTTPステータス

● will-prevent-unload

アンロードをキャンセルしょうとしているときに発生するイベントです。preventDefaultでイベントをキャンセルできます。

引数

event	イベントのオブジェクト

● destroyed

WebContentsオブジェクトが破棄されたときに発生します。

● enter-html-full-screen

HTML APIでフルスクリーン表示になるときに発生します。

● leave-html-full-screen

HTML APIでフルスクリーン状態から抜けるときに発生します。

● zoom-changed

ズームに関するイベントです。マウスホイールを使うなどして表示を拡大縮小したときに発生します。

引数

event	イベントのオブジェクト
zoomDirection	ズームの方向。inまたはout。

● devtools-opened

開発者向けツールが開かれたときに発行されます。

● devtools-closed

開発者向けツールが閉じられたときに発行されます。

● devtools-focused

開発者向けツールがフォーカスされた / 開かれたときに発行されます。

● console-message

ウインドウからコンソールにメッセージが出力された際に発生するイベントです。発生したメッセージに関する情報が引数で渡されます。

引数

event	イベントのオブジェクト
level	レベル
message	メッセージ
line	行番号
sourceId	ソースID

WebContentsのイベント例

WebContentsオブジェクトのイベントを利用する簡単な例を挙げておきましょう。createWindow関数を書き換えてください。

▼リスト2-20

```
function createWindow () {
  let win = new BrowserWindow({
    width: 400,
    height: 250
  });
  let webc = win.webContents;
  webc.on('new-window', ()=>{
    console.log('new-window.');
  });
  webc.on('did-finish-load', ()=>{
    console.log('did-finish-load.');
  });
  webc.on('dom-ready', ()=>{
    console.log('dom-ready.');
  });
  webc.on('will-navigate', ()=>{
    console.log('will-navigate.');
  });
  webc.on('did-navigate', ()=>{
    console.log('did-navigate.');
  });

  win.loadFile('index.html');
}
```

図2-21：実行すると、WebContents関連のイベントごとにメッセージが出力される。

実行すると、ターミナルに「did-navigate.」「dom-ready.」「did-finish-load.」とメッセージが出力されていきます。WebContentsオブジェクトに設定したイベント処理が機能していることがわかるでしょう。
ここでは、BrowserWindowインスタンスを作成したあと、ここからWebContentsオブジェクトを取得してイベントを設定しています。こんな感じですね。

```
let webc = win.webContents;
webc.on('new-window', ()=>{
  console.log('new-window.');
});
```

このように、WebContentsオブジェクトはBrowserWindowのwebContentsプロパティから取り出して利用するのが基本です。

BrowserViewについて

BrowserWindowでは、loadFileやloadURLを使ってコンテンツを表示しましたが、この表示されたコンテンツの中に、さらにWebコンテンツを埋め込むのに用意されているのがBrowserViewです。
BrowserViewは、BrowserWindowのウインドウ内に小さな内部ウインドウのようなものを追加し、そこに親ウインドウとは別のコンテンツを表示させることができます。
このBrowserViewの利用は、まずインスタンスを作成することから始めます。

```
変数 = new BrowserView();
```

引数を持たないシンプルなBrowserViewインスタンスを作成します。ここに必要なコンテンツをロードします。

```
《BrowserView》.webContents.loadFile( パス );
《BrowserView》.webContents.loadURL( アドレス );
```

BrowserWindowとまったく同様に、ファイルや指定のURLからコンテンツを読み込むことができます。ただし、よく見るとBrowserViewからではなく、BrowserViewのwebContentsプロパティからメソッドを呼び出していますね。BrowserViewにはWebContentsオブジェクトが組み込まれており、このloadFileやloadURLを呼び出すことでコンテンツをロードすることができます。
コンテンツを読み込んだBrowserViewは、BrowserWindowに設定されます。

```
《BrowserWindow》.setBrowserView(view);
```

指定のウインドウ（BrowserWindow）に、作成したBrowserViewを組み込めます。しかし、ただ組み込んだだけでは表示されません。setBrowserViewの大きさをsetBoundsで設定することで、初めて表示されるようになります。

```
《BrowserView》.setBounds(x: 横位置, y: 高さ, width: 横幅, height: 高さ );
```

これで、指定された領域にBrowserViewが表示されるようになります。これを実行しないと、はめ込んだBrowserViewの大きさは縦横ゼロになり、画面にコンテンツが表示されなくなってしまいます。必ず表示する領域を設定してください。

Webサイトをウインドウ内にはめ込む

これもサンプルを挙げておきましょう。冒頭のconst文は一部修正があるので、すでにある同じconst文を一部書き換えてください。

▼リスト2-21

```
// const { app, BrowserView, BrowserWindow } = require('electron');

function createWindow () {
  win = new BrowserWindow({
    width: 600,
    height: 400
  });
  win.loadFile('index.html');

  const view = new BrowserView();
  view.webContents.loadURL('https://electronjs.org');

  win.setBrowserView(view);
  view.setBounds({ x: 200, y: 150,
      width: 300, height: 150 });
}
```

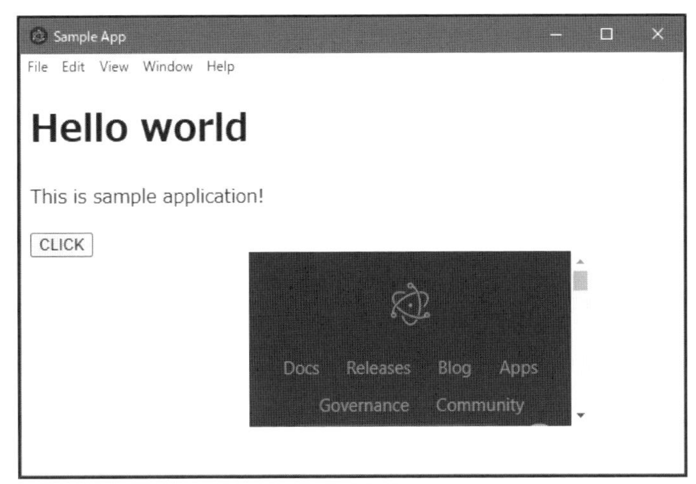

図2-22：ウインドウの中に小さなウインドウが開かれ、そこに別サイトが表示される。

実行すると、いつものindex.htmlを表示するウインドウの中に小さなウインドウが開かれ、そこにElectronのWebサイトが表示されます。これが、BrowserViewの表示画面です。こんな具合にウインドウの中の一部を切り抜き、別のコンテンツをはめ込めるのです。

ここでは、まずBrowserWindowを作成し、loadFileでコンテンツを表示したあとでBrowserViewを作成しています。

```
const view = new BrowserView();
view.webContents.loadURL('https://electronjs.org');
```

インスタンスを作成し、BrowserViewのwebContentsプロパティからloadURLを呼び出してコンテンツのロードを行います。これで、BrowserViewの準備は完了です。あとは、これをBrowserWindowに組み込むだけです。

```
win.setBrowserView(view);
view.setBounds({ x: 200, y: 150, width: 300, height: 150 });
```

setBrowserViewでウインドウにBrowserViewを組み込み、setBoundsでBrowserViewの領域を設定します。これで、ウインドウ内の指定の位置にBrowserViewが表示されます。

このBrowserViewは、ウインドウ内に表示する内部ウインドウ的な働きをします。例えば、ウインドウ内にダイアログ的にコンテンツを表示したりするようなときに役立つでしょう。

Chapter 3

ウインドウのデザインを考える

アプリケーションの基本はウインドウです。
このウインドウの表示をどうするか、ここで考えることにしましょう。
メニューバーの作成やウインドウのコンテンツデザインに必須のCSSフレームワーク、
「Bootstrap」の基本と、
そのUIコンポーネントの使い方について説明します。

Chapter 3

3.1. メニューの作成

メニューバーについて

ごく初歩的なアプリケーションが作れるようになったところで、この章ではアプリケーションのUIとデザインについてもう少し考えることにしましょう。

まずは、UIの基本である「メニュー」についてです。Electronアプリケーションのウインドウには、デフォルトで「File」「Edit」といった基本的なメニューが表示されていました。これらは、標準で自動的に組み込まれるものです。自分でアプリケーションを作成する場合は、そのアプリのためのメニューバーを用意する必要があるでしょう。

Electronでは、メニューを作るために「Menu」と「MenuItem」という2つのクラスが用意されています。この2つを組み合わせてメニューを作成していきます。2つのクラスは、それぞれ次のような役割を果たします。

Menu	メニューをまとめるもの。これ自体をメニューとして選ぶのではなく、いくつかのメニュー項目をまとめるのに使います。このMenuの中に、MenuItemを組み込んでメニューを作成していきます。
MenuItem	実際に利用者が選んで実行するメニューの項目。これはMenuに組み込まれて使われます。「ファイル」「編集」といったメニューもMenuItemであり、また中にある「カット」「コピー」「ペースト」といった項目もMenuItemです。

Menuはアプリケーションに設定されると、その中に組み込まれているMenuItemをメニューバーとしてウインドウに組み込み表示します。

Menuの作成と利用

Menuは非常にシンプルな使い方のクラスです。これはインスタンスを作成後、必要なMenuItemを自身に組み込んでいき、メニューバーを作ります。完成したら、それをアプリケーションメニューとして設定することで、メニューバーに表示されるようになります。

▼インスタンス作成

```
変数 = new Menu()
```

インスタンスは、ただnewするだけで作成できます。この段階では、特に細かな設定などは必要ありません。

▼MenuItemの組み込み

```
《Menu》.append(《MenuItem》);
```

あらかじめ用意しておいたMenuItemを自身に組み込みます。メニューバーの項目が用意されると考えてください。

▼アプリケーションに設定

```
Menu.setApplicationMenu(《Menu》);
```

作成したMenuをアプリケーションメニューとして設定します。これにより、引数に指定したMenuがメニューバーとして使われるようになります。

これらの3つのメソッドを使ってMenuを作り利用します。「インスタンス作成」「MenuItemの組み込み」「アプリケーションへの設定」という手順です。

MenuItemの作成と利用

もう1つのMenuItemは、作成する際にかなり細々とした情報を用意しておく必要があります。インスタンスさえ用意できれば、あとはMenuに追加するだけです。

▼インスタンス作成

```
変数 = new MenuItem({……設定情報……});
```

インスタンスの作成時には、引数に{}で設定情報をまとめたオブジェクトを用意します。これにはさまざまな項目が用意されていますが、もっとも重要になるのは以下の2つでしょう。

```
{ label: ラベル , submenu [……MenuItem配列…… ] }
```

labelは、メニュー項目に表示されるテキストです。そしてsubmenuは、このメニュー項目内にさらにメニューがある場合のサブメニューの設定です。サブメニューとして表示するMenuItemオブジェクトの配列として用意しておきます。

一般的なメニュー(「ファイル」や「編集」のようなメニュー)では、その中にメニュー項目が用意されます。これらは、submenuとして用意しておくことになります。

▼Menuへの組み込み

```
《Menu》.append(《MenuItem》);
```

完成したMenuItemは、Menuに組み込みます。Menuには、複数のMenuItemを組み込んでいくことができます。組み込んだ順番に、メニューバーの開始位置(通常は左端)からメニューとして表示されていきます。

MenuItemの作成は、submenuにサブメニュー項目をMenuItem配列として用意する、という点に注意が必要です。「ファイル」「編集」「ヘルプ」といったメニューごとにMenuItemを用意し、各メニューの項目はそれぞれのsubmenuにまとめて用意する、というわけです。

メニューを作成する

では、実際に簡単なメニューを作成してみましょう。今回は、index.jsの全リストを掲載しておきます。

▼リスト3-1

```
const { app, Menu, MenuItem, BrowserWindow } = require('electron');

function createWindow () {
  win = new BrowserWindow({
    width: 400,
    height: 200
  });
}

function createMenu () {
  let menu = new Menu();

  let file = new MenuItem({
    label: 'File',
    submenu: [
      new MenuItem({ label: 'New'}),
      new MenuItem({ label: 'File'}),
      new MenuItem({ label: 'Quit'})
    ]
  });
  menu.append(file);

  let edit = new MenuItem({
    label: 'Edit',
    submenu: [
      new MenuItem({ label: 'Cut'}),
      new MenuItem({ label: 'Copy'}),
      new MenuItem({ label: 'Paste'})
    ]
  });
  menu.append(edit);

  Menu.setApplicationMenu(menu);
}

createMenu();
app.whenReady().then(createWindow);
```

実行すると、ウインドウに「File」「Edit」といった項目があるメニューバーが表示されます。これが、サンプルとして作成したメニューです。

2つのメニューには、それぞれ3項目ずつMenuItemが用意されています。ただし、現時点ではメニューを選んでも何も起こりません。ただ表示するだけです。

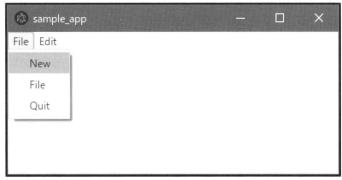

図3-1：「File」「Edit」のメニューを持つメニューバーが表示される。

メニュー作成の流れを整理する

メニューを作成する処理を見てみましょう。ここでは、メニュー作成はcreateMenuという関数にまとめてあります。

まず、Menuインスタンスを作成します。

```
let menu = new Menu();
```

そして、Menuに組み込んでいくMenuItemを作成していきます。「File」メニューとなるMenuItemを作ります。

```
let file = new MenuItem({
  label: 'File',
```

label: 'File'で「File」と表示を設定します。そしてsubmenuでは、３つのMenuItemを作成し設定しています。

```
  submenu: [
  new MenuItem({ label: 'New'}),
  new MenuItem({ label: 'File'}),
  new MenuItem({ label: 'Quit'})
]
```

submenuは、このようにMenuItemインスタンスを配列の要素に指定します。各MenuItemは、labelという項目を１つしか設定しませんから、単純にnew MenuItem({ label: 'New'})というようにしてインスタンスを作っています。

こうしてMenuItemを作成したら、それをMenuに追加します。

```
menu.append(file);
```

これで、fileのMenuItemが組み込まれました。同様に「Edit」メニューも作成し、Menuに組み込んでおきます。

```
let edit = new MenuItem({
  label: 'Edit',
  submenu: [
    new MenuItem({ label: 'Cut'}),
    new MenuItem({ label: 'Copy'}),
    new MenuItem({ label: 'Paste'})
  ]
});
menu.append(edit);
```

やり方は「File」メニューと同じですね。こうして、Menuには2つのメニュー項目が追加されました。あとは、これをアプリケーションに設定するだけです。

```
Menu.setApplicationMenu(menu);
```

これで、アプリケーションのメニューバーが表示されるようになります。「メニューはMenuItemで順に組み込んでいく」ということさえわかっていれば、簡単なメニューは作れるようになるでしょう。

テンプレートを使ってメニューを作る

メニュー作成の基本はこれでわかりました。しかし、MenuやMenuItemインスタンスを作成して組み込んでいくというのは、正直いってかなり面倒です。やっているのは単純作業ですから、もっと効率的にメニューを作る仕組みがほしいところですね。

Menuクラスには、テンプレートからMenuインスタンスを生成する機能が用意されています。テンプレートといってもテキストのようなものではなく、オブジェクトを使ってメニュー構成をまとめたものです。次のような形で作成します。

▼テンプレートオブジェクト

```
[
  { label:ラベル , submenu: テンプレート },
  { label:ラベル , submenu: テンプレート },
  ……必要なだけ続く……
]
```

MenuItemの情報は、{label: ○○, submenu: ○○} といった形で記述します。submenuの値は、上記の形でまとめたテンプレートを指定します。

こうしてテンプレートとなるオブジェクトが用意できたら、これを使ってMenuを生成します。

```
変数 = Menu.buildFromTemplate( テンプレート );
```

このやり方だと、テンプレートでメニューの構成をすべてまとめて記述しておけるため、メニュー関連の記述がすっきりと見通しよくなります。

テンプレートを利用する

では、先ほどのcreateMenu関数を、テンプレートによるメニュー作成の形に書き直してみましょう。

▼リスト3-2

```
function createMenu () {
  let menu_temp = [
    {
      label: 'File',
      submenu: [
        {label: 'New'},
        {label: 'File'},
        {type: 'separator'},
        {label: 'Quit'}
      ]
    },
    {
      label: 'Edit',
      submenu: [
        {label: 'Cut'},
        {label: 'Copy'},
        {label: 'Paste'}
      ]
    }
  ];
  let menu = Menu.buildFromTemplate(menu_temp);

  Menu.setApplicationMenu(menu);
}
```

いかがですか？　メニュー構造の記述がかなり整理され、わかりやすくなっているでしょう。submenuには、単純に{label: 'New'}といった形でMenuItemの設定を用意してあります。

さらにサブメニューがある場合は別ですが、そうでなければsubmenuを用意する必要がないため、このようにシンプルな記述になります。

セパレーターについて

メニュー項目は基本的にlabelを指定するだけですが、この中に1つだけ、他のメニュー項目とは異なるものが用意されています。この部分です。

```
{type: 'separator'},
```

これは、「セパレーター」を作成するものです。セパレーターは、メニューの項目と項目の間に区切り線を表示するものです。このように、{type: 'separator'}と記述して作成します。

メニュー項目の処理

メニューを作成したら、そのメニュー項目を選んだときの処理も用意しなければいけません。これは、メニューの設定として「click」というものを用意します。このような形です。

```
{ label: ラベル, click: ()=>{……処理……} }
```

clickには、実行する処理を関数として用意します。これで、このメニュー項目を選んだら処理が実行されるようになります。

では、実際にやってみましょう。createMenu関数を、次のように書き換えてください。今回はメニュー項目の動作確認なので、「File」メニューに2つのメニュー項目だけを用意しました。

▼リスト3-3

```
function createMenu () {
  let menu_temp = [
    {
      label: 'File',
      submenu: [
        {label: 'New', click: ()=>{
          console.log('New menu.');
          createWindow();
        }},
        {type: 'separator'},
        {label: 'Quit', click: ()=>{
          console.log('Quit menu.');
          app.quit();
        }}
      ]
    }
  ];
  let menu = Menu.buildFromTemplate(menu_temp);

  Menu.setApplicationMenu(menu);
}
```

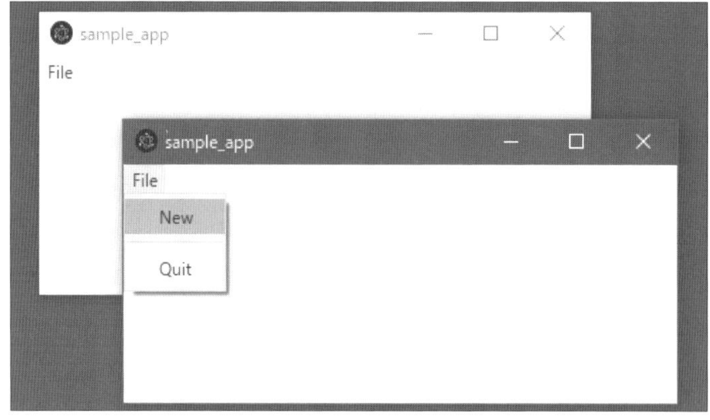

図3-2：「File」メニューの「New」を選ぶと新たにウインドウが開かれる。「Quit」を選ぶと終了する。

実行して、「File」メニューから「New」を選ぶと、新たにウインドウが現れます。「Quit」メニューを選ぶと、その場でアプリケーションが終了します。ウインドウが複数枚開かれている場合でも即座に終了します。

作成しているメニュー項目の部分を見てみましょう。まずは、「New」メニューです。

```
{label: 'New', click: ()=>{
  console.log('New menu.');
  createWindow();
}},
```

console.logしたあと、createWindow();を実行しています。これにより、新しいウインドウが開かれていたのですね。続いて、「Quit」メニューです。

```
{label: 'Quit', click: ()=>{
  console.log('Quit menu.');
  app.quit();
}}
```

app.quit();と実行をしていますね。quitはappにあるメソッドで、アプリケーションを終了します。

roleを活用する

Electronには、メニューの実装に非常に強力な機能が備わっています。それは、「ロール(role)」と呼ばれるものです。ロールは、アプリケーションに用意される基本的な機能の実装です。MenuItemを定義する際、labelなどの代わりに「role」という設定を使って使用するロールを指定すると、そのロールの機能が自動的に組み込まれます。例えば、テキストのカット&ペーストなどの機能は、どんなアプリであってもたいていは同じです。こうしたものは、ロールを使ってノンコーディングで実装できます。

実際に、ロールを使ったアプリケーションを作成してみましょう。まずは、表示されるページを少し修正しておきます。index.htmlの<body>部分を、次のように修正してください。

▼リスト3-4

```
<body>
  <h1>Hello world</h1>
  <p id="msg">This is sample application!</p>
  <div>
    <textarea></textarea>
  </div>
</body>
```

ここでは<textarea>を追加し、テキストの入力が行えるようにしました。カット&ペーストなどの機能は、これで試すことができるでしょう。

ロールを使ったメニュー

では、ロールを使ってメニューを実装しましょう。index.jsから、createWindowとcreateMenuの関数を次のように修正してください。

▼リスト3-5-1——createWindow関数

```
function createWindow () {
  win = new BrowserWindow({
    width: 400,
    height: 300
  });
  win.loadFile('index.html');
}
```

▼リスト3-5-2——createMenu関数

```
function createMenu () {
  let menu_temp = [
    {
      label: 'File',
      submenu: [
        {label: 'New', click: ()=>{
          console.log('New menu.');
          createWindow();
        }},
        {label: 'File', click: ()=>{
          console.log('File menu.');
          createWindow();
        }},
        {type: 'separator'},
        {role: 'quit'}
      ]
    },
    {
      label: 'Edit',
      submenu: [
        {role: 'cut'},
        {role: 'copy'},
        {role: 'paste'}
      ]
    }
  ];
  let menu = Menu.buildFromTemplate(menu_temp);

  Menu.setApplicationMenu(menu);
}
```

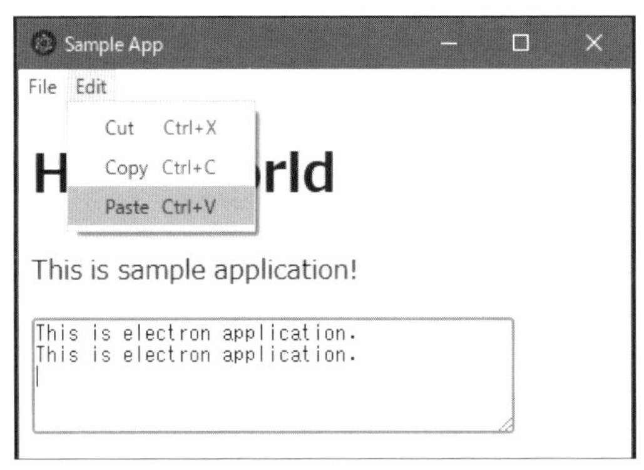

図3-3：ロールを使ったメニュー。テキストのカット、コピー、ペーストができる。

実行したらテキストエリアにテキストを書き、「Edit」メニューにある「Cut」「Copy」「Paste」を使ってみましょう。すると問題なくテキストのカット、コピー、ペーストが行えることがわかるでしょう。

よく見ると、メニューには[Ctrl]キーによるショートカットも割り当てられています。ロールを使った場合、単にメニューにその名前と機能を実装するだけでなく、一般的なショートカットも設定されます。

ここで使ったロールは以下のものです。

```
{role: 'quit'}
{role: 'cut'}
{role: 'copy'}
{role: 'paste'}
```

roleにロール名を指定するだけで、そのメニューが指定のロールにより自動的に実装されるのがわかります。アプリケーションの基本的な機能を実装するには、ロールは不可欠なのです。

用意されているロール

このロールは、非常に多くの機能が用意されています。どのようなものがあるのか、以下にざっと整理しておきましょう。

すべてのプラットフォーム共通

about	このアプリについてのパネルを呼び出す。
undo	アンドゥ（取り消し）する。
redo	リドゥ（取り消しの再実行）する。
cut	カットする。
copy	コピーする。
paste	ペーストする
pasteAndMatchStyle	スタイルを保持してペーストする。
selectAll	すべて選択する。
delete	削除する。
minimize	現在のウィンドウを最小化する。
close	現在のウィンドウを閉じる。
quit	アプリケーションを終了する。
reload	現在のウィンドウをリロードする。
forceReload	キャッシュを無視して現在のウィンドウをリロードする。
toggleDevTools	現在のウィンドウの開発者向けツールの表示をON/OFFする。
togglefullscreen	現在のウインドウの全画面モードをON/OFFする。
resetZoom	フォーカス中のページのズームレベルを元のサイズに戻す。
zoomIn	フォーカス中のページを10%拡大する。
zoomOut	フォーカス中のページを10%縮小する。
fileMenu	デフォルトの「ファイル」メニュー全体を示す（Close / Quit含む）。
editMenu	デフォルトの「編集」メニュー全体を示す（元に戻す、コピー、ペーストなど）。

viewMenu	デフォルトの「表示」メニュー全体を示す（リロード、開発ツールなど）。
windowMenu	デフォルトの「ウインドウ」メニュー全体を示す（最小化、ズームなど）。

macOS専用

appMenu	デフォルトのアプリケーションメニューを示す。
hide	アプリケーションを隠す。
hideOthers	その他のアプリケーションを隠す。
unhide	すべてのアプリケーションを表示する。
startSpeaking	音声で話す。
stopSpeaking	音声を停止する。
front	ウインドウを一番手前に移動する。
zoom	ズームする。
toggleTabBar	タブバーをON/OFFする。
selectNextTab	次のタブを選択する。
selectPreviousTab	前のタブを選択する。
mergeAllWindows	すべてのウインドウをマージする。
moveTabToNewWindow	タブを新しいウインドウにする。
window	「ウインドウ」サブメニューを示す。
help	「ヘルプ」サブメニューを示す。
services	「サービス」メニューのサブメニューを示す。
recentDocuments	「最近使った項目を開く」サブメニューを示す。
clearRecentDocuments	「最近使った項目」をクリアする。

なお、macOS専用のロールは、他のプラットフォームでは機能しないので注意してください。

ロールでメニューバーを作る

では、ロールをフル活用してメニューバーを作成してみましょう。createMenu関数を次のように書き換えてください。

▼リスト3-6

```
function createMenu() {
  let menu_temp = [
    {
      label: 'File',
      submenu: [
        {label: 'New', click: ()=>{
          console.log('New menu.');
          createWindow();
        }},
        {label: 'File', click: ()=>{
          console.log('File menu.');
          createWindow();
```

```
        }},
        {role: 'close'},
        {type: 'separator'},
        {role: 'quit'}
      ]
    },
    {role: 'editMenu'},
    {role: 'viewMenu'},
    {role:'windowMenu'},
    {label: 'Help', submenu: [
      {role: 'about'},
      {type: 'separator'},
      {role: 'reload'},
      {role: 'zoomIn'},
      {role: 'zoomOut'}
    ]}
  ];
  let menu = Menu.buildFromTemplate(menu_temp);

  Menu.setApplicationMenu(menu);
}
```

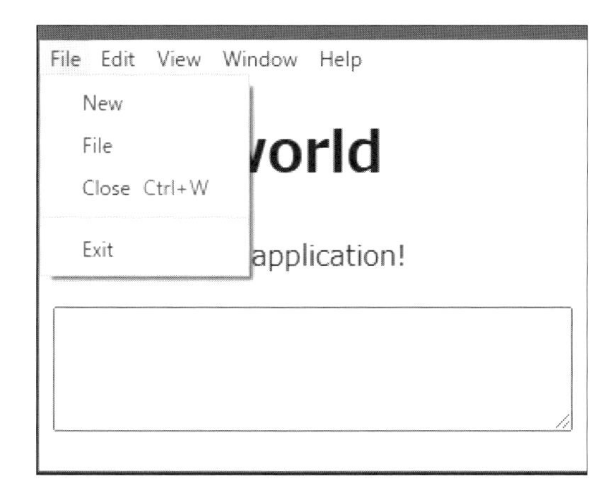

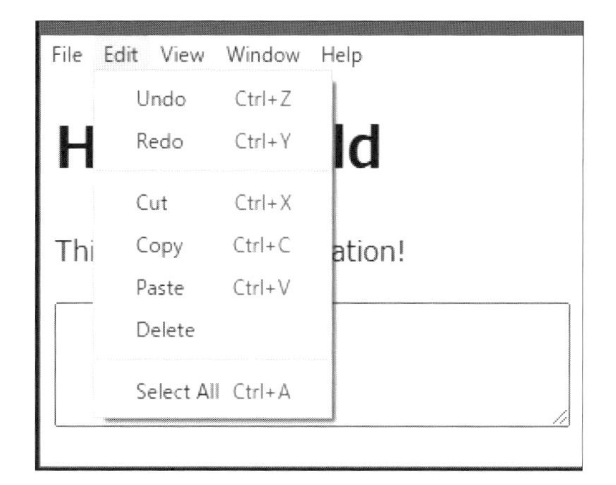

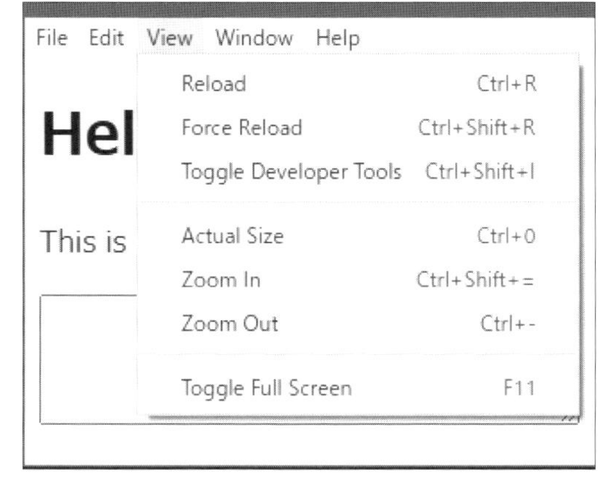

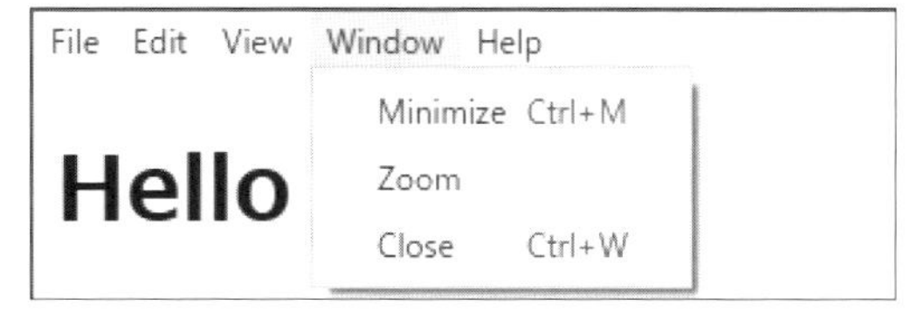

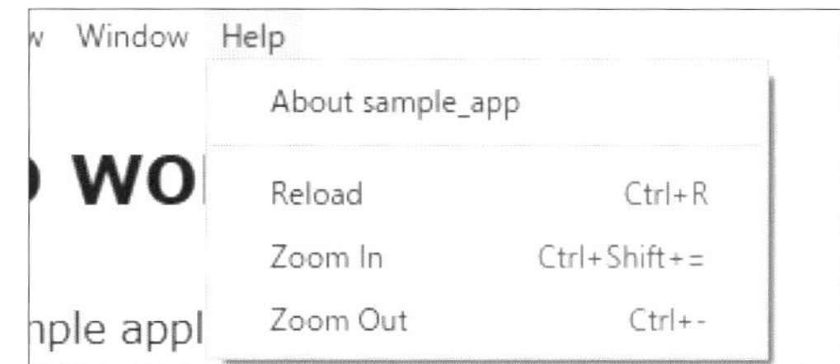

図3-4：ロールを利用して作成されたメニューバー。すべてちゃんと動く。

実行すると、「File」「Edit」「View」「Window」「Help」といったメニューが表示されます。これらは、すべてちゃんと機能します。「File」メニューの「New」と「File」だけ処理を実装していますが、それ以外はすべてロールによる機能なのです。

ロールを利用すれば、「編集」メニューなどのように、どのアプリでも標準的に用意されている機能を簡単に実装できます。主なロールの働きぐらいは頭に入れておきたいですね！

Chapter 3

3.2. Bootstrapの活用

ページデザインはCSSフレームワークで！

ウインドウとメニューバーという、一般的なアプリケーションの必要最低限のGUIは作れるようになりました。あとは、ウインドウ内の表示をHTMLで作っていくだけです。が、この部分のデザインをどうするかは難問です。

デザインセンスにあまり自信がないという人にとって、「あとは自分で表示を作ってください」というのはかなりハードルが高いでしょう。アプリケーションとしてそれなりの見た目のものを作るのは、思った以上に難しいものです。

そこで、デザインに使うスタイル関係は、すべてCSSフレームワークに任せてしまいましょう。

Bootstrapとは

ここでは、「Bootstrap」でHTMLコンテンツをデザインする基本について簡単に説明します。Bootstrapは、Webアプリケーションのページデザインなどを行うためのオープンソースのフレームワークです。スタイルシートとスクリプトで構成されており、これらをページから読み込み、必要に応じてクラスをタグに記述していくことで、ページを構成する要素を簡単にデザインすることができます。

このBootstrapは、npmでインストールして組み込むことも可能ですが、CDN（Content Delivery Network、コンテンツ配信ネットワーク）を利用することもできます。CDNからスタイルシートをダウンロードして読み込むことで、ページのデザインが行えます。ここではCDNを利用して、Bootstrapを利用してみます。

CDNを利用してBootstrapを利用するのは非常に簡単です。HTMLの<head>内に、以下のタグを追加するだけです。

▼リスト3-7

```
<link rel="stylesheet" href="https://stackpath.bootstrapcdn.com/bootstrap/↵
4.5.0/css/bootstrap.min.css" >
<script src="https://code.jquery.com/jquery-3.5.1.slim.min.js"></script>
<script src="https://cdn.jsdelivr.net/npm/popper.js@1.16.0/dist/umd/↵
popper.min.js"></script>
<script src="https://stackpath.bootstrapcdn.com/bootstrap/4.5.0/js/↵
bootstrap.min.js"></script>
```

ここでは、Bootstrap 4.5というバージョンを利用することにします。2020年9月執筆現在の最新バージョンになります。

Bootstrapの利用には、スタイルシートの他にJavaScriptのスクリプトが必要な場合もあります。高機能のコンポーネントを利用する場合はスクリプトのロードが必須になりますが、簡単なページデザインをする程度ならば、最初の行の<link>タグだけ記述すれば問題なくスタイルを利用できます。

そのあとの3行は、BootstrapのUIコンポーネントで何らかの動作を行うような場合に必要となります。コンポーネントの動作はJavaScriptを利用しているため、そのためのライブラリを読み込まないといけません。

これ以降の説明では、「アラートの利用」からJavaScriptが必要になります。それ以前の部分は、スタイルシートだけ読み込んでおけば問題なく使えます。

index.htmlを修正する

実際にBootstrapを利用して、ページを表示してみましょう。index.htmlを開き、その内容を次のように修正してください。

▼リスト3-8

```
<!DOCTYPE html>
<html lang="ja">
<head>
  <meta charset="UTF-8">
  <meta name="viewport"
    content="width=device-width, initial-scale=1.0">
    <link rel="stylesheet" href="https://stackpath.bootstrapcdn.com/bootstrap/↵
      4.5.0/css/bootstrap.min.css">
    <script src="https://code.jquery.com/jquery-3.5.1.slim.min.js"></script>
    <script src="https://cdn.jsdelivr.net/npm/popper.js@1.16.0/dist/umd/↵
      popper.min.js"></script>
    <script src="https://stackpath.bootstrapcdn.com/bootstrap/4.5.0/js/↵
      bootstrap.min.js"></script>
    <title>Sample App</title>
</head>
<body>
  <nav class="navbar bg-primary mb-4">
    <h1 class="display-4 text-light">Sample-app</h1>
  </nav>
  <div class="container mt-4">
    <p>This is sample application!</p>
  </div>
</body>
</html>
```

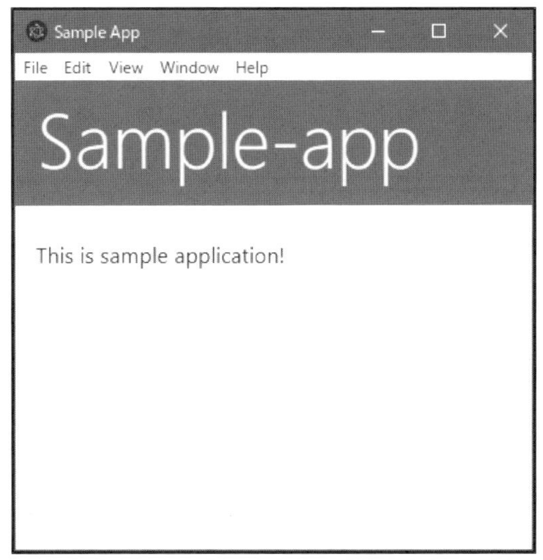

図3-5：実行すると、青いタイトルバーの表示されたウインドウが現れる。

<head>部分にBootstrapのスタイルをロードする<link>を用意しています。そして、<body>内にいくつかのクラスが設定されています。

```
<nav class="navbar bg-primary mb-4">
```

ウインドウ上部にナビゲーションバーを表示させてあります。class="navbar bg-primary"とあるクラスのうち、navbarはナビゲーションバーのスタイル設定で、bg-primaryは背景色を設定するものです。
このナビゲーションバーの<nav>タグ内には、タイトルのテキストを用意してあります。

```
<h1 class="display-4 text-light">Sample-app</h1>
```

ここで使われているdisplay-4というクラスは、タイトルなどで使える大きなフォントによるテキスト表示を行うためのものです。text-lightは、テキストの色を白に設定します。
そのあとに、以下のタグが用意されています。

```
<div class="container">
```

これが、ウインドウに表示されるコンテンツを記述するコンテナ（入れ物）となる部分です。このタグ内にコンテンツを記述していきます。サンプルとして、<p>タグによるテキストのみ用意しておきました。

スペースの調整

ナビゲーションバーの<div>タグのclassは、最後に「mb-4」というクラスが用意されています。これは、この要素の表示の下に少しスペースを空けるものです。また、その少しあとにmt-4というものもありますが、これは要素の上にスペースを空けます。mで始まるスペース調整のクラスは、次表のようなものが用意されています。

m	上下左右を空ける
mt	上を空ける
mb	下を空ける
mr	右を空ける
ml	左を空ける
mx	左右を空ける
my	上下を空ける

これらのあとに「-番号」と付けることで、どのぐらいスペースを空けるかを指定します。番号は0～5が用意されており、m-0だとスペースなし、m-5だとかなり間を空けることができます。

このmで始まるクラスは要素の周辺のスペースを調整するものですが、要素の内部のスペースを調整するものとして「p」で始まるクラスも用意されています。これはmをそのままpに置き換えたもので、「p」「pt」「pb」「pr」「pl」のあとに「-番号」を付けて間隔を指定します。

CSSをある程度知っている人は、「mはmarginの略、pはpaddingの略」と覚えておきましょう。

見出しについて

では、Bootstrapに用意されているクラスを使った要素のデザインについて簡単に説明していきましょう。まずは、見出しについてです。

見出しは、<h1>～<h6>のタグを使って作成しますが、これらは自動的にスタイルが設定されているため、class属性などは一切つけることなく記述できます。明示的にクラスを指定してスタイルを設定することもできます。

見出し用に用意されているクラスは、"h1"～"h6"です。これらをclass属性に指定することで、指定のレベルの見出しとしてスタイルを設定できます。

利用例を挙げておきましょう。先ほどのindex.htmlで、コンテンツを記述する<div class= "container mt-4">部分を、次のように修正してください。

▼リスト3-9

```
<div class="container">
  <h6 class="h1">見出し1</h1>
  <h5 class="h2">見出し2</h2>
  <h4 class="h3">見出し3</h3>
  <h3 class="h4">見出し4</h4>
  <h2 class="h5">見出し5</h5>
  <h1 class="h6">見出し6</h6>
</div>
```

ここでは<h1>～<h6>のタグを順に並べていますが、class属性により、それぞれのスタイルを別に設定しています。これにより、まるで<h1>から順に<h6>まで並んでいるかのようにテキストが表示されます(実際は、逆に<h6>から<h1>へと並んでいます)。

Bootstrapは、こんな具合にclass属性にクラスを指定してデザインを設定します。

図3-6：見出しを順に並べたところ。

ボタンの表示

GUIの要素でもっともよく利用されるのが、「ボタン」でしょう。ボタンの表示は、次のような形でクラスを指定します。

```
class="btn btn-スタイル名"
```

btnクラスが、ボタンのベースとなるクラスです。これに、「btn-○○」という形で使いたいスタイル名を指定します。スタイル名には、以下のものがあります。

- primary
- secondary
- success
- danger
- warning
- info
- light
- dark

これらは、それぞれの用途ごとに異なる色で表示がされます。しかし、表示はあくまでスタイルを設定するだけのものなので、ボタンに特定の役割を与えるわけではありません。作成するボタンがどのような働きをするかにより、これらのいずれかを選んで設定すればいいのです。

利用例を挙げておきましょう。<div class="container">タグを、次のように書き換えてください。

▼リスト3-10

```
<div class="container">
  <button class="btn btn-primary">primary</button>
  <button class="btn btn-secondary">secondary</button>
  <button class="btn btn-success">success</button>
  <button class="btn btn-danger">danger</button>
  <button class="btn btn-warning">warning</button>
  <button class="btn btn-info">info</button>
  <button class="btn btn-light">light</button>
  <button class="btn btn-dark">dark</button>
</div>
```

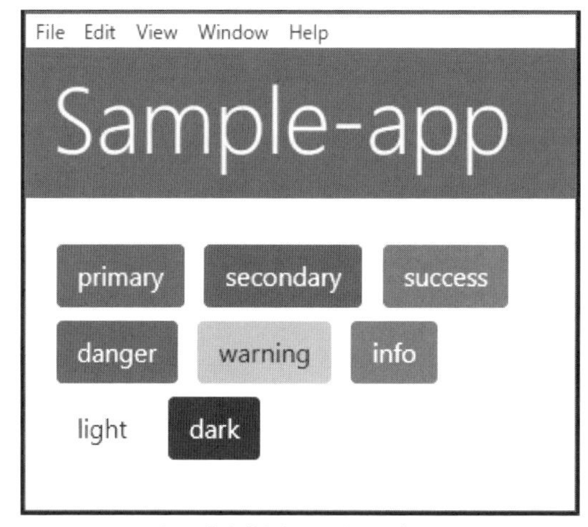

図3-7：さまざまなスタイルのボタン。

スタイルの異なるボタンを並べて表示しています。それぞれのclass属性がどうなっているか見れば、各スタイル名がどういう表示になるかわかるでしょう。

このボタン用のスタイルは<button>だけでなく、<input type="submit">や<a>でも利用できます。

フォームの表示

GUIのスタイル設定の効果が如実にわかるのが「フォーム」です。HTMLに用意されている標準のフォームはあまり見栄えのいいものとはいえませんが、Bootstrapを使うとフォームはガラリと変わります。

フォーム関係のタグに次のようにクラスを指定することで、独自の表示に変わります。

▼一般的な<input>による入力フィールド、<select>による選択リスト

```
class="form-control"
```

▼チェックボックス、ラジオボタン

```
class="form-check-input"
```

この2つを指定するだけで、フォームのスタイルを設定できます。ただしBootstrapでは、<input>などのタグを1つだけ用意しておくことはあまりしません。<label>と組み合わせて、次のような形で記述するのが一般的です。

```
<div class="form-group">
  <label for="ID名">ラベル</label>
  <input type="text" class="form-control" id="ID名">
</div>
```

class="form-group"を指定した<div>タグの中に、<label>と<input>を用意します。こうすることで、入力フィールドにラベルを付けて内容を示すことができます。

これも利用例を挙げておきましょう。<div class="container">を修正します。

▼リスト3-11

```
<div class="container">
  <form>
    <div class="form-group">
      <label for="name">Name</label>
      <input type="text" class="form-control" id="name">
    </div>
    <div class="form-group">
      <label for="pass">Password</label>
      <input type="password" class="form-control" id="pass">
    </div>
    <div class="form-group">
      <input type="submit" class="btn btn-primary" value="送信">
    </div>
  </form>
</div>
```

図3-8：名前とパスワードの入力フィールドを持ったフォーム。

ここでは、名前とパスワードのフィールドを持つフォームを作成しています。それぞれの項目が、<div class="form-group">でまとめられているのがわかるでしょう。

チェックボックス、ラジオボタン、選択リスト

一般的な入力フィールド以外のものもサンプルを挙げておきましょう。チェックボックス、ラジオボタン、選択リストのフォームです。

▼リスト3-12

```
<div class="container">
  <form>
    <div class="form-group">
      <input type="checkbox" class="form-check-input" id="ch1">
      <label for="ch1">Check box</label>
    </div>
    <div class="form-group">
      <input type="radio" class="form-check-input" id="r1">
      <label for="r1">radio button 1</label>
    </div>
    <div class="form-group">
      <input type="radio" class="form-check-input" id="r2">
      <label for="r2">radio button 2</label>
    </div>
    <div class="form-group">
      <label for="sel">Select </label>
      <select class="form-control" id="sel">
        <option>item A</option>
        <option>item B</option>
        <option>item C</option>
      </select>
    </div>
    <div class="form-group">
      <input type="submit" class="btn btn-primary" value="送信">
    </div>
  </form>
</div>
```

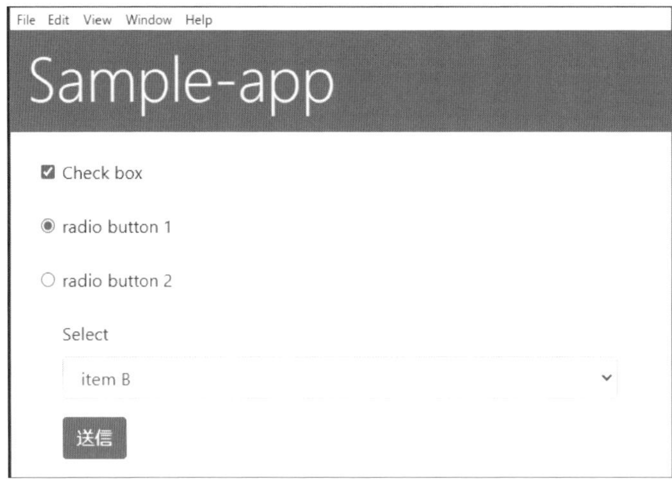

図3-9：チェックボックス、ラジオボタン、選択リストのフォーム。

これも、クラスを指定するだけでデザインされたコントロールに変わるのがわかるでしょう。なお、チェックボックスとラジオボタンは他とクラスが異なるので注意してください。

リストとテーブル

多数のデータを表示するのに用いられるのがリストとテーブルです。まずは、リストから見ていきましょう。

リストは<ui>または<ol>と、リスト内の項目を表す<li>の組み合わせで作成します。それぞれにクラスを指定します。

```
<ul class="list-group">
  <li class="list-group-item">テキスト</li>
</ul>
```

ここでは<ul>を使っていますが、<ol>でも基本は同じです。項目の表示はこれだけですが、項目に特定の性質を付与するクラスも用意されています。

active	選択された状態にする
disabled	選択不可の表示にする
list-group-item-action	マウスポインタにより表示が変化する

これらをlist-group-itemとともに設定することで、その項目に性質を付加できます。利用例を挙げておきましょう。

▼リスト3-13

```
<div class="container">
  <ul class="list-group">
    <li class="list-group-item active">Windows 10</li>
    <li class="list-group-item">mac OS</li>
    <li class="list-group-item disabled">Chromebook</li>
    <li class="list-group-item list-group-item-action">Android</li>
    <li class="list-group-item list-group-item-action">iPhone</li>
  </ul>
</div>
```

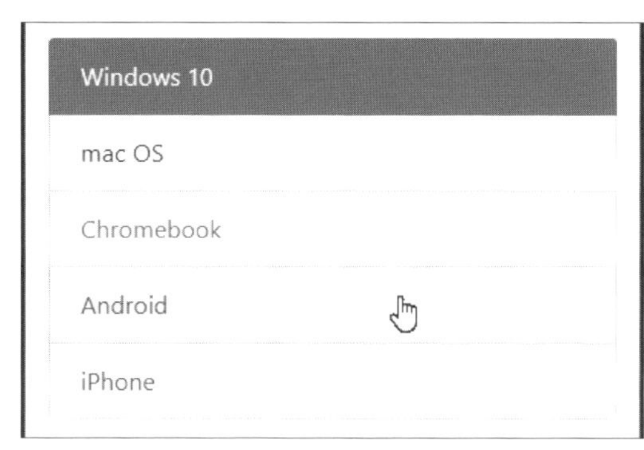

図3-10：リストの表示。AndroidとiPhoneはマウスポインタが上にくると表示が変化する。

実行すると、リストが表示されます。「Windows 10」は選択された状態となり、「Chromebook」は選択不可の表示になります。また「Android」と「iPhone」は、マウスポインタが上にくると微かにグレー表示に変わります。

テーブルはとても簡単!

テーブルもデータ表示に多用されます。こちらは非常に簡単にスタイル設定できます。必要な記述はたったこれだけ。

```
<table class="table">
```

このように、<table>タグにclass="table"とクラスを用意するだけで、テーブル全体がBootstrap特有のデザインで表示されるようになります。

例を挙げましょう。

▼リスト3-14

```
<div class="container">
  <table class="table">
    <thead>
      <th>Name</th>
      <th>Mail</th>
      <th>Tel</th>
    </thead>
    <tbody>
      <tr>
        <td>YAMADA-Taro</td>
        <td>taro@yamada.kun</td>
        <td>090-999-999</td>
      </tr>
      <tr>
        <td>TANAKA-Hanako</td>
        <td>hanako@flower.san</td>
        <td>080-888-888</td>
      </tr>
      <tr>
        <td>NAKANO-Sachiko</td>
        <td>sachico@happy.chan</td>
        <td>070-777-777</td>
      </tr>
    </tbody>
  </table>
</div>
```

実行すると、ヘッダーと3行のデータからなるテーブルが表示されます。<table>タグにclass="table"を指定するだけで、このような形でテーブルが表示されるようになります。

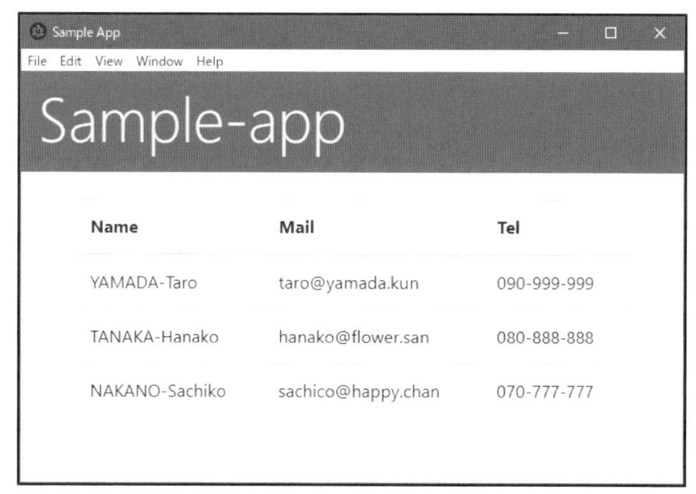

図3-11：テーブルを表示する。

ここでは、ヘッダー部分を<thead>でまとめ、データの本体を<tbody>でまとめています。こうすることで、ヘッダーと本体がそれぞれデザインされるようになります。

スタイルを付加する

テーブルも、スタイルに関するオプションクラスがいくつか用意されています。以下に、簡単にまとめておきましょう。

`table-dark, table-light`	テーブルをダークテーマ、ライトテーマにする
`thead-dark, thead-light`	ヘッダー部分をダークテーマ、ライトテーマにする（<thead>に指定）
`table-striped`	ボディ部分を偶数行と奇数行で異なる表示にする
`table-bordered`	各項目ごとに縦横の罫線を表示する
`table-borderless`	罫線をすべて消す
`table-hover`	マウスポインタがある行の表示を変化させる

これらは、thead-dark、thead-light以外は<table>のclassに記述します。これにより、テーブル全体のスタイルを操作することができます。

利用例を挙げましょう。先ほどのサンプルで、最初の3行を次のように書き換えてください。

▼リスト3-15

```
<div class="container">
  <table class="table table-striped table-bordered table-hover">
    <thead class="thead-dark">
```

これでヘッダー部分は黒地に白くなり、ボディのデータは偶数行と奇数行で交互に表示が変わる（白背景と淡いグレー背景）ようになります。また、マウスポインタがある行だけグレーがやや強く表示されます。

図3-12：クラスを追加してテーブルのデザインを変更する。

Chapter 3

3.3. 独自UIコンポーネント

アラートの表示

Bootstrapには、独自のUIコンポーネントがいろいろと揃っています。中でも「アラート」は、画面にちょっと目立つテキストを表示したりするのに重宝します。これは、次のように記述をします。

```
<div class="alert alert-スタイル名" role="alert">
  ……表示するコンテンツ……
</div>
```

<div>タグのclass属性に、「alert」と「alert-○○」という形でスタイルを指定したクラスを用意します。用意されているスタイル名は以下の通りです。

- primary
- secondary
- success
- danger
- warning
- info
- light
- dark

先にボタンのスタイル名を紹介しましたが（P.105）、あれとまったく同じですね。alertのあとにこれらを付けて、"alert-primary"というようにクラスを指定すればいいのです。

では、アラートの利用例を挙げておきましょう。

▼リスト3-16

```
<div class="container">
  <div class="alert alert-primary" role="alert">
    Primary alert!
  </div>
  <div class="alert alert-secondary" role="alert">
    Secondary alert!
```

```
  </div>
  <div class="alert alert-success" role="alert">
    Success alert!
  </div>
  <div class="alert alert-danger" role="alert">
    Danger alert!
  </div>
  <div class="alert alert-warning" role="alert">
    Warning alert!
  </div>
  <div class="alert alert-info" role="alert">
    Info alert!
  </div>
  <div class="alert alert-light" role="alert">
    Light alert!
  </div>
  <div class="alert alert-dark" role="alert">
    Dark alert!
  </div>
</div>
```

File Edit View Window Help

Sample-app

Primary alert!

Secondary alert!

Success alert!

Danger alert!

Warning alert!

Info alert!

Light alert!

Dark alert!

図3-13：各スタイルを使ったアラートの一覧。

ここでは、全部で8種類のアラートが表示されます。それぞれ、スタイルに応じて背景色とテキスト色が違っているのがわかるでしょう。

長いコンテンツなどで重要ポイントをアラートで表示すると、そこだけ印象づけることができます。

アラートを閉じる

このアラートは、必要な情報を伝えたらもう用済みです。表示エリアがけっこう大きいアラートなどは、不要になったら閉じて消せるほうが便利でしょう。こうした「閉じられるアラート」も作ることができます。

▼リスト3-17

```
<div class="container">
  <div class="alert alert-warning alert-dismissible fade show" role="alert">
    ※これは、クローズボタンで閉じられるアラートです。
    <button type="button" class="close" data-dismiss="alert" aria-label="Close">
      <span aria-hidden="true">&times;</span>
    </button>
  </div>
</div>
```

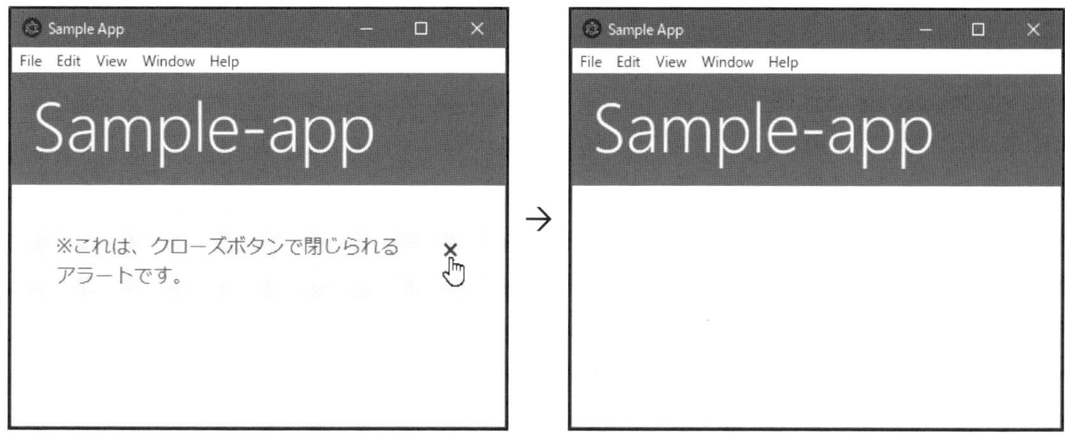

図3-14：アラート右端の×ボタンをクリックするとアラートが消える。

今回のアラートでは、右端に×マークが表示されます。この部分をクリックすると、アラートを閉じて消すことができます。

この閉じるボタンは、実は「×」という文字を表示する<button>です。これは、次のような形で作成します。

```
<button class="close" data-dismiss="alert">
  ……表示テキスト……
</button>
```

アラート用の<div>タグの中に、このような形で<button>を用意しておくと、これをクリックするとアラートが消えるようになります。

見ればわかりますが、JavaScriptのスクリプトなどはまったく記述していません。タグを用意するだけで、閉じる機能が自動的に組み込まれるのです。

カードの表示

ちょっとしたコンテンツをすっきりとまとめて表示したい、ということはあります。こういうときに役立つのが「カード」です。カードは、四角いエリアの中にコンテンツをまとめて表示するものです。これは、2つの<div>タグを使って記述します。

```
<div class="card" style="width: 横幅;">
  <div class="card-body">
    ……コンテンツ……
  </div>
</div>
```

class="card"を指定したタグの中に、さらにclass="card-body"の<div>タグが組み込まれています。外側の<div>がカード全体をまとめ、内側の<div>はコンテンツの表示領域として扱われます。この内側の<div>内にコンテンツを記述しますが、これにはタイトルやサブタイトルのクラスが用意されています。

```
class="card-title"
class="card-subtitle"
```

このようにclass属性を用意することで、タイトルやサブタイトルを指定することができます。本文は、普通に<p>などで記述すればいいでしょう。では、利用例を挙げましょう。

▼リスト3-18

```
<div class="container">
  <div class="card" style="width: 20rem;">
    <div class="card-body">
      <h5 class="card-title">Sample Card</h5>
      <h6 class="card-subtitle mb-3 text-muted">This is sample card.</h6>
      <p class="card-text">これは、サンプルで用意したカードです。
      コンテンツをカードの形でまとめて表示できます。</p>
    </div>
  </div>
</div>
```

図3-15：カードを表示する。

簡単なカードを作成し表示しました。カードの横幅は、<div>のstyle="width: 20rem;"で設定してあります。この値を変更することで、カードの横幅を調整できます。

カードのヘッダーとフッター

カード全体の<div>タグ内にコンテンツ用の<div>タグがあります。二重になっているのは、「コンテンツ以外にもカードに追加する要素がある」からです。それは、ヘッダーとフッターです。ヘッダー、コンテンツ表示用のボディ、フッターの3つの要素を組み込んだカードは、次のような形になります。

```
<div class="card">
    <div class="card-header">
      ……ヘッダー……
    </div>
  <div class="card-body">
    ……コンテンツ……
  </div>
  <div class="card-footer">
    ……フッター……
  </div>
</div>
```

カードの<div>タグ内には3つの<div>タグがあり、それぞれにclass="card-header"、class="card-body"、class="card-footer"が指定されています。

▼リスト3-19

```
<div class="container">
  <div class="card" style="width: 20rem;">
    <div class="card-header">
      <h5 class="card-title">Sample Card</h5>
    </div>
    <div class="card-body">
      <h6 class="card-subtitle mb-3">This is sample card.</h6>
      <p class="card-text">これは、サンプルで用意したカードです。
      コンテンツをカードの形でまとめて表示できます。</p>
    </div>
    <div class="card-footer text-muted">
      by SYODA-Tuyano.
    </div>
  </div>
</div>
```

Sample Card

This is sample card.

これは、サンプルで用意したカードです。コンテンツをカードの形でまとめて表示できます。

by SYODA-Tuyano.

図3-16：カードにヘッダーとフッターを付ける。

実行すると、コンテンツの上と下に淡いグレー背景の表示が追加されます。これがヘッダーとフッターです。

ジャンボトロンについて

カードは、必要な情報をコンパクトにまとめて表示するのに役立ちます。逆に、「大きく目立つ表示」が必要なときに用いられるのが「ジャンボトロン」です。

ジャンボトロンというのは、スタジアムなどで使われているSONYの巨大スクリーンです。ある意味、「巨大なディスプレイ」の代名詞となっているのでしょう。これは、次のように作成します。

```
<div class="jumbotron">
  ……表示内容……
</div>
```

class="jumbotron"を指定するだけです。ただし、これは表示のためのパネル部分だけです。その中で、できるだけ目立つようにコンテンツを用意するわけです。こういうとき、タイトルなどでは「display-番号」というクラスがよく使われます。これは、ジャンボトロン用ともいえる大きなテキストを表示するスタイルで、display-1 ～ display-4までが用意されています（1がもっとも大きく、4がもっとも小さい）。

では、ジャンボトロンの利用例を見てみましょう。

▼リスト3-20

```
<div class="container">
  <div class="jumbotron">
    <h1 class="display-3">Jumbotron!</h1>
    <p class="lead">This is sample Jumbotron panel.</p>
    <hr>
    <p>これは、サンプルで作成したジャンボトロンのパネルです。
      大きく目立つ表示が必要な場合に用いられます。</p>
  </div>
</div>
```

図3-17：ジャンボトロンの表示。タイトルはかなり大きく表示される。

実行すると、かなり大きなパネルが表示されます。ウインドウサイズを大きくするなどして調整してください。カードなどに比べると、かなりインパクトのある表示ですね。

ジャンボトロンは構造も非常にシンプルですから、カードなどに比べると利用も簡単です。ただ、これが必要となるシーンはそれほど多くはないかもしれません。

コラプスの表示

普段は表示しなくていいが、必要なときだけ画面に現れてほしい、というものがあります。説明を補足するものや注釈のようなものですね。こうしたものは常時画面に表示しておくと邪魔ですが、ないと困ります。

このようなものに利用されるのが、「コラプス」です。コラプスは、必要に応じて表示をON/OFFできるコンテンツです。これはON/OFFするリンクと、表示されるコンテンツで構成されます。

▼表示用リンク

```
<a data-toggle="collapse" href="#コンテンツID">…略…</a>
```

▼表示コンテンツ

```
<div class="collapse" id="コンテンツID">
  ……コンテンツ……
</div>
```

表示するコンテンツは、class="collapse"を指定したタグ作成します。これには、必ずidを指定しておきます。そして表示用のリンクではdata-toggle="collapse"という属性を指定し、hrefには表示するコンテンツのIDを指定します。これで、リンクをクリックするたびにコンテンツが表示･非表示するようになります。

では、利用例を挙げましょう。

▼リスト3-21

```
<div class="container">
  <p>
    <a class="btn btn-primary" data-toggle="collapse"
      href="#coll-1" role="button">
      Collapse!
    </a>
  </p>
  <div class="collapse" id="coll-1">
    <div class="card card-body">
      これは、コラプスによる表示のサンプルです。
      ボタンクリックで、表示をON/OFFできます。
    </div>
  </div>
</div>
```

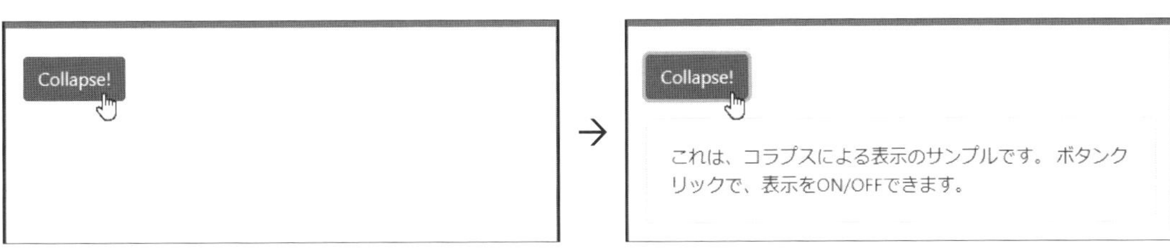

図3-18：ボタンをクリックすると、コンテンツがON/OFFする。

ウインドウには、「Collapse!」というボタンが1つだけ表示されます。これをクリックすると、その下にコンテンツが現れます。再度クリックすると、コンテンツは消えます。ボタンクリックにより、表示がON/OFFするのがわかるでしょう。

ここでは、表示用のリンクを次のようにして作成しています。

```
<a class="btn btn-primary" ～略～ role="button">
```

このように記述することで、ボタンとして働くリンクが作れます。実態はリンクだけど見た目はボタン、というものが簡単に作成できます。

ドロップダウン

ちょっとした項目を選択するのに利用されるのが「ドロップダウン」です。ボタンをクリックするとその下にメニューが現れ、そこで選択できるようになります。

ドロップダウンは、ボタンと表示する項目をまとめた<div>で構成されます。基本的な形をまとめておきましょう。

```
<div class="dropdown">
  <button class="dropdown-toggle" type="button"
      id="ID値" data-toggle="dropdown">
      Dropdown!
  </button>
  <div class="dropdown-menu" aria-labelledby="ID値">
    ……メニュー項目……
  </div>
</div>
```

<div class="dropdown">の中に<button>によるボタンと、<div>のメニュー項目がまとめられています。メニュー項目は、<a>によるリンクなどを必要なだけ記述しておけばいいでしょう。ただし、その際にはclass="dropdown-menu"とクラスを指定し、aria-labelledbyでボタンのID値を指定しておく必要があります。

メニュー項目として用意する<a>タグには、class="dropdown-item"というようにclass属性を指定してやる必要があります。また、aria-labelledbyでボタンのIDを指定するのを忘れないでください。

では、利用例を挙げておきましょう。

▼リスト3-22

```
<div class="container">
  <div class="dropdown">
    <button class="btn btn-secondary dropdown-toggle" type="button"
      id="btn1" data-toggle="dropdown">
      Dropdown!
    </button>
    <div class="dropdown-menu" aria-labelledby="btn1">
      <a class="dropdown-item" href="#">First item</a>
      <a class="dropdown-item" href="#">Second item</a>
```

```
      <a class="dropdown-item" href="#">Third item</a>
    </div>
  </div>
</div>
```

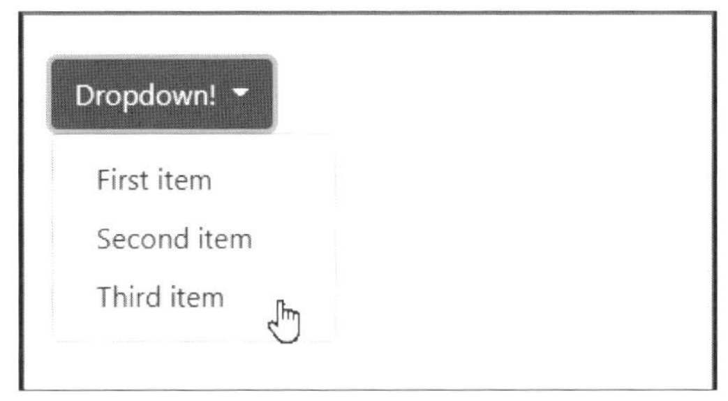

図3-19：ボタンをクリックすると、メニューがドロップダウンして現れる。

表示された「Dropdown!」ボタンをクリックすると、その下にメニューが現れます。メニューの項目は<a>タグで、クリックすることでリンクに移動できます（ただし、ここではhref="#"として移動しないようにしてあります）。

タグの構造が若干複雑ですが、「<div class="dropdown">の中に<button>とメニュー項目となる<div>タグを用意する」という基本構造がわかれば、そう難しくはないでしょう。

ポップオーバー

ドロップダウンは選択する項目が現れるものでしたが、コンテンツがその場で現れるのが「ポップオーバー」です。先にコラプスの説明をしましたが（P.119）、コラプスは現在のコンテンツの中に表示されたコンテンツが追加されるものでした。したがって、その下にあるコンテンツはすべてさらに下へと移動しました。しかしポップオーバーはコンテンツの上に表示され、レイアウトに影響を与えません。

このポップオーバーは、次のように作成します。

```
<button data-toggle="popover" data-placement="表示位置"
  title="タイトル" data-content="表示するコンテンツ">
  ボタンのテキスト
</button>
```

data-toggle="popover"という属性を用意します。data-placementにはポップオーバーを表示する位置として、以下のいずれかを指定します。

- top
- bottom
- right
- left

これらのいずれかを指定することで、ボタンの上下左右のいずれかの位置にポップオーバーが表示されるようになります。

表示されるポップオーバーの内容は、titleとdata-content属性にテキストとして記述します。HTMLのタグなどは記述できません。したがって、ただのテキスト以外は表示できません。

これでポップオーバーのボタンは用意できましたが、実は、これだけではボタンをクリックしてもポップオーバーは機能しません。そのあとで、以下のスクリプトを実行する必要があります。

```
$('[data-toggle="popover"]').popover();
```

これにより、data-toggle="popover"のタグにポップオーバーの機能が組み込まれます。ポップオーバー用のHTMLタグを表示後、この処理が実行されなければポップオーバーは起動しません。

では、利用例を挙げましょう。

▼リスト3-23

```
<div class="container">
  <button class="btn btn-lg btn-secondary" data-toggle="popover"
    title="Popoverについて" data-placement="bottom"
    data-content="これはPopoverで表示されるコンテンツです。">
    Popover!
  </button>
  <p class="mt-3">ボタンの下にコンテンツを表示させてみます。
    ポップーバーはコンテンツの上に表示されます。</p>
  <script>
  $(function () {
    $('[data-toggle="popover"]').popover()
  })
  </script>
</div>
```

→

図3-20：ボタンをクリックすると、ポップオーバーがボタンの下に現れる。再度クリックすると消える。

ボタンをクリックすると、その下にポップオーバーが現れます。再度ボタンをクリックすると消えます。ポップオーバーが表示されても、それはコンテンツの上に重なる形になるため、コンテンツのレイアウト自体は一切変わりません。この点は重要です。

レイアウトが変わってもいいならば、より柔軟な表示ができるコラプスを使ったほうが便利でしょう。ポップオーバーは、必要に応じてちょっとしたテキストをその場で表示させるのに使うものと考えましょう。

モーダルの表示

独自の表示を必要に応じて呼び出したい、というときに用いられるのが「モーダル」です。これは、モーダルダイアログに相当する表示を作成するものです。ダイアログの表示をHTMLで作成し、それをドキュメントから切り離してコンテンツの上に重ねるようにして表示します。

ダイアログの表示はかなり複雑です。基本的な形を整理すると、次のようになるでしょう。

```
<div class="modal" id="ダイアログID" tabindex="-1" role="dialog">
  <div class="modal-dialog" role="document">
    <div class="modal-content">
      ……ダイアログの表示内容……
    </div>
  </div>
</div>
```

三重の<div>でダイアログが作成されます。class="modal"を指定した<div>内に、class="modal-dialog"を指定した<div>が組み込まれており、さらにその中に、class="modal-content"の<div>が組み込まれています。この中に、ダイアログのコンテンツが用意されます。

このコンテンツ部分も、大きく3つの要素で構成されています。整理すると、次のようになるでしょう。

```
<div class="modal-header">
  ……ヘッダーの表示……
</div>
<div class="modal-body">
  ……ボディの表示……
</div>
<div class="modal-footer">
   ……フッターの表示……
</div>
```

ヘッダー、ボディ、フッターの3つの要素からなります。ヘッダーは、タイトルの表示です。またフッターは、ダイアログの下部に表示されるボタンなどを用意するところです。その他はすべてボディの中に用意します。

では、このダイアログはどのようにして呼び出せばいいのでしょうか？　実は、プログラムを書く必要はありません。次のような<button>タグを用意するだけで済みます。

```
<button data-toggle="modal" data-target="ダイアログID">
```

data-targetには、class="modal"を指定したタグのid値を指定します。これにより、指定したタグがモーダルダイアログとして画面に表示されます。

利用例を挙げておきましょう。

▼リスト3-24

```
<div class="container">
  <button type="button" class="btn btn-primary"
    data-toggle="modal" data-target="#dlog">
    Modal dialog!
  </button>
  <div class="modal fade" id="dlog" tabindex="-1"
    role="dialog">
    <div class="modal-dialog" role="document">
      <div class="modal-content">
        <div class="modal-header">
          <h5 class="modal-title" id="dlog">ダイアログ</h5>
        </div>
        <div class="modal-body">
          これは、表示したモーダルダイアログのコンテンツです。
        </div>
        <div class="modal-footer">
          <button class="btn btn-primary" onclick="ok();">
            OK</button>
          <button class="btn btn-secondary"
            data-dismiss="modal">Cancel</button>
        </div>
      </div>
    </div>
  </div>
  <script>
  function ok() {
    alert("ok");
    $('#dlog').modal('hide');
  }
  </script>
</div>
```

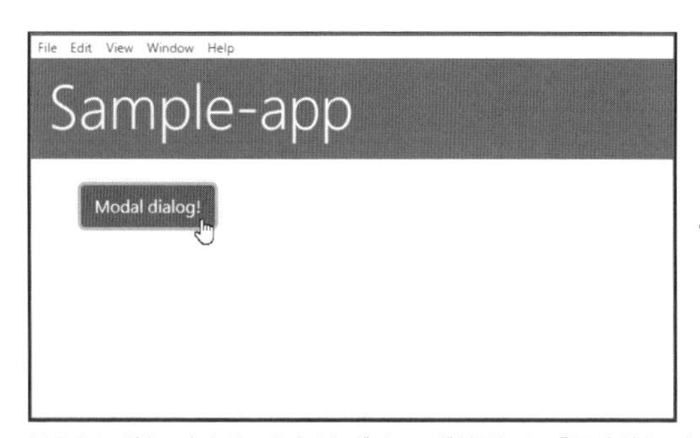

→

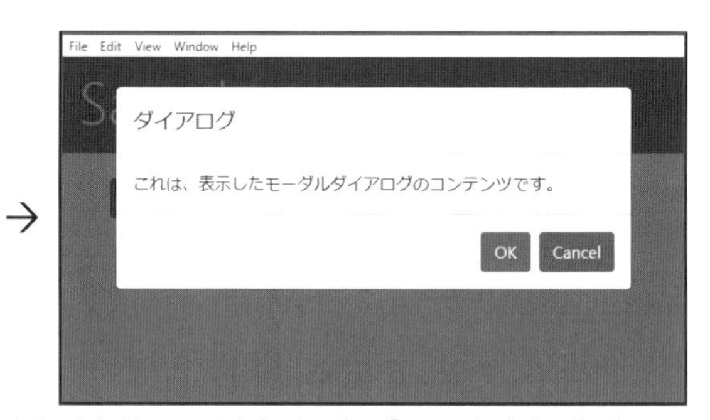

図3-21:ボタンをクリックするとダイアログが現れる。「OK」ボタンをクリックするとアラートを表示して消え、「Cancel」は何もせずに消える。

表示される「Modal dialog!」ボタンをクリックすると、画面にダイアログが現れます。ダイアログにある「OK」ボタンをクリックすると、アラートを表示してダイアログが消えます。「Cancel」ボタンの場合は、何もせずにダイアログが消えます。

まず、ダイアログの<div>タグを見てみましょう。ここでは、次のようにタグが記述されていますね。

```
<div class="modal fade" id="dlog" ……
```

classには、「fade」というものが追加されています。これは、モーダルダイアログの表示・非表示の際にフェードイン・フェードアウトのアニメーション効果を適用するためのものです。これがないと、瞬間的にモーダルダイアログが表示・非表示します。

続いて、「Cancel」ボタンを見てみましょう。ここには、次のような属性が用意されています。

```
data-dismiss="modal"
```

これは、モーダルダイアログを消すための属性です。これを用意することで、このボタンをクリックすると自動的にダイアログが消えるようになります。

スクリプトからモーダルを操作

では、「OK」ボタンのほうはどのようになっているのでしょうか？　こちらは、onclick="ok();"というようにして、クリック時にok関数を呼び出すようにしています。この関数は、次のように定義されています。

```
function ok() {
  alert("ok");
  $('#dlog').modal('hide');
}
```

alertを表示したあと、$('#dlog')で指定したオブジェクトから、modal('hide')を呼び出しています。$('#dlog')というのはjqueryの機能で、'dlog'というIDの要素を扱うオブジェクトを示します。そこから、modalというメソッドを呼び出しています。これが、モーダルダイアログ操作のためのメソッドです。引数には操作する内容を指定します。ここでは'hide'と指定して、ダイアログを消していたのです。もしスクリプトでダイアログを表示したければ、modal('show')を呼び出せばいいでしょう。

BootstrapのUIコンポーネントは、単に表示するだけでなく、このモーダルダイアログのように、JavaScriptのスクリプトから操作できるものもあります。モーダルダイアログは、さまざまな処理の中で必要に応じて呼び出すことが多いでしょう。スクリプトと連携して利用するやり方をここで覚えておきましょう。

グリッドレイアウトについて

最後に、Bootstrapの基本的なレイアウトの仕組みについて触れておきましょう。ここまでのBootstrapを使ったサンプルでは、基本的にすべて<div class="container">というタグの中にコンテンツを用意してきました。このclass="container"は、内部のコンテンツの配置を自動的に調整する機能を持っています。この仕組みは「グリッド」と呼ばれます。

グリッドの基本的な考え方はこうです。

- コンテンツは、それぞれ「row」という１行全体を扱うコンテナを使って配置される。
- rowの中には、「col」という小さな区画が横一列に並んで配置される。
- １つのrowの中は12等分されている。colはそれぞれ「いくつ分の区画を使うか」を指定して配置する。
- row内に配置したcolの区画が12以上ある場合は、入りきれない分が次の行に回される。

このように、グリッドではrowとcolでコンテンツを配置します。これは、次のような形で記述されます。

```
<div class="row">
  <div class="col-数字">
    ……コンテンツ……
  </div>
  ……必要なだけコンテンツを配置……
</div>
```

rowは、class="row"を指定した<div>として用意します。その中に配置するcolは、class="col-番号"という形で区画数を指定します。例えば3つの区画を使うなら、class="col-3"とするわけです。そうやって区画の合計が12以下になるようにcolの<div>を作成し、そこにコンテンツを用意します。

図3-22：画面は12の列に分かれている。
それぞれのコンテンツは何列分の大きさかを指定することで、
複数のコンテンツを1列に並べて表示できる。

rowとcolを利用する

では、グリッドを使ったレイアウトを作成してみましょう。例によって、<div class="container">の部分を次のように書き換えてください。

▼リスト3-25

```
<div class="container">
  <div class="row p-3">
    <div class="col-6 p-3 bg-primary">
      First content.
    </div>
    <div class="col-3 p-3 bg-secondary">
      Second content.
    </div>
    <div class="col-2 p-3 bg-warning">
      Third content.
    </div>
    <div class="col-1 p-3 bg-info">
      Fourth content.
    </div>
  </div>
</div>
```

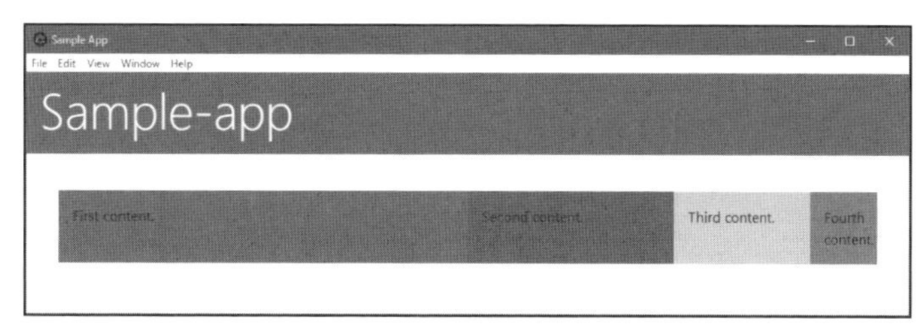

図3-23：複数のコンテンツを並べて配置する。

ここでは、4つのcolを並べて配置しています。列数は左から6，3，2，1となっており、実際に表示すると、それぞれの割合でコンテンツが表示されているのがわかるでしょう。

ウインドウサイズに応じたレイアウト変更

グリッドの最大の特徴は、「ウインドウのサイズに応じてダイナミックにレイアウトを変更できる」というところです。列数を指定するcolクラスは、ウインドウの横幅を指定するオプションを持っています。

col-数字	576px未満（または自動）
col-sm-数字	576px以上
col-md-数字	768px以上
col-lg-数字	992px以上
col-xl-数字	1200px以上

先ほどのように、「col-数字」というクラスのみを指定した場合、ウインドウのサイズに関係なく指定の列数でコンテンツは表示されます。が、上記のように大きさを指定したクラスを用意した場合、決まった大きさ以上になるとコンテンツの列数が変わり、レイアウトが変化します。ウインドウのサイズに応じて最適なレイアウトとなるように調整できるのです。

サイズごとにレイアウトを変える

では、サイズに応じたレイアウトとなるようにクラスを変更してみましょう。先ほどのサンプル（リスト3-25）を、次のように書き換えてください。

▼リスト3-26

```
<div class="container">
  <div class="row">
    <div class="col-lg-5 col-md-12 col-sm-12 p-3 bg-primary">
      First content.
    </div>
    <div class="col-lg-3 col-md-6 col-sm-12 p-3 bg-secondary">
      Second content.
    </div>
    <div class="col-lg-2 col-md-3 col-sm-6 p-3 bg-warning">
      Third content.
    </div>
```

```
      <div class="col-lg-2 col-md-3 col-sm-6 p-3 bg-info">
        Fourth content.
      </div>
    </div>
  </div>
```

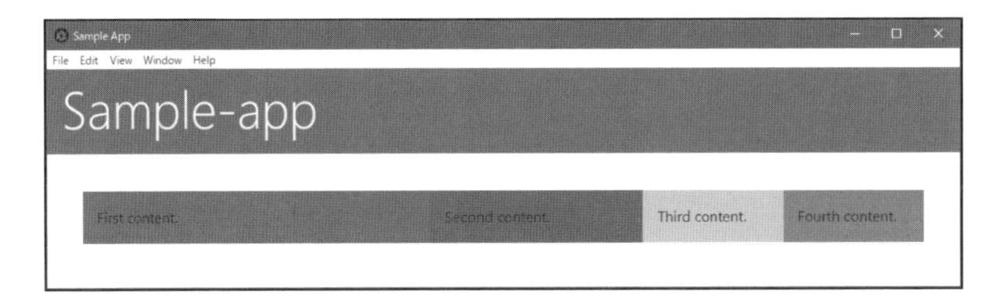

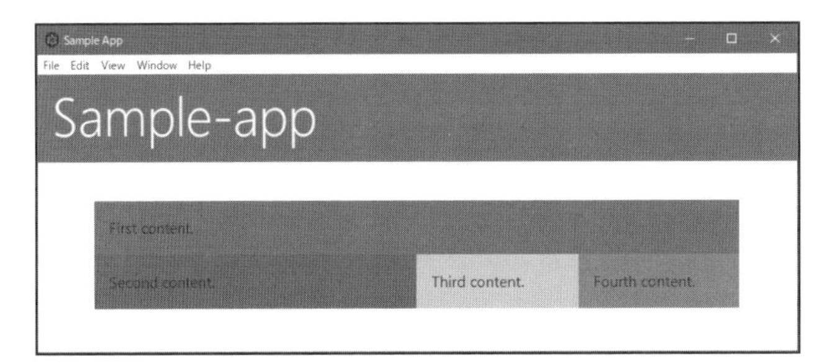

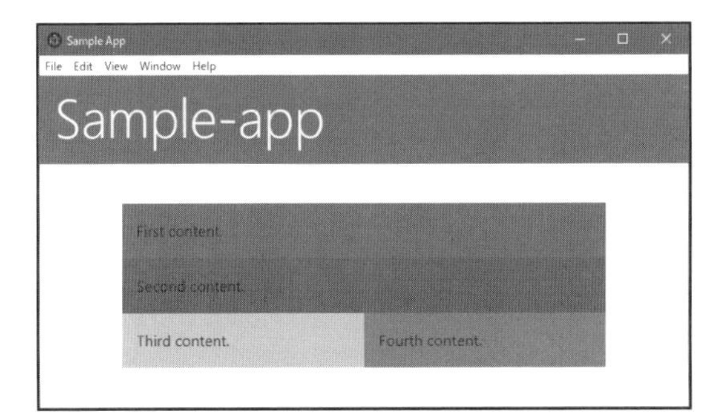

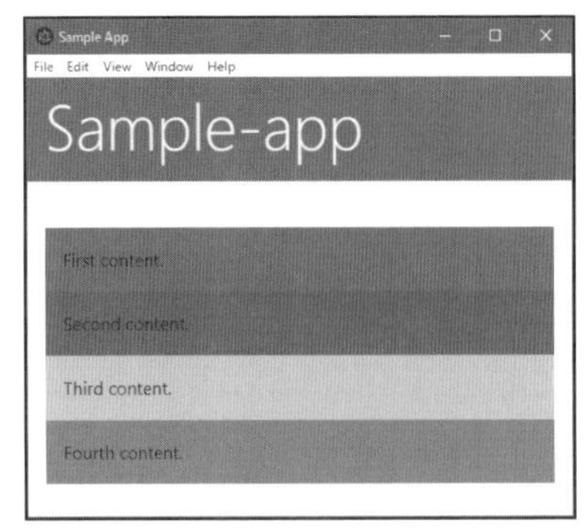

図3-24：横幅に応じてコンテンツの配置が適当なサイズとなるように調整される。

横幅が992px以上だと、すべてのコンテンツは指定の列数に従い、すべて1行にまとめて表示されます。横幅をもっと狭めていくと、サイズに応じてレイアウトが変化し、最終的にはすべてのコンテツが縦一列となるように変わります。

グリッドによるコンテンツのレイアウト例

このグリッドという機能は、具体的にどのように役立つのでしょう？　実際の利用例として、「メニュー」「コンテンツ」「サイドバー」といった項目がある画面を考えてみましょう。

▼リスト3-27

```
<div class="container">
  <div class="row p-3">
    <div class="col-12 col-md-12 col-lg-2 p-3 card">
      <ul class="list-group">
        <li class="list-group-item active">Menu</li>
        <li class="list-group-item">menu-1</li>
        <li class="list-group-item">menu-2</li>
        <li class="list-group-item">menu-3</li>
      </ul>
    </div>
    <div class="col-12 col-md-9 col-lg-8 p-3 card">
      <h2>Content area</h2>
      <p>これは、コンテンツの表示エリアです。</p>
      <table class="table">
        <thead>
          <th>id</th>
          <th>item A</th>
          <th>item B</th>
        </thead>
        <tbody>
          <tr>
            <td>1</td>
            <td>first item</td>
            <td>最初の項目</td>
          </tr>
          <tr>
            <td>2</td>
            <td>second item</td>
            <td>2番目の項目</td>
          </tr>
          <tr>
            <td>3</td>
            <td>last item</td>
            <td>最後の項目</td>
          </tr>
        </tbody>
      </table>
    </div>
    <div class="col-12 col-md-3 col-lg-2 p-3 card">
      <h5>Sidebar area</h5>
      <p>This is side bar area.</p>
      <p>これは、サイドバー表示のためのエリアです。</p>
```

```
      </div>
    </div>
  </div>
```

図3-25：画面サイズにより、メニューとサイドバーの位置が変化する。

ウインドウの横幅が十分にあるとき、画面には「メニュー」「コンテンツ」「サイドバー」が横一列に並んで表示されます。しかし画面サイズが狭くなっていくと、まずメニューがコンテンツの上に表示されるようになり、さらに狭くなるとサイドバーがコンテンツの下に表示されるようになります。

このように、表示する内容をいくつかのブロックに分け、それらを縦横に組み合わせる形で画面を構成していく場合、グリッドによるレイアウトの調整は非常に有効です。この機能は、スマートフォンのような狭い画面でも使いやすく画面を表示することを考えて作られていると考えられますが、Electronアプリケーションでもまったく問題なく動作します。画面サイズに応じてダイナミックに変化するレイアウトは、パソコンのアプリケーションであっても効果的に使えるはずです。

Chapter 4

メインプロセスとレンダラープロセス

Electronのアプリケーションは、
メインプロセスとレンダラープロセスという2つのプロセスで動いています。
この両者をうまく活用するための仕組みとして、
「remote」と「プロセス間通信」について説明しましょう。
またレンダラープロセスからメインプロセスのモジュールを利用するケースとして、
ダイアログの利用についても説明しましょう。

Chapter
4

4.1.
remoteによるメインプロセス機能の利用

レンダラープロセスからメインプロセスの機能を使う

実際に簡単なElectronアプリケーションを作成してみて感じるのは、2つのプロセスが非常にはっきりと分かれているということです。特に問題となるのが、「Electron特有の機能は基本的にメインプロセスでのみ使え、レンダラープロセスでは使えない」という点です。

レンダラープロセスは、表示するHTMLページ内にJavaScriptのスクリプトを書いて用意します。これは、一般的なWebページのJavaScript利用と基本的に変わりありません。単にHTMLの要素を利用して処理を行うだけなら、これでも問題はないでしょう。

Electronアプリケーションは、Webページにはないさまざまな機能が利用できるはずです。しかし、その多くがメインプロセス用になっており、レンダラープロセスから使えないのです。実際にウインドウとして表示される中でElectron独自の機能が使えないのは困ります。

そこで、「レンダラープロセスから、メインプロセスで使われる機能を利用できるようにする」ということを考えましょう。

remoteオブジェクト

Electronでは用意されているクラスにより、そのクラスがどのプロセスで利用可能かがはっきりと決められています。例えば、appやBrowserWindowといったものはメインプロセス専用であり、レンダラープロセスでは使えません。

しかし、レンダラープロセスでこれらのオブジェクトの機能を使いたいことはあります。このような場合のため、Electronに用意されているのが「remote」というオブジェクトです。

remoteは、レンダラープロセスからメインプロセスのオブジェクトにアクセスするための手段を提供するオブジェクトです。remoteは、その内部にまるでメインプロセスのモジュールが用意されているかのように振る舞います。ここからモジュールのクラスなどを取り出し利用することで、レンダラープロセスからメインプロセスの機能を利用できるようになります。

このremoteは、次のように利用します。

```
const { remote } = require('electron');
```

これで、変数remoteにremoteオブジェクトが取り出されます。あとは、このremoteから必要に応じてクラスなどのモジュールを呼び出していけばいいのです。

レンダラープロセスからBrowserWindowを利用する

このremoteは、「あとはremoteからクラスを取り出して使えばいい」といっても、具体的にどうすればいいのか思い浮かばないかもしれません。そこでremoteの利用例として、「レンダラープロセスから新しいBrowserWindowを作って表示する」ということを行ってみましょう。

まず、メインプロセス側を作成しましょう。index.jsを次のように記述してください。

▼リスト4-1

```
const { app, Menu, BrowserWindow } = require('electron');
const path = require('path');

function createWindow () {
  win = new BrowserWindow({
    width: 400,
    height: 300,
    webPreferences: {
      nodeIntegration: true,
      enableRemoteModule: true
    }
  });
  win.loadFile('index.html');
}

function createMenu() {……変更なし ……}

createMenu();
app.whenReady().then(createWindow);
```

createMenuについてはリスト3-6から変更ないので省略してあります。また、pathというオブジェクトをロードしていますが、これは後ほど利用する予定です。

webPreferencesについて

ここでは、BrowserWindowの引数に「webPreferences」という項目が用意されています。これは、Webページに関する設定を行う項目です。以下の2つが用意されています。

● `nodeIntegration: true`

Nodeインテグレーションを有効にするかどうかを示します。Nodeインテグレーションとは、Node.jsの機能を利用するためのものです。このnodeIntegrationをtrueにすることで、BrowserWindowから（すなわち、レンダラープロセスから）Node.jsの機能が利用できるようになります。有効にすることで利用可能になる機能の端的な例は、requireでしょう。通常、WebページのJavaScriptでは、Node.jsのrequireは利用できませんが、nodeIntegration: trueにすることでrequireが利用可能になります。

● `enableRemoteModule: true`

remoteモジュールを有効にするかどうかを示します。BrowserWindow内で（すなわち、レンダラープロセスで）remoteオブジェクトが利用可能になります。

remoteを利用するためには、この2つの設定をtrueにしておきます。これにより、レンダラープロセスでrequireを使い、remoteをロードすることが可能になります。

index.htmlを修正する

では、BrowserWindowで表示するHTMLを修正しましょう。index.htjmlの<body>部分を、次のように修正してください。

▼リスト4-2

```
<body>
  <nav class="navbar bg-primary mb-4">
    <h1 class="display-4 text-light">Sample-app</h1>
  </nav>
  <div class="container">
    <p id="msg">please click button.</p>
    <button class="btn btn-primary"onclick="doit()">
      Click
    </button>
  </div>
  <script>
  const { remote } = require('electron');
  const { BrowserWindow } = remote;

  function doit() {
    let win = new BrowserWindow({
      width: 400,
      height: 300,
      webPreferences: {
        nodeIntegration: true,
        enableRemoteModule: true
      }
    });
    win.loadFile('index.html');
    document.querySelector('#msg').textContent
      = 'Create new window!';
  }
  </script>
</body>
```

実行すると、ウインドウにボタンが1つだけ表示されます。このボタンをクリックすると新たなウインドウが開かれ、ボタンの上にあるメッセージが「Create new window!」に変わります。レンダラープロセスから新しいBrowserWindowを作成し、表示しているのがわかります。

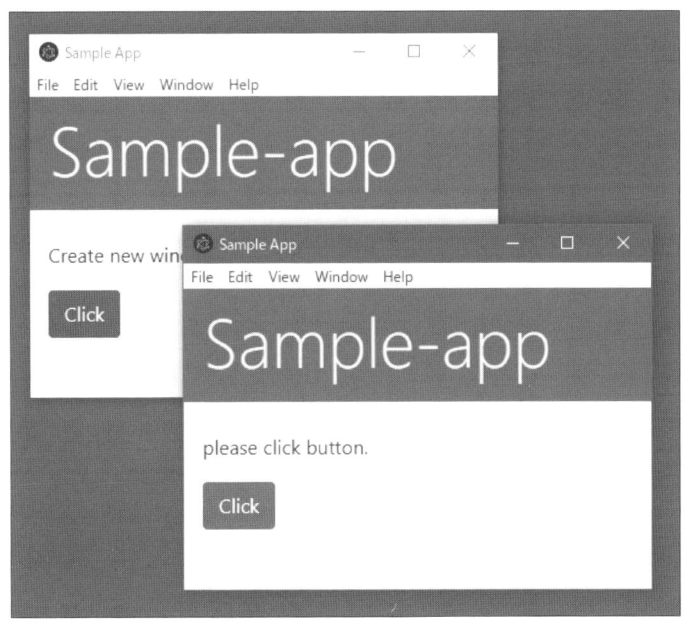

図4-1：ボタンをクリックすると、新しいウインドウが開かれる。

remoteとBrowserWindowの取得

では、<script>部分を見てみましょう。ここでは、次のようにしてBrowserWindowクラスを取得しています。

```
const { remote } = require('electron');
const { BrowserWindow } = remote;
```

まず、1行目でelectronからremoteモジュールを取り出しています。そして2行目で、そのremoteからBrowserWindowクラスを取り出します。remoteというオブジェクトを経由するという違いはありますが、レンダラープロセスでBrowserWindowが取り出せました。

あとはdoit関数で、index.jsで行っていたのと同様にしてBrowserWindowを作成するだけです。BrowserWindowさえ得られれば、メインプロセスとまったく同じです。

ここではBrowserWindowを利用しましたが、appなど他のメインプロセス用のクラスを取り出すことができます。

remoteは何をしているか？

ここで、疑問が湧くことでしょう。「remoteからBrowserWindowを取り出しているというのは、つまりelectron内とremote内の両方に同じBrowserWindowクラスが用意されているのか？」という疑問です。

これは、実は違います。remoteは、その中にBrowserWindowクラスを持っているわけではありません。メインプロセスにあるBrowserWindowにアクセスする「リモートオブジェクト」を作成し渡しているのです。

remoteとプロセス間通信

remoteは、「プロセス間通信」と呼ばれる機能を提供するモジュールです。Electronには、「IPC（Inter-process Communication）」というプロセス間でやり取りをするための仕組みが用意されています。これを利用することで、レンダラープロセスからメインプロセスにメッセージを送信したりできます。

このremoteモジュールは、Electronに用意されているIPCを使ってメインプロセス側のオブジェクトに通信し、操作をするリモートオブジェクトを生成します。つまり、ここで取り出されたBrowserWindowは、そういうクラスがあるわけではなく、メインプロセス側のBrowserWindowにIPCでアクセスをしてリモート操作するオブジェクトだったのです。

BrowserWindowそのものではありませんが、そのものであるように振る舞うため、実質的に「BrowserWindowそのもの」であると考えて利用してまったく問題ありません。

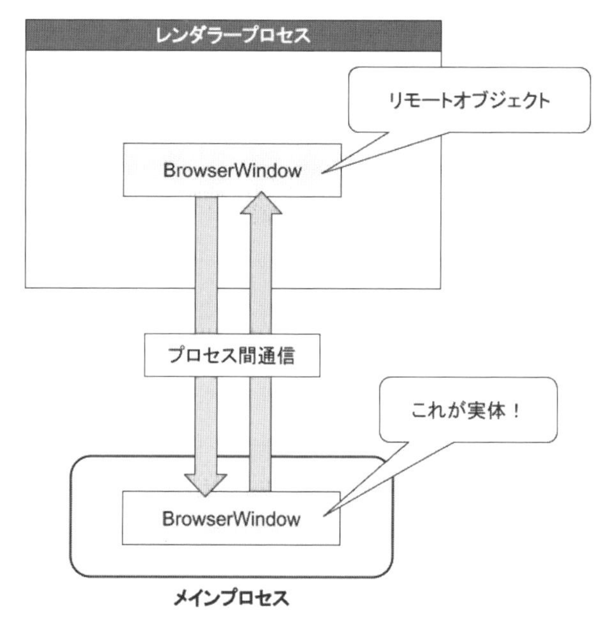

図4-2：レンダラープロセスのBrowserWindowはリモートオブジェクト。
プロセス間通信（IPC）を使い、メインプロセスのBrowesrWindowにアクセスし操作する。

Nodeインテグレーションを使わない

これで、レンダラープロセスからメインプロセスのモジュールを利用する方法はわかりました。しかしこのやり方は、実は完璧とはいえません。

ここではBrowserWindowを作成する際、nodeIntegrationをtrueに設定することで、レンダラープロセス側でBrowserWindowを使えるようにしていました。このnodeIntegrationは、Nodeインテグレーションのレンダラープロセス側での利用を許可するものです。

レンダラープロセスの処理というのは、表示されているウインドウに用意されたJavaScriptのスクリプトによって実行されます。つまり、WebページのJavaScriptとほぼ同じやり方で動いているわけです。

同じ仕組みで動いているということは、Webページと同じ外部からの攻撃にもさらされる、ということになります。

Nodeインテグレーションは、Node.jsのモジュールを利用可能にします。Node.jsのモジュールは、ローカルボリューム内のファイルにアクセスするような機能もあります。これらがすべてWebページ内で動作するわけです。もし、外部からNode.jsのモジュールを利用した悪意あるコードが送りつけられ実行されたら非常に危険ですね。

したがって、プライベートで使うようなアプリなら問題ないでしょうが、一般に公開するようなアプリのレンダラープロセスでNodeインテグレーションを許可するのは危険といわざるを得ません。しっかりとセキュリティを管理できるのであれば別ですが、あまりそのあたりに自信のない人が安易にNodeインテグレーションを許可して便利なモジュールを利用するのは、考え直したほうがよいでしょう。

プレロード・スクリプトを作成する

では、Nodeインテグレーションを利用しないのであれば、どうやってメインプロセス側のモジュールを利用すればいいのか。これは、実はちゃんと方法があります。「プレロード」を利用するのです。

BrowserWindowでは、ウインドウの表示前に実行されるプレロード用スクリプトを用意することができます。そこで必要なElectronのモジュールをロードし、windowオブジェクトに設定しておくことで、プロセススクリプト側で必要なモジュールを利用できるようになります。このやり方なら、必要なElectronモジュールを利用できますし、それ以外のNode.jsのモジュールを勝手にロードして実行される心配もありません。

実際にやってみましょう。まず、プレロードするスクリプトを用意しましょう。アプリケーションフォルダ内（ここでは「sample_app」フォルダ）に、「preload.js」という名前でファイルを作成してください。そして、次のように処理を記述しておきます。

▼リスト4-3

```
const { remote } = require('electron');

window.remote = remote;
```

非常に単純ですね。remoteモジュールをロードし、それをwindow.remoteに設定しているだけです。

レンダラープロセスの修正

では、レンダラープロセスを修正しましょう。index.htmlを書き換えてください。今回は章のはじめなので、全リストを掲載しておきましょう。

▼リスト4-4

```
<!DOCTYPE html>
<html lang="ja">
<head>
  <meta charset="UTF-8">
  <meta name="viewport"
```

```
      content="width=device-width, initial-scale=1.0">
    <link rel="stylesheet" href="https://stackpath.bootstrapcdn.com/bootstrap/↲
      4.5.0/css/bootstrap.min.css">
    <script src="https://code.jquery.com/jquery-3.5.1.slim.min.js"></script>
    <script src="https://cdn.jsdelivr.net/npm/popper.js@1.16.0/dist/umd/↲
      popper.min.js"></script>
    <script src="https://stackpath.bootstrapcdn.com/bootstrap/4.5.0/js/↲
      bootstrap.min.js"></script>
    <title>Sample App</title>
</head>

<body>
  <nav class="navbar bg-primary mb-4">
    <h1 class="display-4 text-light">Sample-app</h1>
  </nav>
  <div class="container">
    <p id="msg">please click button.</p>
    <button class="btn btn-primary"onclick="doit()">
      Click
    </button>
  </div>

  <script>
  const BrowserWindow = window.remote.BrowserWindow;

  function doit() {
    let win = new BrowserWindow({
      width: 400,
      height: 300,
    });
    win.loadFile('index.html');
    document.querySelector('#msg').textContent
      = 'Create new window!';
  }
  </script>

</body>
</html>
```

<script>で実行しているdoit関数を見てください。ここではまず、window.remote.BrowserWindowの値をBrowserWindowに取り出しています。そしてウインドウを作成するのに、new BrowserWindow(……);と実行しています。これで、新しいウインドウが作成されます。あとはloadFileでindex.htmlを表示し、id="msg"の値を変更するだけです。

createWindowを修正する

では、index.jsを修正しましょう。createWindow関数を、次のように書き換えてください。

▼リスト4-5

```
function createWindow () {
  win = new BrowserWindow({
    width: 400,
```

```
    height: 300,
    webPreferences: {
      enableRemoteModule: true,
      preload: path.join(app.getAppPath(), 'preload.js')
    }
  });
  win.loadFile('index.html');
}
```

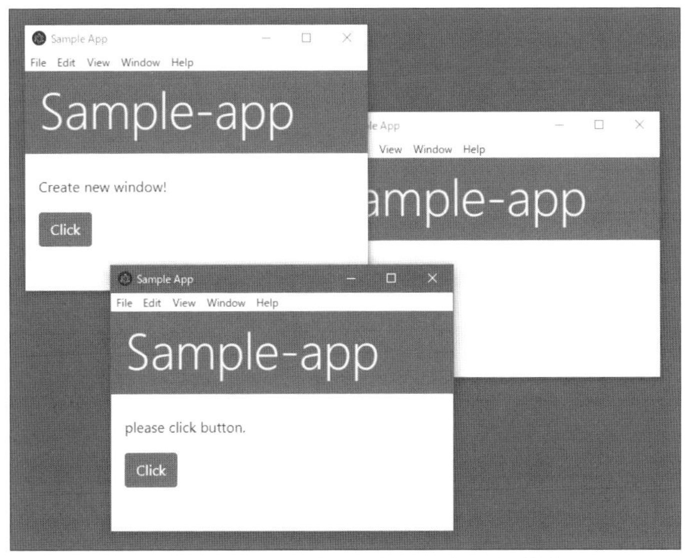

図4-3：ボタンをクリックすると、新しいウインドウが開く。

実行してウインドウが現れたら、ボタンをクリックしてください。画面に新しくウインドウが開かれます。ちゃんとNode.jsモジュールが動いているのが確認できましたね。

preloadの設定

ここでは、createWindowの中でwin = new BrowserWindow({……});と実行してウインドウを作成しています。このとき、enableRemoteModuleと共にpreloadという値が用意されています。

```
preload: path.join(app.getAppPath(), 'preload.js')
```

path.joinは、引数に指定したパスとファイル名をつなげたパスを作成するものです。app.getAppPathでアプリケーションのパスを取得し、第2引数にpreload.jsを指定します。これで、アプリケーション内のpreload.jsがプレロードとして読み込まれるようになります。

このpreloadで読み込んだスクリプトがプレロードとして実行され、それからBrowserWindowが開かれるようになります。

プロセスメソッドでプレロードは動かない

このやり方を使えば、メインプロセスで表示されたウインドウ内から実行されるレンダラープロセスでBrowserWindowがちゃんと機能するようになります。

ただし、欠点もあります。ウインドウのボタンをクリックして、新たに開いたウインドウのボタンをクリックしてみましょう。クリックしても新しいウインドウが開かれません。ボタンが機能するのは、アプリケーションを実行したとき最初に現れたウインドウだけなのです。それ以後に作成されたウインドウのボタンは、クリックしても動作しないのです。

なぜ、ウインドウ内のボタンをクリックして開かれるウインドウではボタンが動作しないのか。それは、新たにウインドウを開く際、プレロードのスクリプトが実行されていないためです。

プレロードは、BrowserWindowによるウインドウが開かれる前に実行されます。つまり、preload.jsが実行されているのはメインプロセスなのです（ウインドウが開かれてからでなく、その前に呼び出されている）。したがって、レンダラープロセスでBrowserWindowを作成するとプレロードの処理が実行されないため、スクリプトが正常に動作しなくなってしまうのです。

メニューは動く!

不思議なことに、「File」メニューから「New」を選ぶと、こちらはどのウインドウでも新しいウインドウを開けます。ボタンで新しいウインドウは開けなくても、メニューならばちゃんと開けるのです。

これは、ウインドウに表示されるメニューバーがメインプロセスで組み込まれたものであり、「New」メニューを選ぶとメインプロセスのcreateWindow関数が呼び出されるためです。メインプロセスで設定されたメニューバーは、メインプロセス側の処理が実行されるように作られているのですね。

> この問題は、レンダラープロセスからメインプロセスのcreateWindowを呼び出してウインドウを作成すれば解決します。これについては、もう少し先で説明します。

BrowserWindowを操作する

Electronのモジュールがレンダラープロセスで使えるようになると、ウインドウ内でいろいろなことができるようになります。まずは、開いているBrowserWindowを操作してみましょう。

index.htmlの<script>タグを、次のように書き換えてください。メインプロセス側はpreloadを使い、preload.jsをロードする形で記述してあります。

▼リスト4-6

```
<script>
const BrowserWindow = window.remote.BrowserWindow;

function doit() {
  let win = new BrowserWindow({
    width: 400,
    height: 300,
  });
```

```
  win.loadFile('index.html');

  let n = 100;
  let res = '';
  let wins = BrowserWindow.getAllWindows();
  for (let w in wins) {
    res += '[' + wins[w].id + ']<br>';
    wins[w].setPosition(n, n);
    n += 50;
  }
  document.querySelector('#msg').innerHTML = res;
}
</script>
```

図4-4：新しいウインドウを作成するとすべてのウインドウを整列し、
ボタンをクリックしてウインドウにIDがすべて表示される。

プレロードを使っているので、最初に開いたウインドウのボタンしか機能しません。ボタンをクリックすると新しいウインドウが開き、すべてのウインドウが画面の左上から順に整列するように配置されます。

また、ボタンをクリックした最初のウインドウには、現在開かれているウインドウのID番号がすべて表示されます。

すべてのウインドウを得る

ここでは、次のようにして開いているすべてのウインドウのBrowserWindowを取り出しています。

```
let wins = BrowserWindow.getAllWindows();
```

BrowserWindowのgetAllWindowsは、現在開いているウインドウをBrowserWindowの配列として返します。ここから順にオブジェクトを取り出していけば、すべてのウインドウを操作できます。

```
for (let w in wins) {
  res += '[' + wins[w].id + ']<br>';
  wins[w].setPosition(n, n);
  n += 50;
}
```

取り出したBrowserWindowのidの値を変数resに追加し、それからsetPositionでウインドウの位置を設定しています。setPositionは2章ですでに使いましたね。こんな具合にして、BrowserWindowのメソッドを呼び出してウインドウを操作していくことができます。

カレントウインドウを操作する

すべてのウインドウではなく、現在操作しているウインドウについて操作を行いたい場合は、remoteオブジェクトに便利なメソッドが用意されています。

```
変数 = remote.getCurrentWindow();
```

これで、今利用しているウインドウのBrowserWindowが取得できます。カレントウインドウを操作するなら、これが一番簡単でしょう。例として、doit関数を次のように書き換えてみましょう。

▼リスト4-7
```
function doit() {
  let win = remote.getCurrentWindow();
  win.webContents.loadURL('https://electronjs.org');
}
```

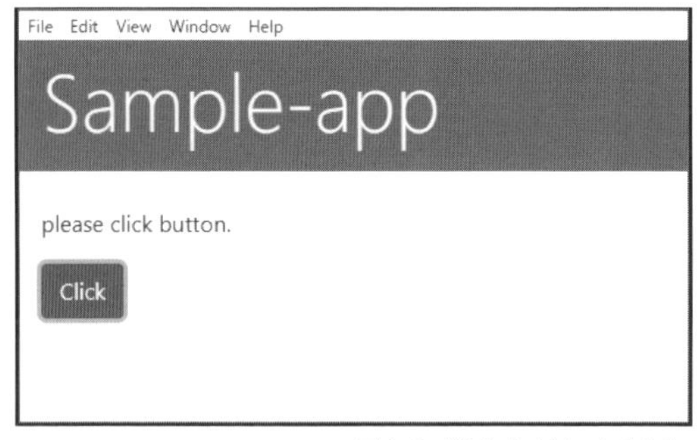

→

図4-5：ボタンをクリックすると、ElectronのWebページに切り替わる。

ウインドウが現れたら、ボタンをクリックしてください。すると、ElectronのWebページに表示が変わります。

ここでは、getCurrentWindowでBrowserWindowを取り出したあと、webContentsのloadURLで指定のURLのWebページをロードしています。これで、ウインドウの表示が変わります。

Chapter 4

4.2. メニューとプロセス

メニューバーの変更

メインプロセスでしか使えない機能としては、他にも「メニュー」があります。前章でメニュー利用をいろいろ行いましたが、それらはすべてindex.jsで実行していました。つまり、すべてメインプロセスで実行していたのです。

しかし、実際に表示されたウインドウの処理を担当するのは、レンダラープロセスです。レンダラープロセス側でメニューを利用できると便利ですね。

では、実際に試してみましょう。index.htmlの<script>タグ部分を、次のように書き換えてみてください。

▼リスト4-8

```
<script>
const BrowserWindow = window.remote.BrowserWindow;
const Menu = window.remote.Menu;

function doit() {
  let menu_temp = [
    {
      label: 'New Menu',
      submenu: [
        {label: 'New', click: ()=>{
          console.log('New menu.');
          createWindow();
        }},
        {role: 'close'},
        {type: 'separator'},
        {role: 'quit'}
      ]
    }
  ];
  let menu = Menu.buildFromTemplate(menu_temp);
  Menu.setApplicationMenu(menu);
  alert('change menubar.');
}
</script>
```

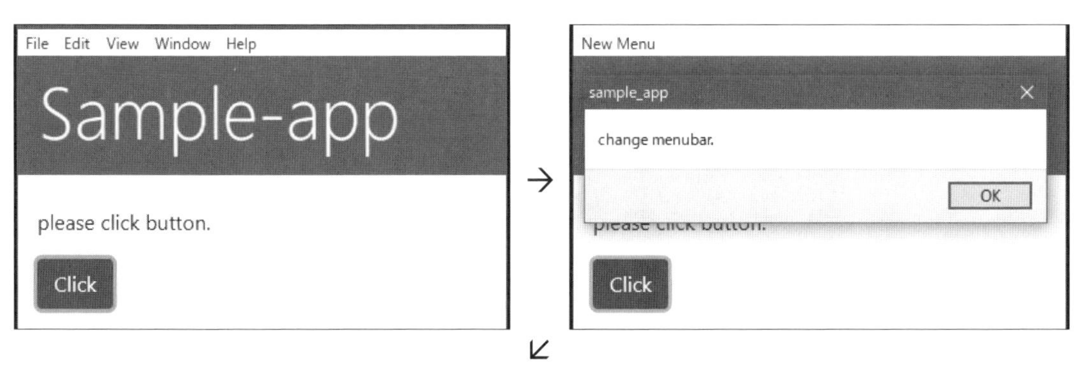

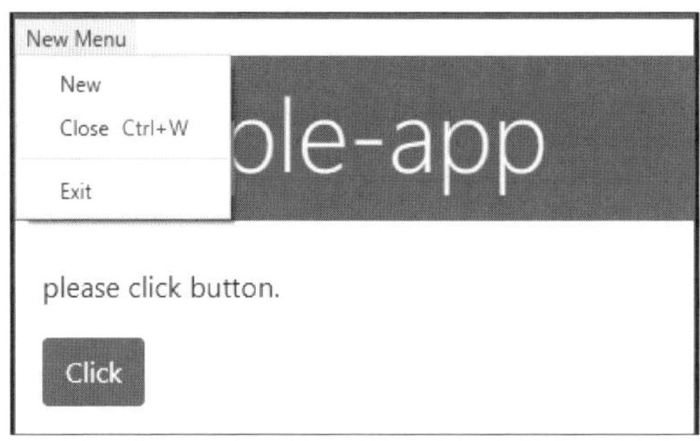

図4-6：ボタンをクリックするとアラートが表示され、メニューバーが変更される。

ウインドウが開いたら、まず「File」メニューの「New」を選んで複数のウインドウを開いておきましょう。それからウインドウのボタンをクリックするとメニューバーが変わり、「New Menu」というメニュー1つだけに変わります。見ればわかりますが、すべてのウインドウのメニューバーが一斉に変更されます。メニューバーはアプリケーションで設定するので、変更すると全ウインドウで変更されるのです。

ここではMenu.buildFromTemplateでMenuを作成し、Menu.setApplicationMenuでメニューバーの設定を行っています。これで、メニューバーが変更されます。Menuは、あらかじめ次のようにしてクラスを利用できるようにしておきます。

```
const Menu = window.remote.Menu;
```

remoteの中にMenuが用意されているのですね。メインプロセス専用のクラスは、このようにたいていremote内に用意されています。

「New」は動かない

メニューバーを変更したら、「New Menu」から「New」を選んでみましょう。「New」メニューには、次のようにテンプレートを定義してあります。

```
{label: 'New', click: ()=>{
  console.log('New menu.');
  createWindow();
}},
```

createWindow(); を呼び出してウインドウを作るようにしていますね。しかし、実際に「New」メニューを選んでも、ウインドウは開かれません。createWindowが呼び出せないためです。レンダラープロセスからsetApplicationMenuすると、処理はレンダラープロセスで実行されるようになるため、メニューを選んで実行される処理はメインプロセスで呼び出されません。

レンダラープロセスの処理を呼び出す

では、メニューからレンダラープロセスの処理を呼び出すにはどうすればいいのでしょうか？　これは、メニューがメインプロセス側で実行されるのか、あるいはレンダラープロセス側かによって変わります。

メインプロセス側でメニューバーを作成した場合の処理を考えてみましょう。index.jsのcreateMenu関数を、次のように書き換えてください。

▼リスト4-9

```
function createMenu() {
  let menu_temp = [
    {
      label: 'File',
      submenu: [
        {label: 'New', click: ()=>{
          console.log('New menu.');
          createWindow();
        }},
        {label: 'Hello', click: ()=>{
          console.log('Hello menu.');
          const w = BrowserWindow.getFocusedWindow();
          w.webContents.executeJavaScript('hello()');
        }},
        {role: 'close'},
        {type: 'separator'},
        {role: 'quit'}
      ]
    },
    {role: 'editMenu'},

  ];
  let menu = Menu.buildFromTemplate(menu_temp);
  Menu.setApplicationMenu(menu);
}
```

これで、「File」メニューの「Hello」メニューを選ぶと、レンダラープロセスのhello関数を呼び出すようになります。

では、hello関数を用意しておきましょう。index.htmlの<script>タグ内に、以下の関数を追記してください。

▼リスト4-10

```
function hello() {
  alert('select menu ' + remote.getCurrentWindow().id);
}
```

ここでは、カレントウインドウのIDをアラートで表示するようにしてあります。実行して「File」メニューから「New」メニューを選び、いくつかウインドウを開いてみましょう。そして「Hello」メニューを選ぶと「select menu 番号」というように、ウインドウのID番号を表示します。

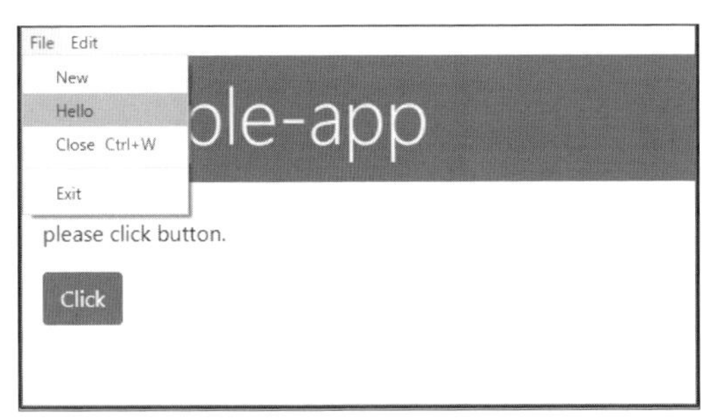

→

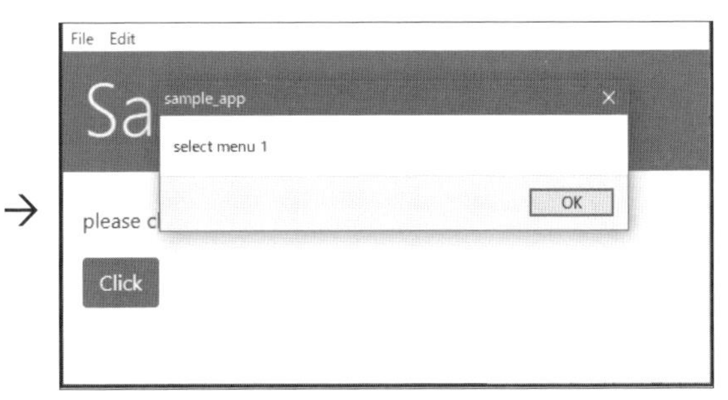

図4-7：「Hello」メニューを選ぶと、ウインドウのID番号を表示する。

メインプロセスからレンダラープロセスの関数を呼び出す

では、「Hello」メニューを選ぶと、どのようにレンダラープロセスのhello関数が呼び出されていたのか見てみましょう。まず、現在選択されているウインドウを取得します。

```
const w = BrowserWindow.getFocusedWindow();
```

remoteにはgetCurrentWindowメソッドがありますが、メインプロセス側ではremoteは使えません。同様の働きをするものとして、BrowserWindowクラスのgetFocusedWindowメソッドを使います。これは、フォーカスがあるウインドウのBrowserWindowを返すメソッドです。

BrowerWindowが得られたら、あとはそこからhello関数を実行するだけです。これは、次のように行っています。

```
w.webContents.executeJavaScript('hello()');
```

webContentsにある「executeJavaScript」は、引数に指定したテキストをJavaScriptのスクリプトとしてコンテンツ内で実行するメソッドです。ここでは、'hello()'としてhello関数を呼び出していたのですね。

この引数は基本的にただのテキストですから、ここに直接スクリプトを記述してもかまいません。もし実行する処理がわかっているなら、Webページ側に関数として処理を用意しておき、それを呼び出すだけにしておいたほうがわかりやすくてよいでしょう。

レンダラープロセスからスクリプトを呼び出すには?

では、レンダラープロセスで実装されたメニューからスクリプトを実行させるにはどうするのでしょうか？　これは、実は簡単です。ただ単に、実行する処理をclickに用意すればいいのです。

index.htmlの<script>タグを、次のように書き換えてみましょう。

▼リスト4-11

```
<script>
const BrowserWindow = window.remote.BrowserWindow;
const Menu = window.remote.Menu;

function doit() {
  let win = remote.getCurrentWindow();
  let menu_temp = [
    {
      label: 'New Menu',
      submenu: [
        {label: 'Hello', click: ()=>{
          hello();
        }},
        {role: 'close'},
        {type: 'separator'},
        {role: 'quit'}
      ]
    }
  ];
  let menu = Menu.buildFromTemplate(menu_temp);
  Menu.setApplicationMenu(menu);
  alert('change menubar.');
}

function hello() {
  alert('select menu ' + remote.getCurrentWindow().id);
}
</script>
```

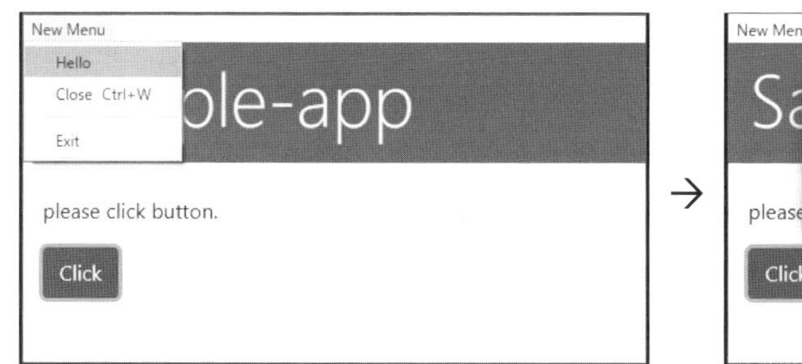

→

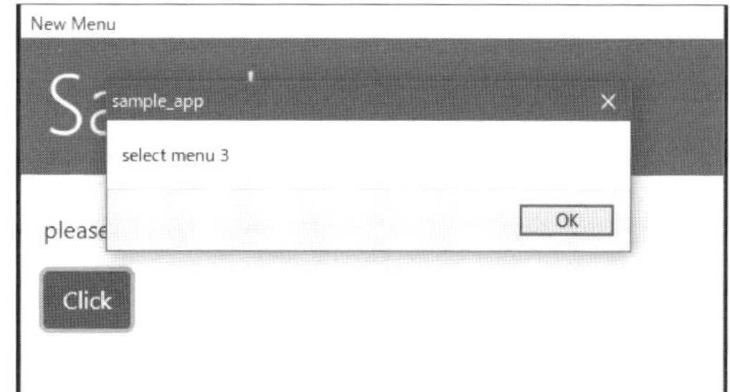

図4-8:「New Menu」に変わったメニューから「Hello」を選ぶと、hello関数が実行される。

ボタンをクリックすると、メニューが「New Menu」に変わります。そこから「Hello」メニューを選ぶと、hello関数が実行されます。Helloメニューは、次のように用意されています。

```
{label: 'Hello', click: ()=>{
  hello();
}},
```

ただ単に、hello関数を呼び出しているだけですね。レンダラープロセスで設定されたメニューでは、このようにJavaScriptの処理をそのまま書くだけでいいのです。

ただし、「メインプロセスとレンダラープロセスの、どっちのプロセスでメニューが実装されたかによって実行する処理が変わるのはわかりにくい」というのも確かです。このような場合は、executeJavaScriptを利用する形にしておけばいいでしょう。「Hello」メニューの作成部分を、次のように変更すればいいのです。

▼リスト4-12

```
{label: 'Hello', click: (m, w)=>{
  w.webContents.executeJavaScript('hello()');
}},
```

関数では、選択したメニューアイテム(MenuItem)とウインドウ(BrowserWindow)が引数で渡されます。このBrowserWindowからwebContentsプロパティのexecuteJavaScriptを呼び出して処理を実行します。レンダラープロセスでも、このやり方でちゃんとhello関数が実行されます。「直接スクリプトを実行できるのかどうかよくわからない」というときは、すべてexecuteJavaScriptを使うやり方で書いておけば、どのプロセスでもちゃんと動くようにできるでしょう。

C O L U M N

メニューバーの設定はメインプロセスで!

レンダラープロセスからメニューバーを設定して処理を実行する手順について説明をしました。しかし、メニューの組み込みがメインプロセスかレンダラープロセスかによって実装する処理を置く側が変わってくるのは混乱の極みです。こういう設計は後々面倒な問題を引き起こす可能性があるでしょう。

そこで、「メニューバーの設定は、常にメインプロセスで行うのが基本」と考えておきましょう。レンダラープロセス側でメニューを変更したい場合も、「レンダラープロセスから、メインプロセス側にあるメニュー変更の処理を呼び出す」という形で操作するようにします。

これは、もう少し先で説明する「プロセス間通信」がわかればできるようになります。それまでは、レンダラープロセス側からメニューバーを操作するのはちょっと待ちましょう。

コンテキストメニューの利用

レンダラープロセスでメニューを利用するのは、メニューバーの変更だけではありません。それ以上に多用されるのが「コンテキストメニュー」です。

コンテキストメニューは、Webコンテンツのどこかを右クリックするとポップアップして現れるメニューのことです。

▼リスト4-13

```
<script>
const BrowserWindow = window.remote.BrowserWindow;
const Menu = window.remote.Menu;
```

```
const MenuItem = window.remote.MenuItem;

const menu = new Menu();
menu.append(new MenuItem({
  label: 'Hello', click(m, w) {
    console.log('Hello menu.');
    alert('Hello! [id=' + w.id + ']');
  }
}));
menu.append(new MenuItem({ type: 'separator' }));
menu.append(new MenuItem({role: 'cut'}));
menu.append(new MenuItem({role: 'copy'}));
menu.append(new MenuItem({role: 'paste'}));
window.addEventListener('contextmenu', (e) => {
  menu.popup({ window: remote.getCurrentWindow() })
}, false);
</script>
```

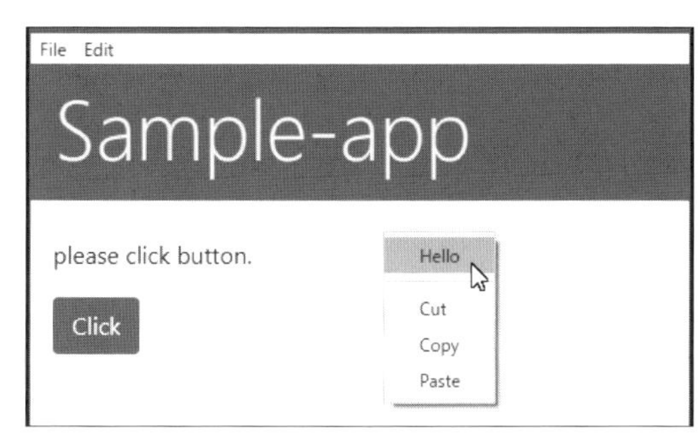

→

図4-9：ウインドウ内を右クリックするとメニューがポップアップする。「Hello」を選ぶとアラートが表示される。

実行したら、ウインドウ内をマウスで右クリックしてください。メニューがその場に現れます。ここから「Hello」を選ぶと、画面に「Hello! [id=番号]」というように、ウインドウのID番号が表示されます。

コンテキストメニューの作成

コンテキストメニュー生成の処理を見てみましょう。今回はMenuインスタンスを作り、これにMenuItemを追加してメニューを作っています。

```
const menu = new Menu();
```

まず、新しいMenuを作成します。これにMenuItemを追加していきます。最初に、「Hello」メニューを作成します。

```
menu.append(new MenuItem({
  label: 'Hello', click(m, w) {
    console.log('Hello menu.');
    alert('Hello! [id=' + w.id + ']');
  }
}));
```

new MenuItemでインスタンスを作成し、引数にlabelとclickを用意しています。clickではMenuItemとBrowserWindowを引数として取り出し、これを利用してアラート表示を行っています。

これ以降は、ロールを使って簡単にメニュー項目を作成していますね。

```
menu.append(new MenuItem({ type: 'separator' }));
menu.append(new MenuItem({role: 'cut'}));
menu.append(new MenuItem({role: 'copy'}));
menu.append(new MenuItem({role: 'paste'}));
```

これで、メニューに表示される項目はできました。最後に、ウインドウの「contextmenu」イベントに処理を設定します。

```
window.addEventListener('contextmenu', (e) => {…略…}, false);
```

windowの「addEventListener」メソッドを呼び出しています。ウインドウのイベントに処理を追加するものですね。ここでは、'contextmenu'イベント処理を設定しています。コンテキストメニューを表示する処理を実行していたのですね。

```
menu.popup({ window: remote.getCurrentWindow() })
```

これがその処理です。Menuインスタンスの「popup」というメソッドを呼び出しています。引数には必要な情報をまとめたオブジェクトを用意し、そこには「window」という項目でメニューを表示するBrowserWindowを指定します。これで、イベントが発生したウインドウにメニューをポップアップ表示します。

テンプレート利用でコンテキストメニューを作る

今の例ではnew Menuでインスタンスを作成し、1つ1つのMenuItemをnewしてMenuにappendしていました。メニュー作成にある程度慣れてきたら、テンプレートを使って作成したほうが簡単でしょう。

先ほどの例をテンプレート利用の形に書き換えると、次のようになります。

▼リスト4-14

```
<script>
const BrowserWindow = window.remote.BrowserWindow;
const Menu = window.remote.Menu;
const MenuItem = window.remote.MenuItem;

let menu_tmp = [
  {
    label: 'Hello', click(m, w) {
      console.log('Hello menu.');
      alert('Hello! [id=' + w.id + ']');
    }
  },
  { type: 'separator' },
  {role: 'cut'},
```

```
  {role: 'copy'},
  {role: 'paste'}
];
const menu = Menu.buildFromTemplate(menu_tmp);
window.addEventListener('contextmenu', (e) => {
  e.preventDefault();
  menu.popup({ window: remote.getCurrentWindow() })
}, false);
</script>
```

new MenuからMenuItemのappendの部分で引数に指定しているメニュー項目の情報をひとまとめにすれば、テンプレートが完成します。メニューバーの場合と違い、MenuにはMenuItemがずらっと追加されているだけでサブメニューなどはありませんから、テンプレートもわりと簡単ですね。

メニュー関係は「newで作るか、テンプレートで作るか」ということの他に、「メインプロセスで実行するか、レンダラープロセスか」という点をしっかり把握することを考えましょう。メニューは、メインプロセスの処理が呼び出されることもあれば、レンダラープロセスの処理を呼び出すこともあります。どういうときにどちらが呼ばれるのか、そこをしっかり理解してください。

Chapter 4

4.3. プロセス間通信

プロセス間通信とは

Electronでは、レンダラープロセス側にremoteオブジェクトを用意し、そこから必要なモジュールをロードすることでメインプロセスのモジュールを利用できました。しかしこの方式では、例えば「レンダラープロセスからindex.jsにある関数を呼び出し、結果を受け取る」といったことまではできません。両者の間で緊密にやり取りを行うためには、「プロセス間通信（IPC、Inter-process Communication）」という技術をマスターする必要があります。プロセス間通信とは文字通り、メインプロセスとレンダラープロセスの間で情報をやり取りするための通信手段です。両プロセスには、相手側のプロセスにメッセージを送信する仕組みと、相手から送られたメッセージを受け取る仕組みが用意されています。

ipcMainとipcRenderer

このプロセス間通信のために用意されているのが、「ipcMain」と「ipcRenderer」というクラスです。それぞれ、メインプロセスとレンダラープロセスのプロセス間通信を行うためのものです。

これらのクラスには、メッセージを送信するメソッドと、プロセス間通信のイベントを受け取り処理する仕組みが用意されています。これらを利用し、両プロセスの間でメッセージをやり取りするのです。

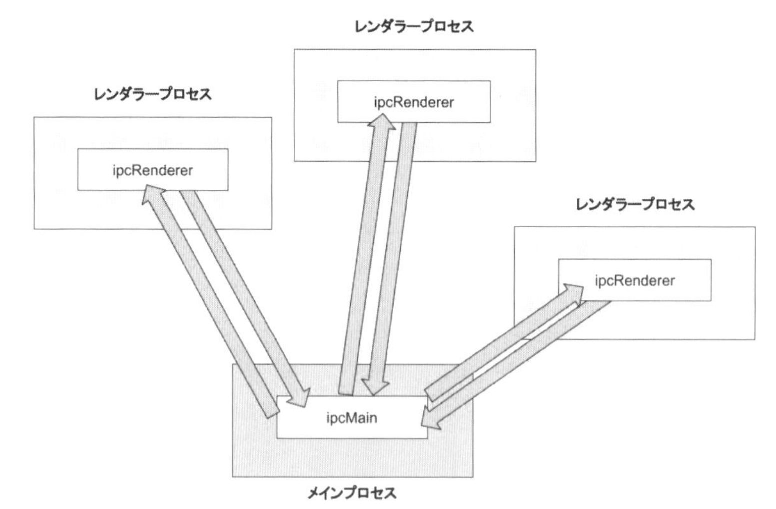

図4-10：メインプロセスとレンダラープロセスでは、ipcMainとipcRendererの間でメッセージをやり取りし通信する。

メッセージの送信と受信

では、プロセス間通信の基本である「メッセージの送信と受信」について説明しましょう。まずは、もっとも利用される「レンダラープロセスからメインプロセスへのメッセージ送信」についてです。

これは、ipcRendererの「send」というメソッドで行えます。

```
ipcRenderer.send( メッセージ , 値1, 値2, ……);
```

第1引数には、送信するメッセージをテキストで指定します。

第2引数以降には、メッセージと併せて送るさまざまな値を用意します。必要なだけ用意することができます。

メッセージ受信のイベント処理

送られたメインプロセス側では、どうやってメッセージを受け取るのか。これは、「メッセージ受信のイベント」を使います。

```
ipcMain.on( メッセージ , ( イベント, 変数1, 変数2, ……) => {……});
```

第1引数には、ipcRenderer.sendで送信するメッセージを指定します。送信されたメッセージを受け取ったら、第2引数の関数を実行するようになります。

第2引数の関数は、第1引数に発生したイベントのオブジェクトが渡され、それ以降にsendで送信された値が渡されています。したがって、sendで送信する値と同じだけ受け取るための変数を用意しておく必要があります。

このonは、第1引数のメッセージが送られたときに処理を実行します。メッセージが異なっていると、いくら送っても設定した関数は実行されません。

メッセージの返信

ipcMain.onでメッセージを受信した場合、送信元にメッセージを返信したいこともあるでしょう。このような場合は、ipcMain.onの第2引数に用意した関数内で、第1引数で渡されるイベントオブジェクトの「reply」メソッドを呼び出します。

```
《IpcMainEvent》.reply( メッセージ , 値1, 値2, ……);
```

ipcMain.onの関数で引数に渡されるイベントは、「IpcMainEvent」というオブジェクトです。ここに用意されているreplyは、メッセージを送信してきたプロセスイベントに第1引数のメッセージを送り返します。第2引数以降は、ipcRenderer.sendと同様に併せて送りたい値を用意します。

返信されたメッセージの受信

replyでメインプロセスからレンダラープロセスに返信されたメッセージは、ipcRendererに「on」を使って受け取る処理を用意します。

```
ipcRenderer.on( メッセージ , ( イベント, 変数1, 変数2, ……) => {……});
```

ipcMain.onと同様、第1引数には受け取るメッセージを指定します。そして第2引数には、実行する処理を関数として用意します。関数では、第1引数にイベントのオブジェクト(IpcRendererEventというオブジェクトです)が渡され、それ以降はreply時に一緒に送られた値が引数に代入されます。

レンダラープロセスからメインプロセスの処理を呼び出す

プロセス間通信ができるようになると、どういう用途に使えるのか。例えば、「レンダラープロセスからメインプロセスの処理を呼び出して実行する」ということができるようになります。

先にremoteを使って新しいウインドウを作成する処理を作ったとき、奇妙な現象に遭遇しましたね(P.140)。Nodeインテグレーションを ONにせず、プレロードを利用してremoteを用意しBrowserWindowを作成した場合、新たに作られたウインドウではウインドウ作成のボタンが機能しなくなっていました。レンダラープロセスからBrowserWindowを作成するとプレロードの処理が実行されないため、ボタンが動かなかったのです。つまり、「メインプロセスからウインドウを作ったときは動くが、レンダラープロセスから作られたウインドウではボタンが動かない」という状態でした。

remoteでレンダラープロセスからメインプロセスのモジュールを呼び出そうとすると、どうしてもどこかで問題が発生します。プレロードを利用すると上記の問題が発生しますし、かといってNodeインテグレーションをONにしてremoteすると、セキュリティ上の問題が発生する危険があります。

では、どうするのか。そこで、プロセス間通信が登場するのです。すなわち、レンダラープロセスからメインプロセスにメッセージ送信し、メインプロセス側に用意した処理を実行するようにしていれば、こうした奇妙な現象も発生しません。

index.jsを修正する

では、プロセス間通信を利用して、ウインドウ内からBrowserWindowを作成する処理を作ってみましょう。まず、メインプロセスを修正します。index.jsを、次のように変更してください。なお、一部の処理(createMenu関数)は変更がないので省略しています。

▼リスト4-15

```
const { app, Menu, BrowserWindow } = require('electron');
const path = require('path');
const { ipcMain } = require('electron');

const win_name = [
  'banana', 'orange', 'apple'
];
```

```
ipcMain.on('hello', (event) => {
  const result = createWindow();
  event.reply('hello-result', win_name[result % 3] + '-' + result);
});

function createWindow () {
  win = new BrowserWindow({
    width: 400,
    height: 300,
    webPreferences: {
      enableRemoteModule: true,
      preload: path.join(app.getAppPath(), 'preload.js')
    }
  });
  win.loadFile('index.html');
  return win.id;
}

function createMenu() {……略……}

createMenu();
app.whenReady().then(createWindow);
```

ここでは、ipcMain.onを使って送信されたメッセージの処理を用意しています。このように作成していますね。

```
ipcMain.on('hello', (event) => {……});
```

受け取るメッセージは、'hello'としてあります。実行する関数には、イベントオブジェクトの引数のみ用意してあります。今回は、それ以外の引数は特に用意してありません。

この関数では、createWindow関数を呼び出してウインドウを作成しています。

```
const result = createWindow();
```

今回のcreateWindowは、これまでとちょっと違っています。最後にreturn win.id;として、作成したウインドウのIDを返すようにしてあります。IDを受け取り、これを使ってメッセージの返信を行います。

```
event.reply('hello-result', win_name[result % 3] + '-' + result);
```

eventからreplyを呼び出していますね。メッセージは、'hello-result'としておきました。また、第2引数にwin_name[result % 3] + '-' + resultとして、win_nameの名前とresultで返されるIDをつなげたテキストを値として返信するようにしてあります。あとはレンダラープロセス側で、'hello'メッセージの送信と、'hello-result'メッセージの受信の処理を用意すればいいわけです。

preload.jsを修正する

では、レンダラー側の処理に進みましょう。index.htmlの前に、プレロードするpreload.jsを修正しておくことにします。

▼リスト4-16

```
const { remote } = require('electron');
const { ipcRenderer } = require('electron')

window.remote = remote;
window.ipcRenderer = ipcRenderer;
```

レンダラープロセスでipcRendererを使えるようにしています。ipcRendererはremoteから取り出すわけではありません。require('electron')から取り出します。つまり、remoteのオブジェクトではないのです。

取り出したipcRendererはwindowのipcRendererに代入して、index.htmlで利用できるようにしておきます。

index.htmlを修正する

さあ、あとはレンダラープロセスの修正です。index.htmlの<script>タグの部分を、次のように書き換えましょう。

▼リスト4-17

```
<script>
const BrowserWindow = window.remote.BrowserWindow;

function doit() {
  let w = remote.getCurrentWindow();
  ipcRenderer.send('hello');

  ipcRenderer.on('hello-result', (result, arg)=>{
    document.querySelector('#msg').textContent
      = 'create window ' + arg;
  })
}
</script>
```

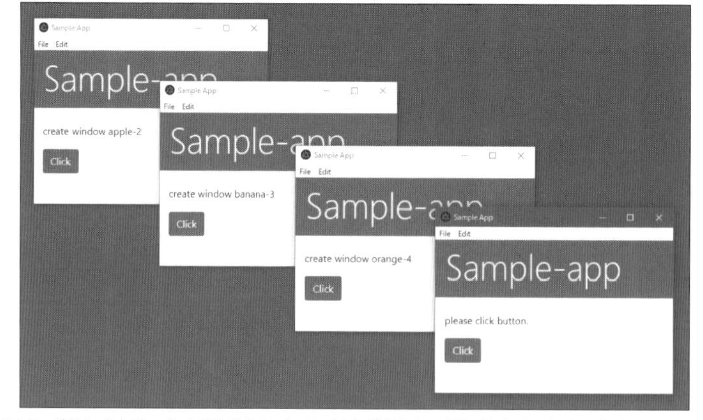

図4-11：ボタンをクリックすると新しいウインドウが開かれ、開いたウインドウの名前が返される。

ここではdoit関数でメインプロセス側にメッセージを送信し、その結果を受け取る処理を用意しています。

```
ipcRenderer.send('hello');
```

まず、ipcRendererのsendを使い、helloメッセージをメインプロセスに送ります。これで、メインプロセス側のipcMain.on('hello', ……)で設定した処理が実行されます。そして、その結果をhello-resultメッセージとして返送したものは、以下のところで受け取ります。

```
ipcRenderer.on('hello-result', (result, arg)=>{
  ……略……
})
```

渡された引数argには、ipcMain.onの処理でevent.replyに渡された値がそのまま得られます。あとは、この返信された値を使って必要な処理をしていくだけです。

メインプロセスからレンダラープロセスにメッセージを送る

逆に、メインプロセスからレンダラープロセスにメッセージを送りたい場合はどうするのでしょうか？

まず、「どのレンダラープロセスにメッセージを送るのか」を考えないといけません。レンダラープロセスからメインプロセスへの送信は、ただipcRenderer.sendを送信するだけでした。メインプロセスは1つしかなく、sendすれば必ずメインプロセスに送られていたからです。

メインプロセスからレンダラープロセスに送るには、「どのレンダラープロセスに送信するのか」を考えなければいけません。どのレンダラープロセスかというのは、「どのBrowsesrWindowか」ということです。つまり、送信先のBrowesrWindowがわかればいいのです。

```
《BrowserWindow》.webContents.send( メッセージ , 値1, 値2, ……);
```

BrowserWindowには、WebContentsオブジェクトが用意されています。ここにある「send」メソッドを実行することで、このBrowserWindowの処理が実行されているレンダラープロセスにメッセージを送信することができます。引数は第1にメッセージ、それ以降に送信したい値を必要なだけ用意します。

これで送信されたメッセージは、レンダラープロセス側でipcRenderer.onを使って受け取ります。この点は、先にevent.replyで返信されたメッセージの処理と同じです。replyで返信しようと、webContents.sendでメッセージ送信しようと、受け取る側はすべて「onで指定のメッセージの処理を用意する」だけです。受信の仕方に違いはありません。

「Hello」メニューでレンダラープロセスにメッセージを送る

では、これもやってみましょう。index.jsでは、createMenu関数でメニューを作成していました。let menu_temp = [……];というようにしてテンプレートのデータを変数menu_tempに作成し、それをもとにメニューバーを作っていましたね。

ここに、メッセージを送信する「Hello」という項目を追加することにしましょう。変数menu_tempへ代入するテンプレートで、次のメニュー項目のテンプレートデータを追加しておきましょう。

▼リスト4-18

```
{label: 'Hello', click: ()=>{
  const w = BrowserWindow.getFocusedWindow();
  w.webContents.send('hello', 'message from app.(' + ++counter + ' count)');
}},
```

これは、どこでもかまいません。サンプルでは「File」メニューにいくつかのメニュー項目を組み込んでいますから、そこに用意すればいいでしょう。

BrowserWindowにメッセージを送る

どのようにメッセージを送信しているのか見てみましょう。まず、開いているウインドウのBrowserWindowが必要です。

```
const w = BrowserWindow.getFocusedWindow();
```

BrowserWindowの「getFocusedWindow」メソッドを呼び出して、フォーカスのあるウインドウ（つまり、選択されているウインドウ）のBrowserWindowインスタンスを取得します。

あとは、このウインドウのwebContentsからsendを呼び出すだけです。

```
w.webContents.send('hello', 'message from app.(' + ++counter + ' count)');
```

'hello'というメッセージに、簡単なテキストを付けて送信しています。これでレンダラープロセス側では、'message from app.(' + ++counter + ' count)'というテキストが送られることになります。あとは、レンダラープロセス側にメッセージを受け止める処理を用意します。

index.htmlでhelloメッセージを受け取る

では、レンダラープロセスにメッセージ受信の処理を用意しましょう。index.htmlの<script>タグに以下の処理を追記してください。

▼リスト4-19

```
ipcRenderer.on('hello', (event, msg)=> {
  console.log('message hello from app. :' + msg);
  document.querySelector('#msg').textContent = msg;
});
```

実行したら、「Hello」メニューを選んでください。「message from app.(回数 count)」というようにメッセージが表示されます。

複数のウインドウを開いてそれぞれで「Hello」メニューを選ぶと、どのウインドウからでも回数が1ずつ増えていくのがわかります。カウントする数字は、すべてのウインドウで共通していることがわかります。

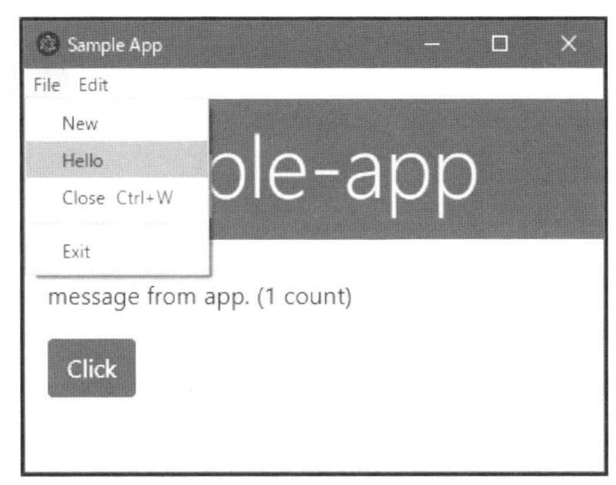

図4-12：「Hello」メニューを選ぶとメッセージが表示される。

ここでは、webContents.sendで送信されたhelloメッセージを受け取る処理をipcRenderer.onで用意しています。

第2引数の関数は、(event, msg)=> {……}というように2つの引数が用意されていますね。これで、webContents.sendから渡されたテキストがmsgに代入されます。あとは、これをid="msg"のコンテンツに表示するだけです。

メッセージを送信するメッソッドと、onによるメッセージ受信の仕組みがわかれば、プロセスの間でやり取りをするのはそう難しくないでしょう。

メインプロセスから全レンダラープロセスに送信する

メインプロセスからレンダラープロセスにメッセージを送るというとき、特定のウインドウに対してだけでなく、「すべてのウインドウにメッセージを送信して決まった処理を行わせる」ということもあります。こうした一斉送信についても試してみましょう。

index.jsのcreateMenuに、先ほど追記した「Hello」メニューのテンプレート部分を書き換えることにしましょう。

次のように変更してください。

▼リスト4-20

```
{label: 'Hello', click: ()=>{
  const ws = BrowserWindow.getAllWindows();
  let count = 1;
  let dx = 100;
  let dy = 100;
  for (let n in ws) {
    let w = ws[n];
    w.setPosition(dx, dy);
    w.webContents.send('hello', 'Window No, ' + count++);
    dx += 150;
    dy += 50;
  }
}},
```

図4-13：「Hello」メニューを選ぶと、すべてのウインドウがきれいに並べられる。

アプリを実行し、「Hello」メニューを選ぶと、すべてのウインドウが横150、縦50の間隔できれいに並べられます。また、各ウインドウには「Window No,1」というように通し番号が表示されます。

ここでは、最初にすべてのBrowserWindowをまとめて取り出しています。

```
const ws = BrowserWindow.getAllWindows();
```

そして繰り返しを使い、各ウインドウを操作してメッセージをsendしていきます。helloメッセージの受信処理は、先に作ったものがそのまま使われます。

```
for (let n in ws) {
  let w = ws[n];
  w.setPosition(dx, dy);
  w.webContents.send('hello', 'Window No, ' + count++);
  dx += 150;
  dy += 50;
}
```

setPositionでウインドウの位置を揃え、webContents.sendでhelloメッセージを送信していますね。あとは位置の値であるdx, dyを加算し、また繰り返すだけです。繰り返しを使えば、メインプロセスからすべてのレンダラープロセスにメッセージを送り、操作することも簡単に行えるのです。

invokeとhandle

メッセージの送受によるやり取りは、非常にシンプルです。メッセージを送ったらそれを受け取る。そこで送信元になにかの情報を渡したかったら、リプライしてまた送信元でメッセージを受け取る。送信と受信さえわかれば比較的簡単ですね。こうしたやり取りの中でもっともよく用いられるのは、「レンダラープロセスからメインプロセスに問い合わせを行い、結果を受け取る」というものです。この作業は、実はもっと簡単な形で実行できます。「invoke」を使うのです。

invokeは、レンダラープロセスからメインプロセスの処理を呼び出し、その結果を受取るメソッドです。次のような形で記述します。

▼レンダラープロセス側

```
ipcRenderer.invoke( チャンネル , 値1, 値2, …… ).then(( 引数 )=>{
  ……実行する処理……
});
```

第1引数には、チャンネルを指定します。sendのメッセージとほぼ同じ役割のものです。ここでチャンネルを指定し、メインプロセス側で指定のチャンネルの処理を用意することで、それが呼び出されるようになる、というわけです。

第2引数以降は、送信時に一緒に送る値を引数として用意します。

このinvokeは、さらにthenを呼び出し、そこで実行後の処理を用意します。このthenでは、メインプロセス側から結果が返されたら実行する処理を関数として用意します。引数には、メインプロセス側から送られてくる値を受け取るだけの変数が用意されます。

handleで処理を用意する

では、invokeで呼び出されるメインプロセス側の処理はどのように実装するのか見てみましょう。これは、「handle」というメソッドを使って用意します。

▼メインプロセス側

```
ipcMain.handle( チャンネル , (event, 値1, 値2, ……)=>{
  ……実行する処理……
});
```

メッセージを受け取るonに似ていますね。第1引数には、このハンドルのチャンネルを指定します。そして第2引数の関数には、eventオブジェクトと、invokeで渡される値を受け取る引数が用意されます。

こちら側の処理はonとほとんど変わらないので、すぐに理解できるでしょう。ただし注意したいのは、「関数の処理は、最後に値をreturnする」という点です。このreturnされる値が、invokeの第2引数に用意した関数の引数に渡されるようになっているのです。

開いているウインドウ以外をすべて閉じる

では、これも利用例を挙げておきましょう。ウインドウにあるボタンをクリックしたら、他のウインドウを閉じる、ということを行ってみます。

まず、ボタンクリックで実行されるdoit関数を修正します。index.htmlの<script>タグにあるdoit関数を、次のように変更してください。

▼リスト4-21

```
function doit() {
  let w = remote.getCurrentWindow();
  ipcRenderer.invoke('hello', w.id).then((result)=>{
    document.querySelector('#msg').textContent = result;
  })
}
```

remote.getCurrentWindowでこのウインドウを取得し、ipcRenderer.invoke('hello', w.id)というようにID番号を引数指定してhelloチャンネルをinvokeします。thenでは、引数の値をそのままメッセージとして表示させています。

見ればわかるように、実行後、メインプロセス側から返された処理もそのままthenに用意できるので、全体の流れがスッキリと1つにまとまります。

メッセージの送受信だと、sendとonをそれぞれ管理しないといけません。1つだけならまだしも、いくつものメッセージの送受信を行うようになると、管理も大変になります。invoke.thenなら送信と戻ってきたあとの処理がひとつながりになっていますから、ひと目でわかりますね。

メインプロセス側のhandleを用意する

では、レンダラープロセスから送信されたメインプロセス側の処理を作成しましょう。index.jsに、以下の処理を追記してください。

▼リスト4-22

```
ipcMain.handle('hello', (event, arg) => {
  let ws = BrowserWindow.getAllWindows();
  for(let n in ws) {
    let w = ws[n];
    if (w.id != arg) {
      w.close();
    }
  }
  return 'only open id= ' + arg;
})
```

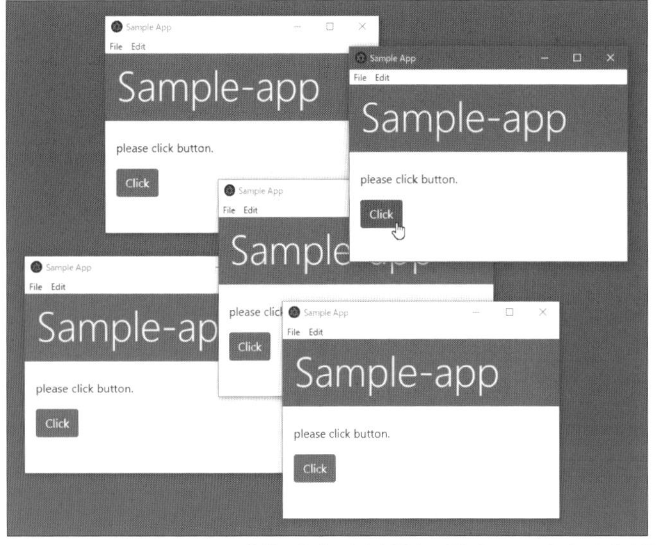

→

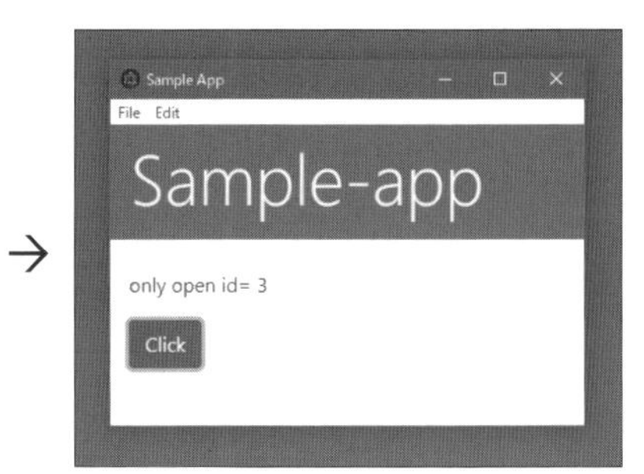

図4-14：複数のウインドウを開き、どれか1つのウインドウを選んでボタンをクリックすると、それ以外のウインドウがすべて閉じられる。

「New」メニューでいくつかのウインドウを開き、どれか適当なウインドウのボタンをクリックしてみましょう。そのウインドウ以外がすべて閉じられます。

ここでは、次のような形でhandleを作成していますね。

```
ipcMain.handle('hello', (event, arg) => {……});
```

このargには、ipcRenderer.invokeで渡されたウインドウのIDが代入されています。getAllWindowsで全ウインドウを取り出し、繰り返しを使ってウインドウのidがargに等しいかどうかをチェックしながらウインドウを閉じていきます。ウインドウを閉じる操作は、BrowserWindowの「close」メソッドで行えます。

すべて閉じ終えたら、最後にreturn 'only open id= ' + arg;でメッセージを返信します。これが、レンダラープロセス側のdoit関数に用意したthen((result)=>{……});部分のresult引数に渡されるのです。thenでは、このresultで受け取った値を使って終了後の処理を行えばいいわけです。

メインプロセスのipcMain.handleは、ipcMain.onとほとんど書き方も変わりありません。最小限の書き換えで、どちらにも対応できるようになっていることがわかりますね。

Chapter 4

4.4. ダイアログとアラート

メインプロセスとダイアログ

remoteとプロセス間通信により、レンダラープロセスからメインプロセスの機能を利用できるようになりました。これにより、メインプロセスでなければ使えなかった機能がいろいろと利用可能になります。

それらの中で、基本的なGUIとしてすぐにでも使えるようになっておきたいものをここで覚えておくことにしましょう。それは、「ダイアログ」です。

ダイアログは、dialogというオブジェクトとして用意されています。このオブジェクトはメインスレッド専用であるため、レンダラープロセスから直接使うことはできませんでした。しかし、今やremoteやプロセス間通信でレンダラープロセスから自由にdialogを使うことができるはずです。

preload.jsの修正

dialogをレンダラープロセスから利用できるようにするため、preload.jsを修正することにしましょう。次のように内容を書き換えてください。

▼リスト4-23

```
const { remote } = require('electron');
const { dialog } = remote;
const { ipcRenderer } = require('electron');

window.remote = remote;
window.dialog = dialog;
window.ipcRenderer = ipcRenderer;
```

ここでは、const { dialog } = remote;というようにしてdialogをロードしています。dialogはメインプロセス用のオブジェクトですから、remoteからこのように取り出すことができます。

showMessageBoxによるアラート

では、ダイアログを利用しましょう。まずは、もっともシンプルな「アラート」の表示からです。これは、「showMessageBox」というメソッドを利用します。

```
dialog.showMessageBox(《BrowserWindow》, オプション );
```

第1引数には、アラートが表示されるBrowserWindowを指定します。アラートやダイアログというのは、基本的に親となるウインドウがあって、そこに所属する形で表示されます。そして、表示されている間は親ウインドウの操作は禁じられ、ウインドウをクリックしても選択できません。アラートを閉じると、再び親ウインドウは操作できるようになります。

つまり、「どのウインドウを親として表示するか」を決めて表示する必要があるのです。それを指定するのが第1引数です。この引数は省略することもできます。その場合、どのウインドウにも属さないため、どのウインドウも選択して操作できるようになります。要するに、「アラートという新しいウインドウが開かれた」といった感じになるわけですね。

オプションについて

問題は、第2引数のオプションです。これは、アラート表示に必要な設定情報をオブジェクトにまとめたものを用意します。アラートを表示するだけなら、とりあえず以下の3つだけ用意すればいいでしょう。

title	タイトル
message	アラートに表示するメッセージ
detail	詳細情報

これらをまとめたオプションを用意して実行すれば、アラートを表示することができます。では、やってみましょう。

アラートを表示する

ここでも、index.jsに配置したボタンをクリックすると実行されるdoit関数を書き換えて使うことにしましょう。次のように変更してください。

▼リスト4-24

```
function doit() {
  let w = remote.getCurrentWindow();
  let re = dialog.showMessageBox(w, {
    title:'Message',
    message:'これがメッセージボックスの表示です。',
    detail: 'OKすると閉じます。'
  });
  console.log(re);
}
```

図4-15：ボタンをクリックすると、アラートが表示される。

ボタンをクリックすると、画面にアラートウインドウが現れます。タイトル、メッセージ、詳細情報がそれぞれどのように表示されるか確認しましょう。アラートは、デフォルトで「OK」ボタンが1つ表示されます。これをクリックすれば、アラートは消えます。

ここでは、dialog.showMessageBoxでアラートを表示しています。親ウインドウには、remote.getCurrentWindowで得られたオブジェクトを指定しています。オプションには、title、message、detailの値が用意されています。それほど難しいものではないので、オプションの値をいろいろ書き換えるなどして表示を確かめてみましょう。

ボタンを表示する

ただメッセージを表示するだけならばアラートで十分ですが、ユーザーから何らかの入力が必要な場合もあります。こうした場合にもっともよく用いられるのは「ボタン」でしょう。いくつかのボタンを表示し、選んだボタンによって実行する処理を変更する、といった使い方がされます。ダイアログなどでよく表示される「OK」「キャンセル」のボタンも、簡単ですがユーザーからの入力を求めるものといえます。

このボタンは、「buttons」というオプション設定として用意します。配列を使い、次のように値を指定します。

```
buttons: [ ボタン1, ボタン2, ……]
```

配列は、ボタンとして表示するテキストを値に用意します。例えば、['OK', 'Cancel']とすれば、「OK」と「キャンセル」のボタンが表示される、というわけです。ただし、ボタンの表示の仕方にはちょっとした癖があるので注意が必要です。

ボタンとリンクを表示する

「癖」とは、どういうことか？　それは、実際に見てみたほうが早いでしょう。index.htmlのdoit関数を、次のように書き換えてみてください。

▼リスト4-25

```
function doit() {
  let btns = ['OK','Cancel','わかりました。','よくわかんない……'];
  let w = remote.getCurrentWindow();
  let re = dialog.showMessageBoxSync(w, {
    title:'Message',
    message:'これがメッセージボックスの表示です。',
    detail: 'OKすると閉じます。',
    buttons:btns
  });
  alert('あなたは、「' + btns[re] + '」を選びました。');
}
```

これを実行してボタンをクリックすると、ダイアログウインドウに「OK」「キャンセル」といったボタンが表示されます。そして、メッセージの下のあたりに「わかりました。」「よくわかんない……」というリンクが表示されます。

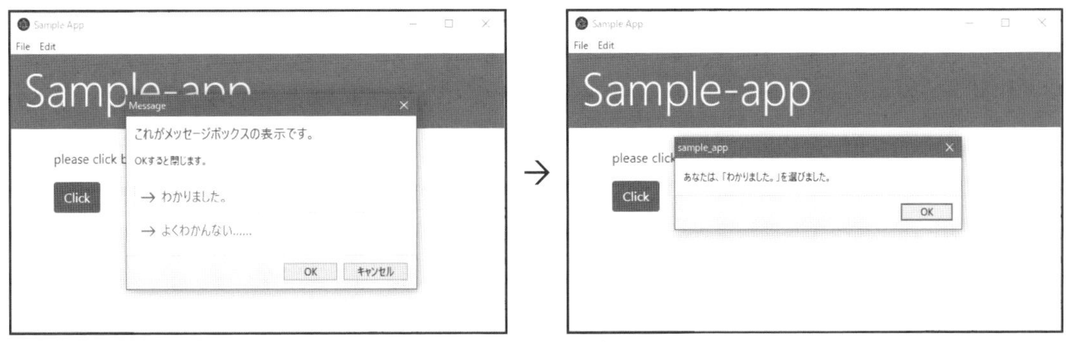

図4-16：実行すると、2つのリンクと2つのプッシュボタンが表示される。

実はこれ、すべて同じ「ボタン」として作成されたものなのです。ここでは、buttonsオプションの値として次のような配列が用意されています。

```
let btns = ['OK','Cancel','わかりました。','よくわかんない……'];
```

これを、オプション設定としてbuttons:btnsと指定すると、図4-16のようなダイアログが現れるのですね。

ボタンとリンク

ここでは、'OK'と'キャンセル'がボタンとしてダイアログ下部に表示され、その他の2つはリンクとしてダイアログ内に表示されています。

Electronでは、buttonsの配列に用意された値のうち、'OK'、'Cancel'、'Yes'、'No'といったダイアログで標準的に用いられる値を指定するとボタンとして表示され、それ以外のものはリンクとして表示されるようになっているのです。

このリンクは「コマンドリンク」と呼ばれるもので、ボタンと同様にクリックするとダイアログを閉じます。働きとしては同じなのですが、外観が違うのですね。

同期と非同期

実は、先ほどのサンプルにはもう1点、重要な変更がされていたのですが気づいたでしょうか？　呼び出すメソッドが「showMessageBox」から「showMessageBoxSync」に変更されているのです。

showMessageBoxメソッドはアラートやダイアログを表示するメソッドですが、実は、これは非同期で実行されます。つまり実行すると、まだアラートやダイアログが画面に表示されていても、そのまま次に進んでしまうのです。ということは、当然ですがクリックしたボタンの情報などを戻り値として受け取ることができません。

そこで、ここではshowMessageBoxの同期処理版である「showMessageBoxSync」というメソッドを使いました。これはメソッド名にSyncが付いているだけで、引数などはまったく同じです。そして同期版であるため、選んだボタンの情報を戻り値として得ることができます。

ここでは、次のようにしてダイアログの表示と結果の利用を行っています。

```
let re = dialog.showMessageBoxSync(w, {……});
alert('あなたは、「' + btns[re] + '」を選びました。');
```

showMessageBoxSyncの戻り値は、選択したボタンのインデックス番号です。ボタンは、buttonsにテキスト配列として渡されていました。

戻り値は、選択したボタンの配列のインデックス番号になるのです。この戻り値を使い、配列からテキストを取り出せば、選択したボタンのテキストが得られます。

showMessageBoxの非同期処理

では、非同期で実行されるshowMessageBoxの場合は、戻り値が得られないから選択したボタンの情報は受け取れないのか？

もちろん、そんなことはありません。この場合は、JavaScriptの非同期処理で使われる「then」が役に立ちます。

```
dialog.showMessageBox(……).then((event)=>{……処理……});
```

このように、thenメソッドの引数に関数を用意することで、ダイアログを閉じたらこの処理が実行されるようになります。選択されたボタンのインデックス番号は、引数のeventに用意される「response」プロパティに渡されます。

では、先ほどのshowMessageBoxSyncを使ったサンプルを、showMessageBoxに書き換えてみましょう。

▼リスト4-26

```
function doit() {
  let btns = ['OK','Cancel','わかりました。','よくわかんない……'];
  let w = remote.getCurrentWindow();
  dialog.showMessageBox(w, {
    title:'Message',
    message:'これがメッセージボックスの表示です。',
    detail: 'OKすると閉じます。',
    buttons:btns
  }).then((event)=>{
    alert('あなたは、「' + btns[event.response] + '」を選びました。');
  });
}
```

こうなりました。showMessageBoxのあとにthenを呼び出し、そこでbtns[event.response]というようにして選択したボタンのテキストを取り出しています。選択ボタンの情報がevent.responseで得られるということさえわかれば、利用はそれほど難しくはないでしょう。

C O L U M N

Promise と then

ここでまた then というメソッドが登場しました。これ、実はすでに2章で登場しています。app.whenReady のところです（P.042）。

```
app.whenReady().then(createWindow);
```

JavaScript の非同期処理では、非同期の処理を示すオブジェクト「Promise」というものが使われます。多くの非同期処理では「非同期の処理が完了したあとどうする？」というとき、この Promise オブジェクトを返すようにしているのです。そして、この Promise の中にあるのが「then」メソッドで、非同期処理が完了したあと、この then で設定した関数が実行されるようになっています。

「非同期処理は Promise を返す。そしてその then で、完了後実行する関数を設定する」

これが、JavaScript の非同期処理の基本的な考え方です。この先も、then というメソッドは何度も登場します。これが出てきたら、「あっ、これは非同期メソッドで、Promise ってオブジェクトを返すやつだな。そして、Promise にある then で完了した後の処理を設定しているんだな」ということがパッと思い浮かぶように、今から慣れておきましょう。

チェックボックスとアイコン

showMessageBoxによるダイアログには、チェックボックスを追加することができます。以下のオプションを使って設定します。

checkboxLabel	チェックボックスのラベル

値には、チェックボックスにラベルとして表示するテキストを指定します。これにより、ウインドウの左下に指定のチェックボックスが表示されるようになります。また、「アイコンの表示」もshowMessageBoxで指定できます。これは、「type」という属性として用意をします。

type	アイコン

値には、表示するアイコンの種類をテキストで指定します。利用可能なアイコンとしては、以下のものがあります。

'info'	情報の表示
'error'	エラーの表示
'question'	質問の表示
'warning'	警告の表示
'none'	アイコンを表示しない（デフォルト値）

ただし、これらはすべてのプラットフォームで使えるわけではありません。WindowsでもmacOSでも表示されるのは'info'のみと考えていいでしょう。その他のものはプラットフォームやiconオプションでアイコンイメージの設定などを行わないと、うまく表示できません。

チェックに応じて結果表示を変える

利用例を挙げておきましょう。doit関数を、次のように書き換えてください。

▼リスト4-27

```
function doit() {
  let btns = ['OK','Cancel'];
  let w = remote.getCurrentWindow();
  dialog.showMessageBox(w, {
    type:'info',
    title:'Message',
    message:'これがメッセージボックスの表示です。',
    detail: 'OKすると閉じます。',
    buttons:btns,
    checkboxLabel:'チェック！'
  }).then((event)=>{
    let msg = 'あなたは、「' + btns[event.response] + '」を選びました。';
    if (event.checkboxChecked){
      alert(msg);
    } else {
      document.querySelector('#msg').textContent = msg;
    }
  });
}
```

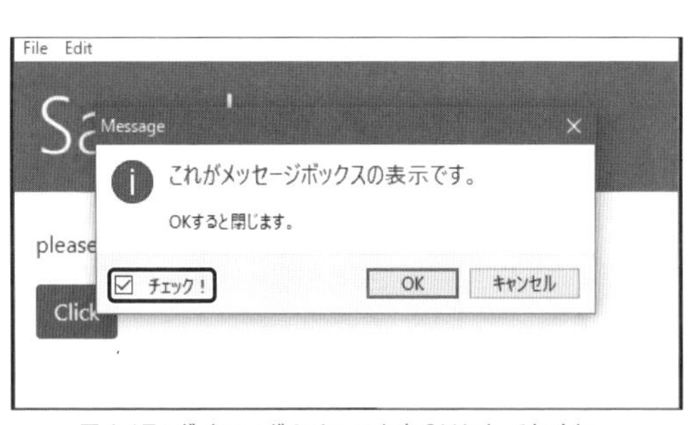

図4-17：ダイアログのチェックをONにしておくと、
結果をアラート表示する。OFFだと、メッセージとして表示する。

ボタンをクリックしてダイアログを呼び出すと、「チェック！」というチェックボックスが追加表示されます。チェックボックスをONにして「OK」または「キャンセル」ボタンをクリックすると、結果がアラートとして表示されます。OFFにしてボタンを選ぶと、結果がウインドウ内にメッセージとして表示されます。

ここではthenの引数の関数内で、次のようにチェックボックスの状態を調べています。

```
if (event.checkboxChecked){……
```

eventのcheckboxCheckedがtrueであれば、チェックボックスはONだったと判断できます。この値に応じて処理を分岐するようにしておけばいいのです。

エラー表示用アラート

アラートの表示には、この他にもいくつかのメソッドが用意されています。中でも覚えておくと便利なのが、「エラー表示」のアラートです。非常に簡単に使えます。

```
dialog.showErrorBox( タイトル , メッセージ );
dialog.showErrorBoxSync( タイトル , メッセージ );
```

同期・非同期の両メソッドが用意されていますが使い方は同じで、タイトルと表示メッセージを引数に指定するだけです。これはただエラーメッセージを表示するだけのものなので、戻り値などのことを考える必要もありません。これも利用例を挙げておきましょう。

▼リスト4-28

```
function doit() {
  let btns = ['正常です','問題があります'];
  let w = remote.getCurrentWindow();
  dialog.showMessageBox(w, {
    type:'info',
    title: 'Message',
    message: 'アプリケーションの動作に問題はないですか。',
    buttons:btns
  }).then((event)=> {
    if (event.response == 1) {
      dialog.showErrorBox('Caution!',
        '何か問題が発生しています。');
    } else {
      alert('了解しました。');
    }
  });
}
```

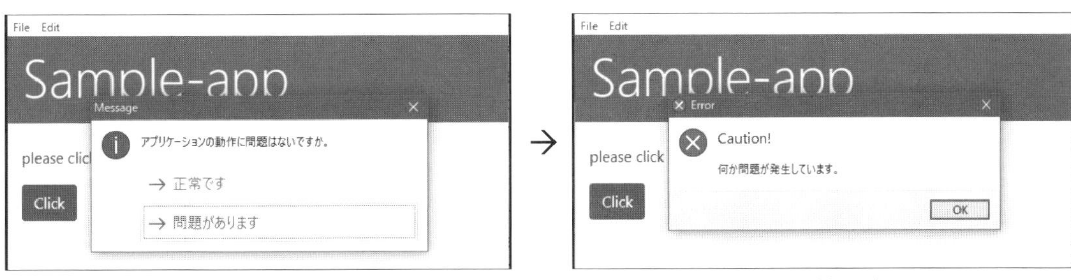

図4-18：ダイアログで「問題があります」リンクをクリックすると、エラーのアラートが表示される。

ボタンをクリックすると、画面にダイアログが現れます。「正常です」のリンクをクリックすると、そのままアラートが表示されて終わりです。「問題があります」をクリックすると、エラーのアラートが表示されます。

showErrorBoxは親ウインドウの指定や細かなオプションなどもなく、戻り値もないため、扱いが非常に簡単です。アプリケーションで何かトラブルが発生したときのメッセージ表示用に覚えておきましょう。

Chapter 5

さまざまなデータアクセス

アプリケーションではデータの扱いが非常に重要です。
ここでは「テキストファイル」「ネットワークアクセス」「データベース」の3つについて、
データ利用の基本を説明しましょう。

Chapter
5

5.1.
テキストファイルの利用

データとファイルアクセス

アプリケーションの作成においては、Webページの表示やアラート、ダイアログといったUIの作成も重要です。しかし、それ以外にも覚えておかなければならない機能はたくさんあります。中でも、およそあらゆるアプリケーションで必ず必要となってくるのが、「データの処理」についてでしょう。
アプリケーションではさまざまなデータを扱います。それらはどこからか取得しなければいけませんし、処理したデータは何らかの形で他で利用できるようにする必要があります。こうしたデータの利用について考えていくことにしましょう。

テキストファイルはデータの基本

まず最初に覚えておくべきは、「テキストファイル」の利用についてです。データのやり取りをする場合、ファイルの利用はもっともその基本となるものです。その中でも、テキストファイルは一番汎用性が高いでしょう。
テキストファイルのアクセスに関する機能は、実はElectronには用意されていません。ではどうするのかというと、Electronのベースとして使っているNode.jsの機能を利用するのです。Electronでは、Node.jsの機能を一通り利用できますから、それらを使えば、たいていのデータアクセスは行えるようになります。

メインプロセスを整理する

では、具体的な説明に入る前に、作成しているアプリケーションの内容を整理しておくことにしましょう。前章ではプロセス関係の処理をいろいろと書き加えましたから、それら不要なものを取り除いておく必要もあります。
まずは、メインプロセスの処理からです。index.jsの内容を、次のように記述しておきます（createMenu関数は特に変更しないので省略しました）。

▼リスト5-1

```
const { app, Menu, BrowserWindow } = require('electron');
const { ipcMain } = require('electron');
```

```
const path = require('path');

function createWindow () {
  win = new BrowserWindow({
    width: 600,
    height: 400,
    webPreferences: {
      enableRemoteModule: true,
      preload: path.join(app.getAppPath(), 'preload.js')
    }
  });
  win.loadFile('index.html');
  win.webContents.openDevTools();
  return win.id;
}

function createMenu() {……略……}

createMenu();
app.whenReady().then(createWindow);
```

BrowserWindowを作成してindex.htmlをロードし表示する、もっともシンプルな処理だけにしてあります。すでに何度も書いた内容ですね。

また、Nodeインテグレーションは使わず、プレロードでpreload.jsを読み込み利用するようにしてあります。

プレロードを整理する

続いて、プレロードのスクリプトです。preload.jsの内容を、次のように書き換えてください。

▼リスト5-2

```
const { remote } = require('electron');
const { dialog } = remote;
const { ipcRenderer } = require('electron');
const fs = require('fs');

window.remote = remote;
window.dialog = dialog;
window.ipcRenderer = ipcRenderer;
window.fs = fs;
```

ここでは新たに、const fs = require('fs');というものが追加されていますね。これが、今回のテキストファイル利用で必要となるモジュールです。

「fs」モジュールは、Node.jsに用意されているファイルシステムのモジュールです。ファイルの読み書きやファイル・フォルダの作成・コピー・削除といった操作など、ファイルに関する機能全般が揃っています。ファイルを利用するには、このfsモジュールを使えるようにしておく必要があります。

Webコンテンツを整理する

残るは、ウインドウに表示するWebコンテンツですね。index.htmlを開き、その内容を次のように書き換えましょう。

▼リスト5-3

```
<!DOCTYPE html>
<html lang="ja">
<head>
  <meta charset="UTF-8">
  <meta name="viewport"
    content="width=device-width, initial-scale=1.0">
  <link rel="stylesheet" href="https://stackpath.bootstrapcdn.com/bootstrap/⏎
    4.5.0/css/bootstrap.min.css">
  <script src="https://code.jquery.com/jquery-3.5.1.slim.min.js"></script>
  <script src="https://cdn.jsdelivr.net/npm/popper.js@1.16.0/dist/umd/⏎
    popper.min.js"></script>
  <script src="https://stackpath.bootstrapcdn.com/bootstrap/4.5.0/js/⏎
    bootstrap.min.js"></script>
  <title>Sample App</title>
</head>

<body>
  <nav class="navbar bg-primary mb-4">
    <h1 class="display-4 text-light">Sample-app</h1>
  </nav>
  <div class="container">
    <p id="msg">please click button.</p>
    <p>
      <textarea class="form-control" id="ta"></textarea>
    </p>
    <button class="btn btn-primary"onclick="doit()">
      Click
    </button>
  </div>
  <script>
  function doit() {
    // TODO
  }
  </script>
</body>
</html>
```

今回は、<textarea>を用意してあります。これを使ってテキストの読み書きを行うことにします。また、ボタンにはdoit関数を実行するように設定してあり、このdoit関数を書き換えることで、さまざまなファイルの処理を実行していきます。

これで、アプリケーションの基本部分は整理できました。これらをベースに、テキストファイル操作の処理を作成していきましょう。

fs.readFileSyncについて

まずは、テキストファイルの読み込みから行ってみましょう。テキストファイルの読み込みは、fsの「readFileSync」というメソッドを使います。

```
変数 = fs.readFileSync( ファイルパス );
```

引数には、読み込むファイルのパスをテキストで指定します。アプリケーションのフォルダ内にあるファイルは、ファイル名だけで読み込むことができます。

これで得られるのは、実はファイルのテキストではありません。「Buffer」というオブジェクトが返されるのです。これは、読み込んだデータをバッファリングし管理するためのものです。ここから「toString」を使って、読み込んだテキストを取り出すことができます。

```
変数 =《Buffer》.toString();
```

これで、読み込んだテキストが得られます。あとは、それをWebコンテンツ内に表示するなど利用すればいいでしょう。

sample.txtを用意する

サンプルとして、簡単なファイルを用意しておきましょう。

アプリケーションのフォルダ（「sample_app」フォルダ）の中に、「sample.txt」という名前でファイルを作成してください。そして、ここに適当にテキストを記述し保存しておきましょう。内容はどんなものでもかまいません。

図5-1：sample.txtファイルを作成し、テキストを記入しておく。

ボタンクリックでsample.txtを読み込む

では、ボタンをクリックしてsample.txtを読み込んで表示するという処理を作成しましょう。index.htmlのdoit関数を、次のように書き換えてください。

▼リスト5-4

```
function doit() {
  let fname = 'sample.txt'
  re = fs.readFileSync(fname).toString();
  document.querySelector('#ta').value = re;
  alert('テキストを読み込みました。');
}
```

→

図5-2：ボタンをクリックするとsample.txtを読み込み、テキストエリアに表示する。

ボタンをクリックすると、アプリケーションフォルダ内にあるsample.txtを読み込んで、その内容をテキストエリアに表示します。作成してあるsample.txtの内容を読み込めたでしょうか？　うまくいかない場合は、ファイル名と配置場所をよく確認してください。

ここでは、次のようにしてテキストファイルからテキストを読み込んでいます。

```
re = fs.readFileSync(fname).toString();
```

readFileSyncで読み込んでBufferを取得し、そこからtoStringでテキストを取り出しています。たったこれだけで、テキストファイルの読み込みが行えてしまいました。

非同期で読み込む

一応、これでテキストファイルからの読み込みはできました。ここで使った「readFileSync」は、テキストファイルを同期処理で読み込むメソッドです。これは完全に読み込み終わってから次に進むので、ファイルが大きくなると読み込んでいる間、アプリケーションがしばらく反応しなくなったりします。

readFileSyncと同じ働きをする非同期のメソッドというのも用意されています。「readFile」というもので、次のように利用します。

```
fs.readFile( ファイルパス , (err, result)=>{ 事後処理 });
```

第1引数にファイルパスを指定するのは同じですが、第2引数には読み込み完了後の処理を関数として用意しています。これには引数が2つあり、第1引数には発生したエラー情報のオブジェクトが用意されます。エラーがない場合はnullになります。

第2引数には、読み込んだBufferオブジェクトが渡されます。ここから読み込んだテキストを取り出して利用します。

非同期でテキストファイルを読み込む

先ほどの例を修正して、非同期で読み込むようにしてみましょう。doit関数を、次のように書き換えてみてください。

▼リスト5-5

```
function doit() {
  let fname = 'sample.txt';
  re = fs.readFile(fname, (err, result)=> {
    if (err == null) {
      let data = result.toString();
      document.querySelector('#ta').value = data;
      alert('テキストを読み込みました。');
    } else {
      dialog.showErrorBox(err.code + err.errno, err.message);
    }
  });
}
```

実行すると、ちゃんとテキストファイルを読み込んで、その内容を表示します。この例では、うまく読み込めなかった場合のエラー処理も用意してあります。試しに、最初にある変数fnameのファイル名を他のものに変えて試してみましょう。すると、エラーのアラートが表示されるのがわかるでしょう。

図5-3：ファイル名を変更すると、このようなエラーが表示される。

非同期処理の流れ

処理の流れを見ていきましょう。ここでは、ファイル名を変数fnameに用意したあと、次のようにして非同期の読み込みを行っています。

```
re = fs.readFile(fname, (err, result)=> {……});
```

問題は、この引数に用意した関数内でどのような処理をしているか、ということでしょう。最初に、引数errがnullかどうかをチェックし、nullの場合に読み込んだテキストを取り出して、id="msg"のテキストエリアに表示をしています。

```
if (err == null) {
  let data = result.toString();
  document.querySelector('#ta').value = data;
  alert('テキストを読み込みました。');
}
```

問題なくファイルを読み込めたなら、errの値はnullになります。これをチェックし、result.toStringで読み込んだテキストを取り出して処理をすればいいわけですね。

そして、もしerrの値がnullでないならば何らかの問題が発生したと判断し、エラーのアラートを表示しています。

```
else {
  dialog.showErrorBox(err.code + err.errno, err.message);
}
```

errには、発生したエラーに関する情報がいろいろと詰まっています。ここでは、その中から以下のプロパティの値を取り出して利用しています。

code	エラーのコード(種類)
errno	エラーのコード番号
message	エラーメッセージ

とりあえず、これらのプロパティだけでも覚えておけば、エラー時の情報表示は行えるようになるでしょう。

オープンファイルダイアログ

一応、これでテキストファイルからの読み込みはできましたが、アプリケーションフォルダにあるファイルを直接ファイル名指定で読み込むというのでは汎用性がありません。一般のアプリケーションではこういうとき、ファイルを選択するオープンファイルダイアログを呼び出して処理します。

これは、Electronでも利用できます。先にアラートの表示を行うのに使った「dialog」に、ファイルダイアログを呼び出すメソッドも用意されていたのです。

```
変数 = dialog.showOpenDialogSync(《BrowserWindow》, オプション );
```

第1引数には、ダイアログが属する親ウインドウを指定します。

第2引数には、開くダイアログのオプション設定を用意します。これは、次の2つがわかっていればいいでしょう。

●properties: [種類]
'openFile'と指定すると、ファイルを開く。'openDirectory'だと、フォルダを開く。これは、配列の形で値を用意する。

●filters: [フィルター]
開くファイルの種類を絞り込むための設定。開く拡張子の種類を配列にまとめたものを用意する。次のような形で定義する。

```
{ name: 名前 , extensions:[ 表示する拡張子の配列 ] }
```

filtersによるフィルターの設定が少しわかりにくいかもしれませんが、後ほど実際の例を見れば理解できるでしょう。propertiesは、ファイルを選択するなら['openFile']、フォルダを開くなら['openDirectory']とすればOKです。

これでファイルが選択されたなら、その戻り値は選択したファイルパスの配列になります(ファイルは複数選択される場合もあるので、戻り値は配列になります)。キャンセルするなどしてファイルが選択されなかった場合は、戻り値はundefinedとなります。したがって、戻り値がundefinedかどうかチェックして処理すればいいでしょう。

オープンファイルダイアログでファイルを開く

では、実際にオープンファイルダイアログを利用してみましょう。doit関数を、次のように修正してください。

▼リスト5-6

```
function doit() {
  let w = remote.getCurrentWindow();
  let result = dialog.showOpenDialogSync(w, {
    properties: ['openFile'],
    filters: [
      { name: 'Text Files', extensions: ['txt'] },
      { name: 'All Files', extensions: ['*'] }
    ]
  });
  if (result != undefined) {
    var re = '';
    let pth = result[0];
    re = fs.readFileSync(pth).toString();
  } else {
    re = 'canceled';
  }
  document.querySelector('#ta').value = re;
}
```

↓

図5-4：ボタンをクリックすると、オープンファイルダイアログが現れる。
ここでテキストファイルを選ぶと、その内容を読み込んで表示する。

ボタンをクリックすると、画面にオープンファイルダイアログが開かれます。このダイアログでは、デフォルトでは.txt拡張子のファイルだけが選択できるようになっています。ファイルを選択すると、そのファイルを読み込んでテキストエリアに表示します。キャンセルした場合は、「canceled」と表示されます。

showOpenDialogSyncを確認する

では、showOpenDialogSyncでオープンファイルダイアログを呼び出し、ファイルを選択している部分がどうなっているか見てみましょう。

```
let result = dialog.showOpenDialogSync(w, {
  properties: ['openFile'],
  filters: [
    { name: 'Text Files', extensions: ['txt'] },
    { name: 'All Files', extensions: ['*'] }
  ]
  });
```

ここで注目してほしいのは、filtersの値です。配列に、{ name: 'Text Files', extensions: ['txt'] }と{ name: 'All Files', extensions: ['*'] }が用意されています。

１つ目は、拡張子が.txtのファイルだけを表示するもので、２つ目は、すべてのファイルを表示するものです。こんな具合に、ファイルの拡張子を指定して表示するファイルの種類を絞り込むようになっているのです。

これで、読み込んだファイルパスの配列がresultに返されます。あとは、その最初のパスを使ってfs.readFileSyncでファイルを読み込み、テキストを表示するだけです。

非同期のオープンファイルダイアログ

ファイルダイアログを呼び出すメソッドも、同期版と非同期版が用意されています。今のshowOpenDialogSyncは、同期処理でファイルダイアログを呼び出すものでした。同期処理なので、選択したファイルパスはそのまま戻り値として受け取ることができました。

では、非同期版はどうなっているのでしょうか？　これは、「showOpenDialog」というメソッドとして用意されています。

```
dialog.showOpenDialog(……).then((result)=>{ 事後処理 });
```

showOpenDialogの引数は、先ほどのshowOpenDialogSyncと同じです。非同期なので、戻り値は利用しません。そのあとにthenを呼び出し、そこに用意した関数で処理を行います。この関数の引数に用意されるオブジェクトには、次のようなプロパティが用意されます。

canceled	キャンセルしたかどうかを示す真偽値
filePaths	選択したファイルのパスをまとめた配列

これらの値を利用してキャンセル時の処理や、選択したファイルの処理を行っていきます。

C O L U M N

showOpenDialogの戻り値は、Promise

showOpenDialogは、thenで実行後の処理を行います。これを見て、「showOpenDialogは値を返さないのか」と思ったかもしれませんが、実は違います。

showOpenDialogも値を返します。ただし、その値は「Promise」です。JavaScriptで非同期処理を行う際に、必ずといっていいほど登場するものですね。これは、「非同期処理が完了したら実行を予約するオブジェクト」です。

Promiseはすでに４章で登場していますが､覚えていますか？ メインプロセスのapp.whenReadyです。このメソッドは、こんな具合に実行していましたね。

```
app.whenReady().then(createWindow);
```

whenReadyで返されるPromiseからthenを呼び出して、完了後の処理を実行していたのですね。

非同期でファイルダイアログを使う

では、非同期版のファイルダイアログ処理も例を挙げておきましょう。doit関数を、次のように書き換えます。

▼リスト5-7

```
function doit() {
  let w = remote.getCurrentWindow();
  dialog.showOpenDialog(w, {
    properties: ['openFile'],
    filters: [
      { name: 'Text Files', extensions: ['txt'] },
      { name: 'All Files', extensions: ['*'] }
    ]
  }).then((result) => {
    if (!result.canceled) {
      var re = '';
      let pth = result.filePaths[0];
      re = fs.readFileSync(pth).toString();
    } else {
      re = 'canceled';
    }
    document.querySelector('#ta').value = re;
  }).catch(err => {
    dialog.showErrorBox(err.code + err.errno, err.message);
  });
}
```

これで先ほどとまったく同じように、オープンファイルダイアログを使ってテキストファイルを読み込むことができます。

ここでのファイルダイアログの処理は、次のような形になっています。

```
dialog.showOpenDialog(…… }).then((result) => {……});
```

showOpenDialogのあとでthenを使い、開いたあとの処理を実行します。この引数の関数では、次のようにしてキャンセルのチェックを行っています。

```
if (!result.canceled) {
  ……通常の処理……
} else {
  ……キャンセルの処理……
}
```

result.canceledは、キャンセルしたかどうかを示す真偽値のプロパティです。これがtrueならばキャンセルされています。falseならばキャンセルされずにファイルが選択された、というわけです。

テキストファイルの保存

続いて、テキストファイルへの保存です。これも、同期版と非同期版が用意されています。まずは、同期版である「writeFileSync」から説明しましょう。

```
fs.writeFileSync( ファイルパス , 保存するテキスト );
```

第1引数に、保存するファイルのパスをテキストで指定します。そして第2引数に、保存するテキストを用意します。これで、指定のファイルにテキストが書き出されます。ファイルがない場合は新たにファイルを作成して保存します。すでにファイルがある場合は上書きします。

writeFileSyncで保存をする

実際に、writeFileSyncでファイルに保存をしましょう。doit関数を、次のように変更します。

▼リスト5-8

```
function doit() {
  let data = document.querySelector('#ta').value;
  fs.writeFileSync('saved.txt', data);
  alert('保存しました。');
}
```

図5-5：ボタンをクリックすると、テキストエリアのテキストを「saved.txt」というファイルに保存する。

テキストエリアにテキストを記入しボタンをクリックすると、アプリケーションフォルダ内に「saved.txt」という名前でファイルに保存をします。実行後、ファイルが作成されているか確認しましょう。

図5-6：作成されたsaved.txtを開くと、テキストエリアに書かれていたテキストが保存されている。

非同期で保存する

このwriteFileSyncも、非同期版のメソッドが用意されています。「writeFile」というもので、次のように記述します。

```
fs.writeFile( ファイルパス , 保存するテキスト , (err)=> { 事後処理 } );
```

writeFileSyncと同様にファイルパスと保存するデータを引数に指定し、さらにそのあとに保存後の処理を行う関数を用意します。

この関数では、発生したエラー情報のオブジェクトが引数に渡されます。エラーがなければ、これはnullになります。

writeFileでテキストを保存する

writeFileを使った保存の例を挙げておきましょう。doit関数を、次のように書き換えてください。

▼リスト5-9

```
function doit() {
  let data = document.querySelector('#ta').value;
  fs.writeFile('saved.txt', data, (err)=>{
    if (err == null) {
      alert('保存しました。');
    } else {
      dialog.showErrorBox(err.code + err.errno, err.message);
    }
  });
}
```

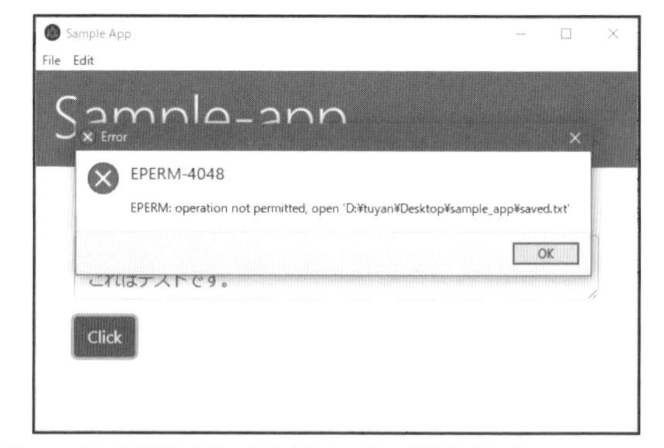

図5-7：ボタンをクリックすると、テキストエリアのテキストをsaved.txtに保存する。失敗するとエラーが表示される。
左：正常に保存した場合／右：問題が発生した場合

テキストエリアにテキストを記入してボタンをクリックすると、saved.txtにテキストが保存されます。保存に失敗した場合は、エラーのアラートが表示されます。

ここでは、次のような形で保存を行っていますね。

```
fs.writeFile('saved.txt', data, (err)=>{……});
```

第3引数の関数では、引数errがnullかどうかを確認しています。nullならば終了のアラートを表示し、そうでないならばerrから必要な情報を取り出してエラー表示を行っています。

すでに読み込みで非同期処理を行っていますから、書き出しの非同期処理もそう難しくはないでしょう。単に「非同期の処理が終わったあとの処理」を行う関数を追加するだけ、と考えればいいのですから。

ファイルを保存するダイアログ

ファイルの保存も、やはりファイルダイアログを使って行えたほうが遥かに便利でしょう。これも同期版と非同期版があります。まずは、同期版からです。

これは「showSaveDialog」というメソッドで、次のように記述をします。

```
変数 = dialog.showSaveDialog(《BrowserWindow》, オプション );
```

第2引数のオプションには、先ほどshowOpenDialogで利用したような項目が用意されます。戻り値は、入力したファイルのパスがテキストで返されます。

showSaveDialogを利用する

利用例を挙げておきましょう。doit関数を、次のように書き換えて実行してください。

▼リスト5-10

```
function doit() {
  let data = document.querySelector('#ta').value;
  let w = remote.getCurrentWindow();
  let fpath = dialog.showSaveDialogSync(w, {
    title: '保存ダイアログ',
    message:'ファイル名を入力'
  });
  if (fpath != null){
    fs.writeFile(fpath + '.txt', data, (err)=>{
      if (err == null) {
        alert('保存しました。');
      } else {
        dialog.showErrorBox(err.code + err.errno, err.message);
      }
    });
  } else {
    alert('キャンセルされました。');
  }
}
```

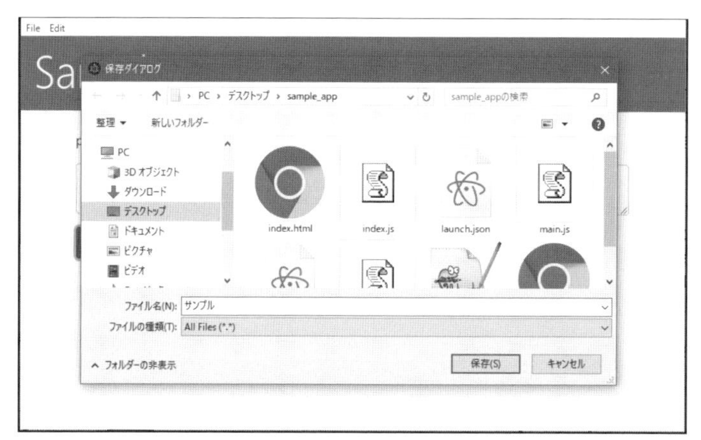

図5-8：ボタンをクリックすると、ファイル名を入力するファイルダイアログが開く。

テキストエリアにテキストを記入してボタンをクリックすると、ファイルダイアログが現れます。ここでファイル名を入力すると、そのファイルにテキストが書き出されます。何らかの理由でファイルへの保存に失敗すると、エラーのアラートが表示されます。

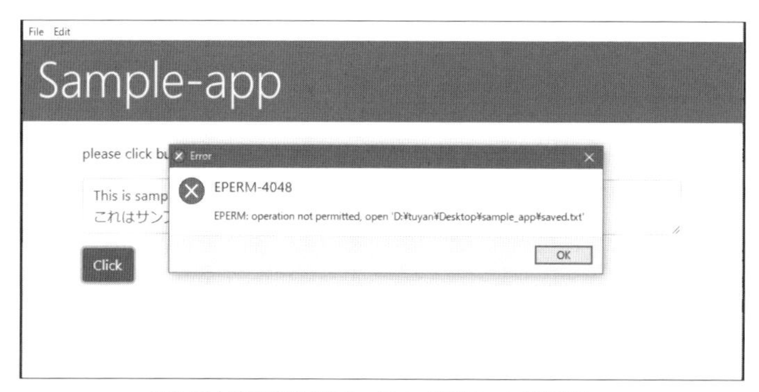

図5-9：保存に失敗すると、エラーのアラートが現れる。

showSaveDialogSyncの実行

showSaveDialogSyncでファイルダイアログを呼び出している部分を見てみましょう。次のような形で書かれていますね。

```
let fpath = dialog.showSaveDialogSync(w, {……});
```

第2引数には、titleとmessageという値を用意しました。これにより、ダイアログのタイトルと、ファイル名を入力するフィールドに表示するメッセージが設定されます。

showSaveDialogSyncの戻り値は入力したファイルのパスになります。これをそのまま使ってwriteFileすれば、指定のファイルにテキストが書き出されます。ここでは、fs.writeFile(fpath + '.txt', data,……);というようにしてファイル名に.txt拡張子を付けて保存してあります。showSaveDialogSyncは同期処理ですから、特に難しいこともありません。戻り値をそのまま使ってwriteFileするだけです。

非同期の保存ダイアログ

showSaveDialogSyncにも、非同期版のメソッドが用意されています。「showSaveDialog」というもので、次のように利用します。

```
fs.showSaveDialog(《BrowserWindow》, オプション ).then((result)=> { 事後処理 });
```

引数はshowSaveDialogSyncと同じですね。このメソッドはPromiseを返します(Promise、覚えてますか? 非同期処理完了後を扱うオブジェクトでしたね)。実行後の処理は、そこからthenメソッドを呼び出して行います。thenに用意される関数では引数に渡されるオブジェクトに、次のようなプロパティが設定されています。

canceled	キャンセルしたかどうかを示す真偽値
filePath	入力したファイルのパス

これらを利用して、キャンセルやファイル名入力時の処理を行っていけばいいわけです。

showSaveDialogでファイルを保存する

先ほどのサンプル(リスト5-10)を、非同期のshowSaveDialogに書き直してみましょう。doit関数を、次のように変更してください。

▼リスト5-11

```
function doit() {
  let data = document.querySelector('#ta').value;
  let w = remote.getCurrentWindow();
  dialog.showSaveDialog(w, {
    title: '保存ダイアログ',
    message:'ファイル名を入力',
  }).then((result)=> {
    if (result.canceled) {
      alert('キャンセルされました。');
      return;
    }
    if (result.filePath != null){
      fs.writeFile(result.filePath + '.txt', data, (err)=>{
        if (err == null) {
          alert('保存しました。');
        } else {
          dialog.showErrorBox(err.code + err.errno, err.message);
        }
      });
    } else {
      alert('キャンセルされました。');
    }
  });
}
```

ボタンをクリックして、動作を確認しましょう。先ほどの例とまったく同じように、保存ダイアログが開いて保存ができます。

ここで実行しているshowSaveDialog部分は、次のような形になっています。

```
dialog.showSaveDialog(w, {……}).then((result)=> {……});
```

showSaveDialogを呼び出し、thenにそのあとの処理を用意しています。この中でさらにfs.writeFileで非同期処理をしていますから、ざっと見た感じでは、より複雑になったように思えるかもしれません。

非同期処理は引数に関数を用意したり、呼び出したあとにthenで関数を用意したり、「あとで実行する関数の中に処理を書く」という作り方をします。このため、複数の非同期処理が重なると、関数の中にさらに関数が入れ子になってしまい、わかりにくくなりがちです。

Electronの開発では、こうしたNode.jsの非同期処理を多用することになるので、なるべく早く「非同期処理の書き方」に慣れておきましょう。

Chapter 5

5.2. HTTP/HTTPSによるWebアクセス

JSONデータを受け取る

アプリケーションで利用するデータは、ファイル以外のものを使って取り出すこともあります。それは、「ネットワーク」です。外部のWebサイトなどにアクセスして必要なデータを受け取り、それを使って処理を行うこともよくあります。

こうしたネットワーク経由で配布されるデータにはさまざまなものがありますが、整理すると以下のいずれかに分類されるでしょう。

プレーンテキスト	ただのテキストデータ
HTMLテキスト	HTMLのソースコードデータ（一般のWebページなど）
XMLテキスト	XMLで記述されたデータ（RSSなど）
JSONテキスト	JSONデータとして記述されたテキスト

これらの扱いがわかれば、ネットワーク経由でさまざまなデータを受け取り、利用できるようになります。ここでは、複雑なデータを配布するのに多用されているJSONとXMLのデータの扱いについて考えていくことにしましょう。

http/httpsのgetを利用する

Webサイトにアクセスしデータを受け取るには、「http」「https」といったモジュールを利用します。これらは、それぞれHTTPまたはHTTPSのプロトコルで指定URLにアクセスするためのものです。どちらも内容的にはほぼ同じです。ただ、HTTPとHTTPSのどちらのプロトコルでアクセスするかの違いです。

これらには、指定URLにアクセスする「get」というメソッドが用意されています。

```
https.get( アドレス , (res)=> { アクセスの処理 });
```

getには2つのメソッドが用意されます。１つ目がアクセスするアドレス（URL）で、テキストで指定します。２つ目が、実際にアクセスを行った際の処理を担当する関数です。

getメソッドは非同期で動きます。getを実行すると、指定アドレスへのアクセスを開始すると同時に、次に処理が進んでいきます。実際のアクセス時の処理は、第２引数の関数で行うのです。

この関数では、引数に「IncomingMessage」というオブジェクトが渡されます。このオブジェクトの中には、実は取得したデータなどは入っていません。

ではどうするのかというと、データを受信したときのイベント処理を用意し、そこで受け取ったデータを処理していくのです。

これは、オブジェクトの「on」メソッドを使い、指定のイベントに処理を設定していきます。イベントの種類はいくつかありますが、基本は以下の2つです。

▼データを受信した際の処理

```
res.on('data', (ck)=>{ 受け取ったデータの処理 });
```

▼データ受信が終了した際の処理

```
res.on('end', (re)=>{ 終了時の処理 });
```

'data'のイベント処理は、「一度だけしか呼ばれないわけではない」という点に注意する必要があります。大きなデータの場合、何回かに分けてデータを受け取ることになります。そのたびに、この'data'のイベントが発生します。

第2引数に用意する関数では、受け取ったデータのテキストが引数に渡されます。これを変数などに保管していき、データを完成させます。

すべて受け取ってアクセスが完了したら'end'イベントを使い、アクセス完了後の処理を実行します。

FirebaseからJSONデータを受け取る

では、実際にWebサイトからJSONデータを受け取り利用してみましょう。ここでは、筆者が運用するFirebaseサイトからJSONデータを取り出してみることにします。アクセスするアドレスは、次のようになります。

```
https://tuyano-api.firebaseio.com/covid.json
```

図5-10：FirebaseサイトにアクセスするとJSON形式のデータが表示される。

これは、筆者が用意したダミーデータです。2020年8月1日～7日までの東京・大阪・神奈川・福岡のCOVID-19新規陽性者数をJSONデータとして返します。これを受け取って利用してみましょう。

プレロードにhttpsを追加する

まず、レンダラープロセス側でhttpsを利用できるようにするため、プレロードのスクリプトに追記をしましょう。preload.jsに以下の文を付け加えてください。

▼リスト5-12

```
const https = require('https');
window.https = https;
```

ここでは、httpsモジュールを利用しています。httpとhttpsは似ていますが、プロトコルによって明確に分かれているので気をつけましょう。httpsのURLにアクセスするのにhttpを使うとエラーになりますし、その逆もまた同様です。

スクリプトを作成する

では、ボタンをクリックしたらFirebaseにアクセスしてデータを取得し表示する、という処理を作成しましょう。ボタンクリックで呼び出されるdoit関数の他に、JavaScriptオブジェクトをもとにHTMLのソースコードを生成する関数jsonToTableも作成しました。

▼リスト5-13

```
<script>
function doit() {
  let url = 'https://tuyano-api.firebaseio.com/covid.json'
  let msg = document.querySelector('#msg');
  https.get(url, (res)=> {
    let data = '';
    res.setEncoding('utf8');
    res.on('data',(ck)=> {
      data += ck;
    });
    res.on('end', (re)=> {
      let json_obj = JSON.parse(data);
      msg.innerHTML = jsonToTable(json_obj);
    });
  });
}

function jsonToTable(json) {
  let table = '<table class="table"><thead><tr><th></th>';
  for (let ky in json) {
    let ob = json[ky];
    for (let ky2 in ob) {
      table += '<th>' + ky2 + '</th>';
    }
    break;
  }
  table += '</tr></thead><tbody>';
  for (let ky in json) {
    table += '<tr><td>' + ky + '</td>';
```

```
    let ob = json[ky];
    for (let ky2 in ob) {
      table += '<td>' + ob[ky2] + '</td>';
    }
    table += '</tr>';
  }
  table += '</tbody></table>';
  return table;
}
</script>
```

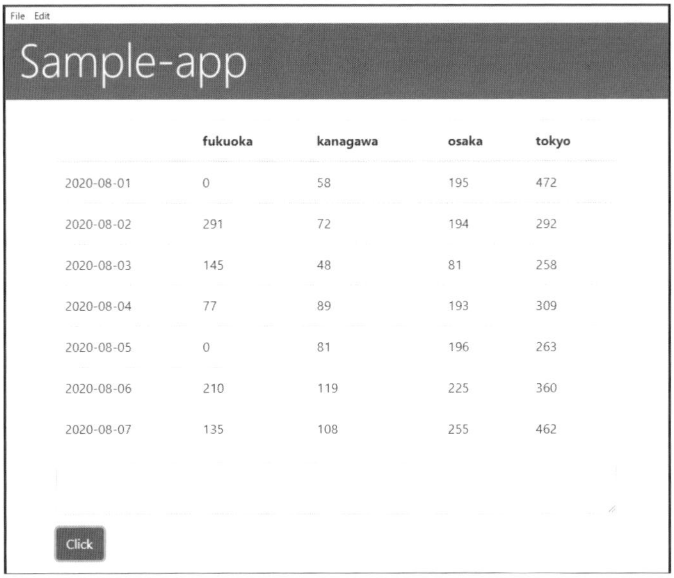

File Edit

Sample-app

	fukuoka	kanagawa	osaka	tokyo
2020-08-01	0	58	195	472
2020-08-02	291	72	194	292
2020-08-03	145	48	81	258
2020-08-04	77	89	193	309
2020-08-05	0	81	196	263
2020-08-06	210	119	225	360
2020-08-07	135	108	255	462

Click

図5-11：ボタンをクリックするとJSONデータをダウンロードし、テーブルにまとめて表示する。

ボタンをクリックするとFirebaseサイトからJSONデータを受け取り、テーブルにまとめて表示します。

jsonToTable関数では、JSONから生成されたオブジェクトを引数に渡し、そこから値を取り出して<table>のソースコードを生成しています。そんなに難しいことはしていないので、それぞれで処理の流れを考えてみてください。

https.getの処理を整理する

doit関数での処理を見ていきましょう。まず、アクセスするurlと値を表示するHTML要素を、それぞれ変数に取り出しておきます。

```
let url = 'https://tuyano-api.firebaseio.com/covid.json'
let msg = document.querySelector('#msg');
```

そして、https.getを使ってアクセスを開始します。これは、次のような形で記述されています。

```
https.get(url, (res)=> {……});
```

第2引数に用意された関数の処理を見てみましょう。まず、受け取ったデータを保管するための変数dataを用意し、受信するデータのエンコーディングをUTF-8に設定します。

```
let data = '';
res.setEncoding('utf8');
```

setEncodingは、受け取るデータのエンコーディングを設定するメソッドです。特に日本語が含まれているようなデータの場合は、エンコーディングをきちんと設定しておかないとうまくテキストが得られない場合があるので、注意が必要です。

続いて、データ受信時のイベントを設定します。

```
res.on('data',(ck)=> {
  data += ck;
});
```

関数の引数で受け取った値を、変数dataに付け加えていきます。これで、複数回に分かれてデータを受信した場合も、すべてをdataにまとめることができます。

続いて、データ受信後の処理を用意します。

```
res.on('end', (re)=> {
  let json_obj = JSON.parse(data);
  msg.innerHTML = jsonToTable(json_obj);
  });
});
```

ここでは、受け取ったJSONデータからJavaScriptオブジェクトを生成しています。JSON.parseというメソッドを使います。

```
変数 = JSON.parse( テキスト );
```

引数に指定したテキストをもとに、JavaScriptオブジェクトを生成して返します。テキストが正しくJSONの形式になっていないとうまくオブジェクトが作成できないので、注意してください。

あとは、先ほど作成したjsonToTable関数でjson_objから<table>ソースコードを作成し、これをmsg.innerHTMLに設定するだけです。innerHTMLは、HTML要素にHTMLのソースコードを設定し表示させるのに使うプロパティです。textContentなどではHTMLのタグがそのままテキストとして表示されてしまいます。HTMLのソースコードを使って表示を作成したい場合は、innerHTMLを使うのが基本です。

netモジュールを利用する

このhttp/httpsはNode.jsのモジュールですが、実をいえば、Electronにも「net」というWebアクセスのためのモジュールが用意されています。これを使うことで、ネットワークアクセスすることが可能です。Node.jsのモジュールと違い、このnetはChromiumのネイティブネットワークライブラリを利用しています。

ただし、このnetはメインプロセスでのみ動作するモジュールです。したがって、レンダラープロセスから利用する際にはメインプロセスにnet利用の処理を用意し、それをプロセス間通信で利用することになります。

このnetの基本的な利用は、次のように行います。まず、requireでnetをロードしておきます。

```
const { net } = require('electron');
```

netは、「request」というメソッドを使って指定したURLにアクセスを行います。こんな具合ですね。

```
変数 = net.request( オプション );
```

引数には、アクセスするURLに関する情報をオブジェクトにまとめたものを用意します。次のような項目が用意可能です。

```
{
  method: メソッド,
  protocol: プロトコル,
  hostname: ホスト名,
  port: ポート番号,
  path: パス
}
```

これらを指定して呼び出したrequestは、「ClientRequest」というオブジェクトを返します。これは、指定したWebサイトからの返信を管理するものです。このオブジェクトに各種のイベントを設定することで処理を行います。

▼レスポンスが返ってきた

```
《ClientRequest》.on('response', (response) => {
  事後処理
});
```

▼データを受信した

```
《ClientRequest》.on('data', (ck)=> {
  データ取得の処理
});
```

▼返信が終了した

```
《ClientRequest》.on('end', ()=> {
  完了時の処理
});
```

これらのイベントの処理を設定して準備は完了です。そう、これらはすべて「準備」です。実は、まだアクセスは行っていません。すべての準備が完了したら、「end」でアクセスを開始します。

```
《ClientRequest》.end();
```

あとは、アクセスの状況に応じてonにより設定された処理が呼び出されていきます。まぁ、基本的な考え方はhttp/httpsと似ていますから、それほど使い方に困ることはないでしょう。

メインプロセスでFirebaseにアクセスする

先ほどhttpsを使って行ったFirebaseサイトへのアクセス処理を、netモジュール利用の形に作り直してみましょう。まず、メインプロセス側の処理です。

index.jsに、以下のスクリプトを追記してください。最初のrequire文も、忘れずに書いてくださいね。

▼リスト5-14

```
const { net } = require('electron');

ipcMain.on('get-json-data', (event, urldata)=>{
  let data = '';
  const request = net.request(urldata);
  request.on('response', (response) => {
    response.on('data', (ck)=> {
      data += ck;
    });
    response.on('end', ()=> {
      const w = BrowserWindow.getFocusedWindow();
      w.webContents.send('get-json-data-result', data);
    });
  });
  request.end();
});
```

ここではipcMain.onを使い、レンダラープロセスから送られた'get-json-data'メッセージを受け取って処理をしています。引数に渡されるurldataを使い、このようにrequestを実行していますね。

```
const request = net.request(urldata);
```

そして、request.on('response'……);の処理内で、必要なイベントの設定を行っています。まず、データを受け取ったときの処理です。

```
response.on('data', (ck)=> {
  data += ck;
});
```

送られたデータを、data変数に追加しています。これで、データがすべてdataに蓄えられていきます。続いて、受信終了時の処理を次のように用意しています。

```
response.on('end', ()=> {
  const w = BrowserWindow.getFocusedWindow();
  w.webContents.send('get-json-data-result', data);
});
```

フォーカスのあるウインドウのBrowserWindowを取得し、そのwebContents.sendを使って'get-json-data-result'というメッセージを送信します。引数には、取得したdataを渡しておきます。レンダラープロセス側で'get-json-data-result'を受け取り、dataの値を処理すればいいわけですね。

レンダラープロセスからメインプロセスを呼び出す

では、レンダラープロセス側の処理を作成しましょう。index.htmlのdoit関数を、次のように書き換えます。jsonToTable関数は省略していますが、これも使うので消したりしないように。

▼リスト5-15

```
function doit() {
  let urldata = {
    method: 'GET',
    protocol: 'https:',
    hostname: 'tuyano-api.firebaseio.com',
    port: 443,
    path: '/covid.json'
  };
  ipcRenderer.send('get-json-data', urldata);

  ipcRenderer.on('get-json-data-result', (result, data)=>{
    let msg = document.querySelector('#msg');
    let json_data = JSON.parse(data);
    msg.innerHTML = jsonToTable(json_data);
  });
}

function jsonToTable(json) {……略……}
```

まず、urldataという変数にアクセスのためのデータをまとめておきます。そして、メインプロセス側にメッセージを送信します。

```
ipcRenderer.send('get-json-data', urldata);
```

これで、メインプロセス側に'get-json-data'メッセージが送られます。一緒に送信したurldataをもとに、メインプロセス側でネットワークアクセスが実行されるはずですね。そして、メインプロセスから返信されてくる'get-json-data-result'メッセージを受け取る処理を、次のように用意します。

```
ipcRenderer.on('get-json-data-result', (result, data)=>{
  let msg = document.querySelector('#msg');
  let json_data = JSON.parse(data);
  msg.innerHTML = jsonToTable(json_data);
});
```

受け取った引数のdataをJSON.parseでオブジェクトに変換し、jsonToTableで<table>ソースコードを作成してinnerHTMLに設定しています。このあたりの処理はhttpsの場合と同じですね。

netモジュールを使う場合、メインプロセス側で処理を行わないといけないという制約はありますが、Chromiumのネットワークライブラリが使えるため、システムプロキシ設定の自動管理などが行えるようになる利点があります。また、プロトコルやメソッドを指定できるため、http/httpsのどちらも共通して扱えるだけでなく、GET以外のメソッド（POSTやPUTなど）にも対応できます。より高度なネットワークアクセスを行いたいならば、netの利用を検討してもよいでしょう。

RSSで情報を収集する

JSONと並んでWebデータの配信に用いられているのが、XMLです。中でも「RSS」と呼ばれるフォーマットは、ニュースや天気予報など定形データを定期的に配信するサイトで多用されています。

このRSSを利用する方法を考えてみましょう。とりあえず、すでにhttps.getは使えるようになりましたから、これを利用してRSSデータを取得して処理することは可能です。

ただし、XMLデータは非常に複雑な構造をしていますから、受信したデータを解析して必要な情報を取り出していくのはかなり大変でしょう。

JSONの場合は、受け取ったデータをそのままJavaScriptオブジェクトに変換して必要な情報を取り出すことができました。RSSも同じように処理できれば簡単にデータを扱うことができますね。

Electronでは、Node.jsのモジュールを利用できます。そして、Node.jsには「npm」というパッケージ管理ツールが用意されており、膨大なモジュールをネットワーク経由で簡単にインストールできるようになっています。こうしたnpmのパッケージをインストールして使ってみることにしましょう。

rss-parserを利用する

ここでは、「rss-parser」というパッケージを利用することにします。以下のアドレスで公開されています。ここでインストール方法や、基本的な使い方などの情報を得ることができます。

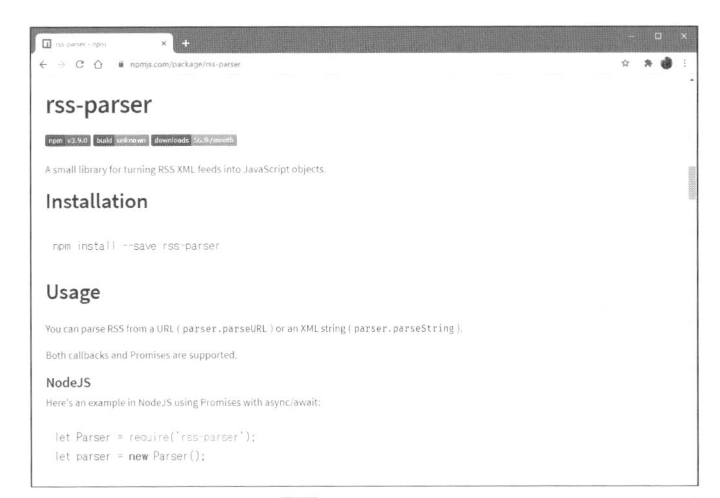

図5-12：rss-parserの公開ページ（URL https://www.npmjs.com/package/rss-parser）。

rss-parserをインストールする

では、rss-parserをインストールしましょう。インストールは、npmコマンドを使います。Visual Studio Codeで「sample_app」フォルダを開いているなら、そのターミナルからコマンドを実行できます。以下のコマンドを実行してください。

```
npm install rss-parser
```

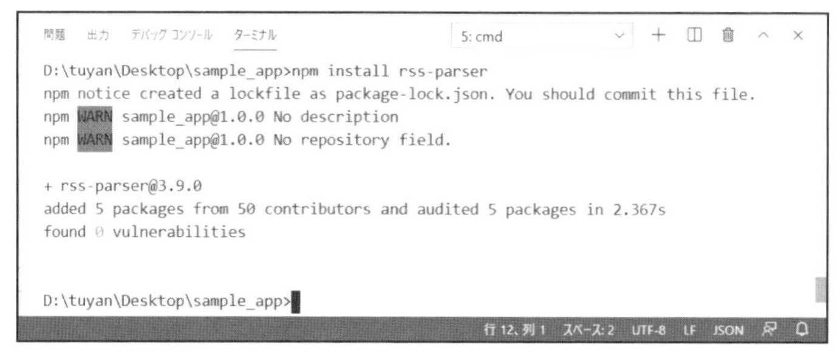

図5-13：npm installコマンドでrss-parserをインストールする。

このアプリケーションにrss-parserがインストールされます。Visual Studio Codeのターミナルを使わず、コマンドプロンプト（Windows）やターミナルアプリ（macOS）を使う場合は、まずcdコマンドで「sample_app」フォルダ内にカレントディレクトリを移動してからコマンドを実行してください。

ここで実行したのは、次のようなコマンドです。

```
npm install パッケージ名
```

カレントディレクトリに指定のパッケージをインストールします。npm installコマンドは、第１章でElectronをインストールするときにも利用しました。Electronもnpmのパッケージとして提供されているので、これで使えるようになったのですね。

npmのパッケージ

npmでインストールしたパッケージはどこに保存されているのでしょうか？　それは「node_modules」というフォルダです。「sample_app」フォルダの中に、新たに「node_modules」というフォルダが作られ、その中にいくつかのフォルダが作成されているのがわかるでしょう。これらが、インストールされたパッケージです。rss-parserは内部で別のモジュールを利用しており、インストール時にはそれら関連パッケージも自動的に組み込まれます。

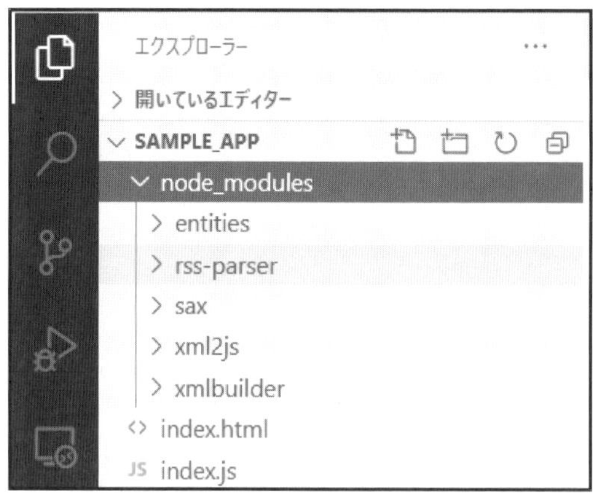

図5-14：「node_modules」フォルダの中に、インストールされたパッケージのフォルダが用意されている。

rss-parserの基本を理解する

では、rss-parserはどのように利用するのか、その基本を理解しましょう。まず、rss-parserを使えるようにするために、プレロードにスクリプトを追記します。

preload.jsの中に、以下を書き加えてください。

▼リスト5-16

```
const Parser = require('rss-parser');
window.Parser = Parser;
```

require('rss-parser')とすることで、rss-parserをロードできます。npmでインストールされたパッケージは、基本的にこの「require」という関数を使って読み込むことができるのです。メインプロセスならばrequireで読み込んだものをそのまま使えばいいですし、レンダラープロセスならこのようにwindow.Parserにオブジェクトを代入して使えるようにしておきます。

ParserでRSSを取得する

では、rss-parserの使い方を説明しましょう。最初に、newでインスタンスを作成しておきます。

```
変数 = new Parser();
```

作成したインスタンスから、「parseURL」というメソッドを呼び出します。これが、RSSをロードするメソッドです。

```
《Parser》.parseURL( アドレス , (err, feed)=> { 事後処理 });
```

このparseURLは非同期処理になっており、第1引数に指定したURLにアクセスしてRSS情報を取得します。RSSの取得が完了すると、第2引数の関数が実行されます。

この関数には2つの引数が用意されており、第1引数には発生したエラー情報のオブジェクトが渡されます。エラーがなければnullになります。

第2引数に渡されるのが、読み込んだRSSデータをもとに生成されたJavaScriptオブジェクトです。そう、parseURLでは、読み込んだRSSデータはダイレクトにオブジェクトとして渡されるのです。あとは、このオブジェクトから必要な値を探して利用するだけです。

Googleニュースの情報を表示する

では例として、GoogleニュースのRSSデータを取得し、その情報を表示する、ということをやってみましょう。

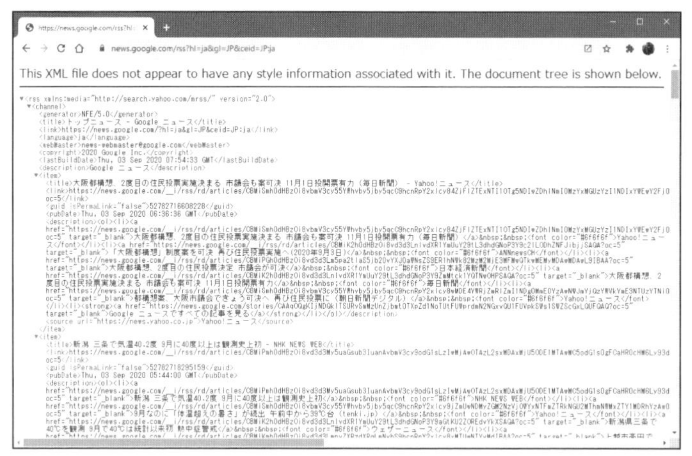

図5-15：GoogleニュースのRSSデータ（URL https://news.google.com/rss?hl=ja&gl=JP&ceid=JP:ja）。

このアドレスにアクセスしてRSSデータを取得し、そこからニュースのタイトルと日時をリストにまとめて表示させてみましょう。

doit関数を、次のように書き換えてください。

▼リスト5-17

```
function doit() {
  let url = 'https://news.google.com/rss?hl=ja&gl=JP&ceid=JP:ja'
  let msg = document.querySelector('#msg');
  let parser = new Parser();
  let list = '<ul class="list-group">';
  parser.parseURL(url, (err, feed)=> {
    if (err == null) {
      for (let n in feed.items) {
        let item = feed.items[n];
        list += '<li class="list-group-item">'
          + item.title + ' (' + item.pubDate + ')</li>';
      }
      list += '</ul>';
      msg.innerHTML = list;
    }
  });
}
```

ボタンをクリックするとGoogleニュースのRSSを取得し、ニュースのタイトルと日時をリストにまとめて表示します。

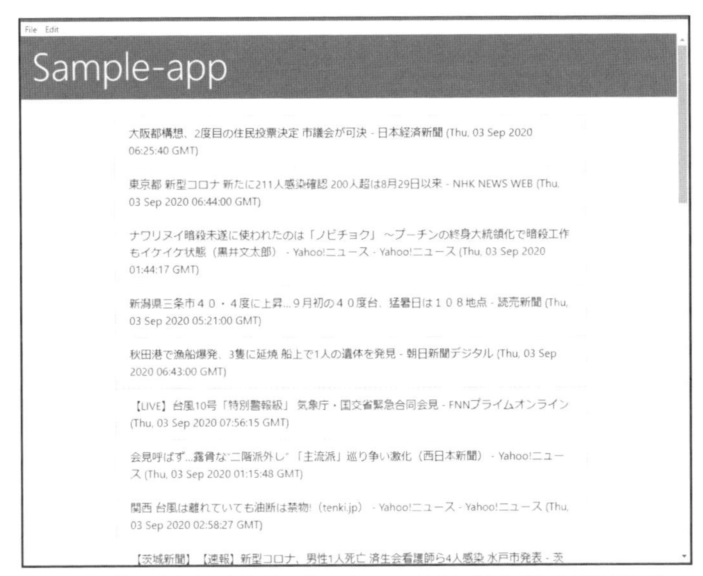

図5-16：ボタンをクリックすると、Googleニュースのタイトルがリスト表示される。

ここでは、Parserインスタンスを変数parserに作成したあと、次のようにしてRSSデータを取得しています。

```
parser.parseURL(url, (err, feed)=> {……});
```

これで、引数feedにRSSから生成されたオブジェクトが渡されるようになります。feedの「items」プロパティから順にデータを取り出し、その情報をlistにまとめています。

```
for (let n in feed.items) {
  let item = feed.items[n];
  list += '<li class="list-group-item">'
    + item.title + ' (' + item.pubDate + ')</li>';
}
```

feed.itemsには、ニュースの情報をまとめたオブジェクトが配列のように用意されています。このオブジェクトから、titleプロパティとpubDataプロパティの値を取り出しています。

RSSのデータ構造

GoogleニュースのRSSデータを見ると、非常に多くのデータが記述されているのがわかります。その基本的な構造を整理すると、次のようになっています。

```
<rss xmlns:media="http://search.yahoo.com/mrss/" version="2.0">
<channel>
  <generator>NFE/5.0</generator>
  <title>タイトル</title>
```

```
    <link> リンク </link>
    <language>ja</language>
    <webMaster> メールアドレス </webMaster>
    <copyright> コピーライト </copyright>
    <lastBuildDate> ビルド日時 </lastBuildDate>
    <description> 説明文 </description>

    ……<item> が必要なだけ並ぶ……

</channel>
```

<channel>というタグの中にこのRSSに関する情報が記述され、それらが終わると、<item>というタグにまとめてニュースのデータが記述されていきます。1つのニュースは、1つの<item>にまとめられていきます。

この<item>は、次のような内容になっています。

```
<item>
    <title> タイトル </title>
    <link>https://news.google.com……</link>
    <guid isPermaLink="false"> リンク ID</guid>
    <pubDate> 日時 </pubDate>
    <description> 説明テキスト </description>
    <source url="https://news.yahoo.co.jp">Yahoo! ニュース </source>
</item>
```

<item>タグは、feed.itemsにオブジェクト配列としてまとめられています。ここから順にオブジェクトを取り出して、titleやpubDataのプロパティを利用していたのですね。

<item>にはそれ以外の情報もいろいろと用意されていますから、実際に利用して内容を確かめてみるとよいでしょう。

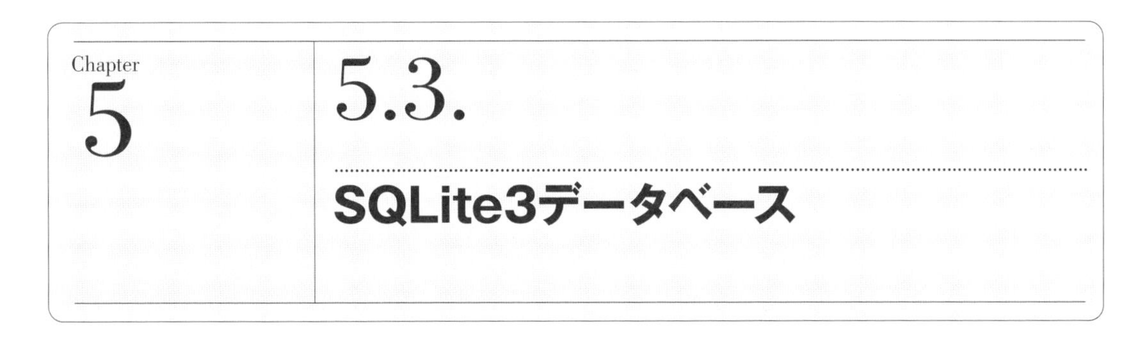

Chapter 5

5.3. SQLite3データベース

SQLite3の利用について

多量のデータを扱う場合、考えなければいけないのが「データベースの利用」でしょう。中でもSQLデータベースは、データをより細かく扱えるものとして広く使われています。

SQLデータベースは、SQLという共通のデータベースアクセス言語を使ってデータベースを利用します。SQLさえわかれば、どんなデータベースでもだいたい同じように操作できます。

ここでは、SQLデータベースの1つである「SQLite3」というものを利用して、Electronからデータベースを利用する方法について説明を行います。

SQLite3は、ローカルに保存されているデータベースファイルにSQL言語でアクセスを行うライブラリです。

多くのSQLデータベースが専用のデータベースサーバーなどを立てて運用するのに対し、SQLite3は単にファイルへアクセスするライブラリさえ用意されていれば利用できるため、その手軽さから広く使われています。例えばiPhoneやAndroidなどのスマートフォンでは、システムのデータ管理にSQLite3が活用されていたりするのです。SQLデータベースの基本的を学習するはじめの一歩としても、SQLite3は最適です。

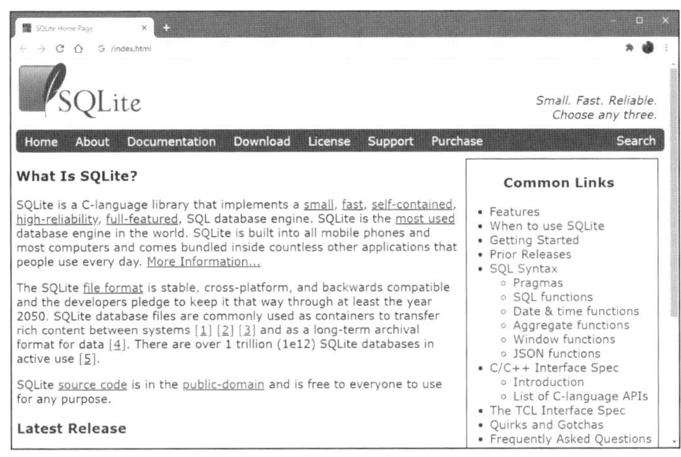

図5-17：SQLite3のWebサイト（URL https://www.sqlite.org）。

SQLite3を準備する

SQLite3のデータベースファイルを利用するには、「sqlite3」というモジュールを使います。これは、npmでインストールすることができます。ただし、「npmでインストールすればおしまい」というわけにはいきません。

このsqlite3モジュールは、Node.jsのネイティブモジュール（ネイティブコードを含むモジュール）です。Electronでは、Node.jsのネイティブモジュールをサポートしてはいますが、ElectronとNode.jsで使っているV8（JavaScriptエンジン）のバージョンが異なっている場合、不具合が発生してしまいます。Electronでネイティブモジュールを使っている場合は、ElectronのV8バージョンに合わせたネイティブモジュールを用意しないといけないのです。

この問題を解消するため、sqlite3モジュールをインストールしたら、これをElectron用にリビルドを行います。これによりElectronのV8に合わせた形にsqlite3が再コンパイルされ、問題なく使用できるようになるのです。

パッケージをインストールする

では、パッケージをインストールしましょう。Visual Studio Codeのターミナルから以下のコマンドを順に実行していってください。

なお、コマンドプロンプト（Windows）や、ターミナルアプリ（macOS）を使っている場合は、アプリケーションのフォルダ（「sample_app」フォルダ）にカレントディレクトリを移動してから実行するようにしてください。

▼sqlite3モジュールのインストール

```
npm install sqlite3
```

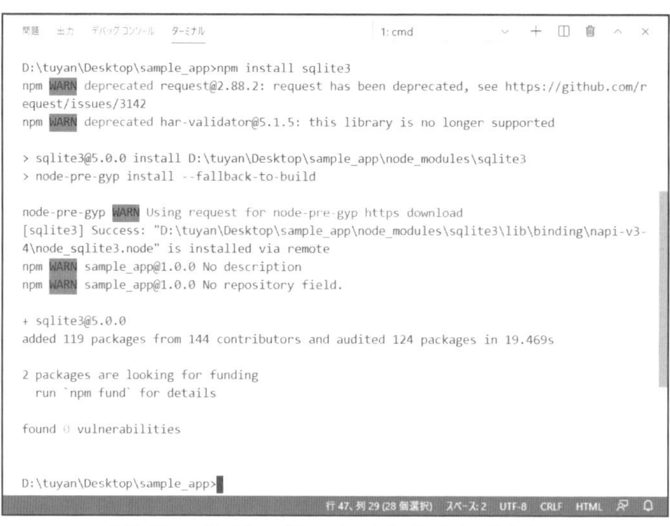

図5-18：sqlite3をアプリケーションにインストールする。

▼Electron本体のインストール

```
npm install --save-dev electron
```

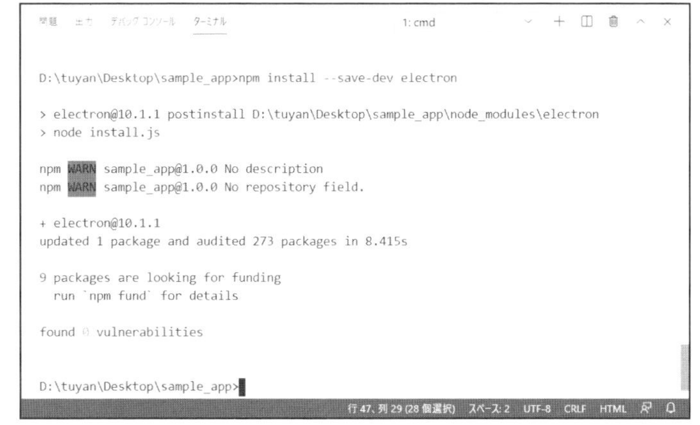

図5-19：Electronをアプリケーションにインストールする。

▼electron-rebuildのインストール

```
npm install --save-dev electron-rebuild
```

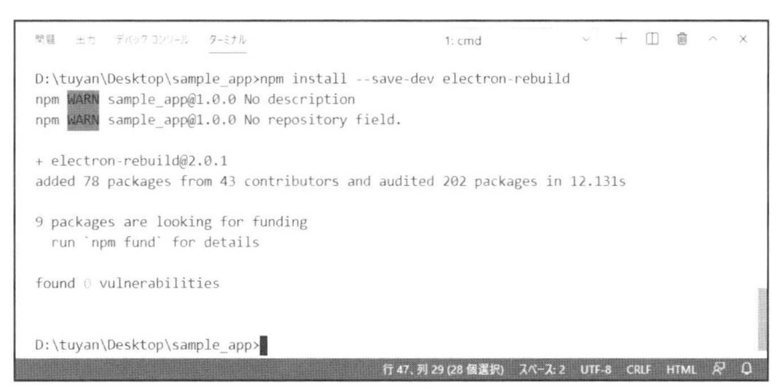

図5-20：Electron Rebuildをアプリケーションにインストールする。

Electronをインストールしているのを奇妙に感じたかもしれません。ここまではnpmのグローバル領域にElectronをインストールし、利用してきました。こうすると、個々のアプリケーションにパッケージをインストールしなくとも、どこでもそのパッケージが利用できるようになり、とても便利なのです。

しかし、ネイティブモジュールのリビルドを行うためには、そのアプリケーションにElectronがインストールされていないといけません。そのため、ここでElectron本体をアプリケーションにインストールしたのです。

この他、「electron-rebuild」というものもインストールしていますね。これは、Electronのリビルドを実行するためのパッケージです。これも用意しないといけません。

sqlite3をリビルドする

これらがインストールできたら、sqlite3パッケージをリビルドしましょう。ターミナルから以下を実行してください。

▼Windowsの場合

```
node_modules\.bin\electron-rebuild -f -w sqlite3
```

▼macOSの場合

```
./node_modules/.bin/electron-rebuild -f -w sqlite3
```

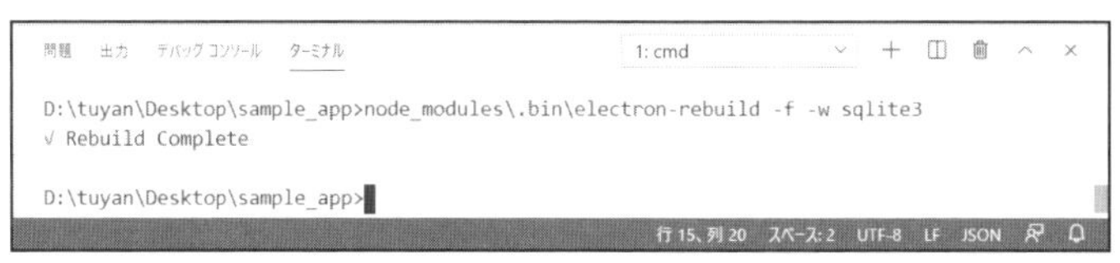

図5-21：リビルドを実行する。

実行すると、リビルドを開始します。少し時間がかかります。すべて完了すると、「Rebuild Complete」と表示されます。これが表示されたらビルド終了です。これで、ElectronからSQLite3が利用できるようになりました。

データベースの構造

SQLデータベースを利用するには、データベースがどのような仕組みになっているのかを知らなければいけません。

データベースは、「データベース」「テーブル」「カラム」といったもので構成されています。まずは、この構造をよく理解しましょう。

●データベース

データベースで保管されるすべてのデータがまとめられているところです。SQLite3の場合は、「データベースファイル」というファイルとして作成します。その他のSQLデータベースでは、データベースサーバー内にデータベースの区画を用意し、そこにデータが保管されます。

●テーブル

データベース内に用意する、データの定義です。データベースは、どんなデータでも適当に放り込んでおけるわけではありません。保管するデータの内容を考え、「これは○○と××というデータを保存しておく」というように、その内容を具体的に定義しておく必要があります。それが、「テーブル」です。

たとえば、スマートフォンの住所録アプリでは、各ユーザーの情報として「名前」「住所」「メールアドレス」「電話番号」……といった項目が用意されていますね。これら保存しておく項目の内容を具体的に定義したのがテーブルなのです。

データベースには、複数のテーブルを用意しておくことができます。データベースを使うには、必ずテーブルを定義する必要があるのです。

●カラム

テーブルに用意される各項目は、「カラム」と呼ばれます。例えば住所録なら、「名前」「住所」「メールアドレス」といった各項目がカラムです。

●レコード

テーブルに保管されるデータのことです。レコードは、必ずそのテーブルに用意されているカラムの値をセットとして用意し、保存します（不要なカラムは省略することもできます）。

データベースの中にはテーブルがあり、このテーブルには複数のカラムが用意されています。データを保管するときは、テーブルにレコードとして追加していきます。必要なデータを取り出すときも、テーブルにあるレコードの形で取り出されます。

まずは、この基本的な構造を頭に入れておいてください。

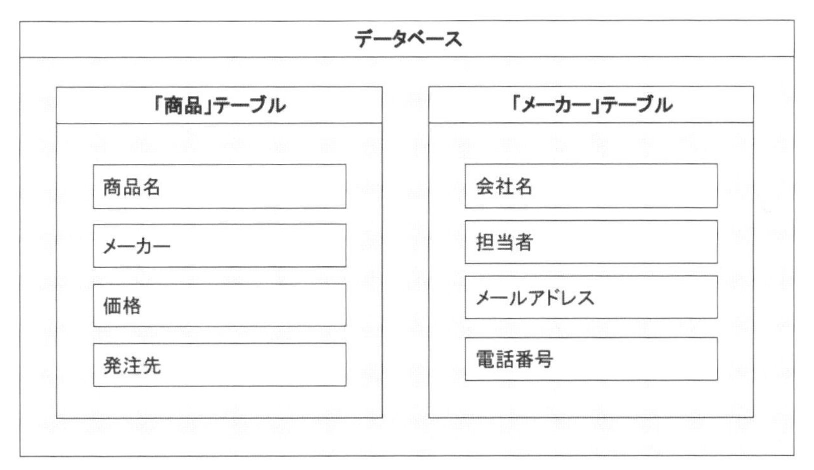

図5-22：データベースにはテーブルがあり、それぞれのテーブルは複数のカラムが用意されている。

データベースを使えるようにする

sqlite3のモジュールをロードし使えるようにするため、プレロードに追記をしておきましょう。preload.jsを開き、以下の追記してください。

▼リスト5-18

```
const path = require('path');
window.path = path;

const sqlite3 = require('sqlite3');
window.sqlite3 = sqlite3;
```

ここでは、require('sqlite3')というようにしてsqlite3のモジュールを読み込み使えるようにしています。また、require('path')でpathというモジュールも利用できるようにしてあります。pathはファイルのパスを扱う際に利用するので、ここで併せてrequireしておきました。

データベースファイルを生成する

次に行うのは、データベースファイルの作成です。次のような形でDatabaseオブジェクトを作成することで行えます。

```
変数 = new sqlite3.Database( ファイルパス );
```

Databaseは、引数にデータベースファイルのパスを指定して呼び出します。これにより、指定したファイルにアクセスするDatabaseオブジェクトが作成されます。指定したパスにデータベースファイルがないと、その場でファイルを作成し利用します。つまり、これを実行すれば自動的にファイルが用意されるのです。

では、index.htmlの<script>タグに以下の文を追記してみてください。

▼リスト5-19

```
var dbpath = path.join(remote.app.getPath('home'), 'mydata.db');
var db = new sqlite3.Database(dbpath); //★
```

これでアプリケーションを実行してみましょう。まだこの段階では、起動したアプリケーションには何も表示されません。

しかし、そのままアプリケーションを終了し、ホームディレクトリ（利用者名のフォルダ）を開いてみましょう。そこに、「mydata.db」というファイルが作成されているはずです。これが、new Databaseにより生成されたデータベースファイルです。

実行したら、★マークの文はもう使わないので削除しておいてください。

データベースファイルのパスについて

ここでは、次のようにしてデーターベースファイルのパスを作成しています。

```
var dbpath = path.join(remote.app.getPath('home'), 'mydata.db');
```

path.joinは、第１引数のパスと第２引数のファイル名をつなげてファイルパスを作成するものです。そしてこの第１引数には、remote.app.getPath('home') という値が用意されています。これはシステムが管理するファイルのパスを取得するもので、'home'でホームディレクトリのパスを取り出していたのです。

テーブルを作成する

実際にデータベースを利用してみましょう。最初に行うのはテーブルの作成です。SQLite3では、すべての操作は「SQLの命令文(クエリー)をSQLite3に送って実行する」という形で行います。

ここでは例として、次のようなテーブルを作成することにしましょう。

「users」テーブル

id	レコードを識別するために割り振られる番号
name	名前
mail	メールアドレス
tel	電話番号

4つのカラムを持つテーブルusersを作成する処理を考えてみます。では、これまで使ってきたボタンクリック用のdoit関数を書き換えてみましょう。

▼リスト5-20

```
function doit() {
  let db = new sqlite3.Database(dbpath);
  db.serialize(()=> {
    query = 'create table if not exists users'
    + ' (id integer primary key autoincrement,'
      + ' name text not null, mail text, tel text)';
    db.run(query);
    alert('create users table.');
  });
  db.close();
}
```

図5-23:ボタンをクリックすると、「create users table.」と表示される。

ボタンをクリックすると、「create users table.」とアラートが表示されます。見た目にはわかりませんが、これでusersテーブルが作成されています。

テーブル作成のクエリー

ここでは、まずnew sqlite3.DatabaseでDatabaseオブジェクトを作成して変数dbに代入し、それからquery変数に実行するクエリーのテキストを用意します。ここで実行しているのは、次のようなクエリーです。

```
create table if not exists users (id integer primary key autoincrement, ↲
name text not null, mail text, tel text)
```

これが、usersテーブルを作成するクエリーです。テーブルの作成は、「create table」という命令を使って行います。次のような形で記述します。

```
create table テーブル名 ( カラム1, カラム2, ……);
```

ここでは、これに加えて「if not exists」というものがcreate tableの後に付け足されていますね。これは、「まだテーブルがなかったら」という指定です。テーブルがなかったらusersテーブルを作成する、ということですね。すでにテーブルがあるのにcreate tableしようとすると、エラーになってしまいます。それを防ぐために、if not existsというものを付け足しています。

create tableのポイントは、()のカラムの指定部分でしょう。各カラムの内容をカンマで区切って記述していきます。今回用意したカラムは、次のようなものです。

id integer primary key autoincrement	idというプライマリキーのカラム定義
name text not null	nameというテキストのカラム
mail text	mailというテキストのカラム
tel text	telというテキストのカラム

最初の「id」は、「id integer」というカラムです。「idという名前の数字のカラム」を意味します。カラムは、こんな具合に名前と値の種類をセットで記述します。

このidは、その後にさらにいくつかの単語が付け足されていますね。「primary key」は、これがプライマリキーと呼ばれる項目であることを示します。プライマリキーというのはレコードを識別するために使われる特別なカラムで、この値はすべてのレコードで異なる値になっていないといけません。

また「autoincrement」は、新たにテーブルを作成するとき、前のレコードの値に1を足して新しい値を自動的に設定するものです。つまり「primary key autoincrement」と付けることで、このidという項目に特別な役割を持たせていたのです。

そのあとの「name text」は、nameという名前のテキストの値を保管するもの、という意味になりますね。これも、そのあとに「not null」というものが付けられています。これは、「必須項目」とするためのものです。これを指定すると新しいレコードを作成するときに、必ずこのnameの値を用意しないといけなくなります。省略はできません。

「mail text」「tel text」は、それぞれmailとtelというテキストのカラムを指定します。オプションなどは特に用意されていません。

データベースアクセスを整理する

実行するクエリーがわかったところで、今回実行しているデータベース関連の処理がどのようになっているのか見てみましょう。次のように実行していることがわかります。

1. Databaseオブジェクトの作成

```
let db = new sqlite3.Database(dbpath);
```

2. クエリーの実行

```
db.serialize(()=> {……});
```

3. Databaseの解放

```
db.close();
```

データベースアクセスは、このように「Databaseを作成してデータベースアクセスの用意をする」「クエリーを実行する」「closeで解放する」という手順で行います。この基本的な手順は、行う操作が違ってもだいたい同じです。

serializeについて

ここでは、クエリーの実行を「serialize」というもので行っています。次のような形になっています。

```
《Database》.serialize(()=> { 実行する処理 });
```

serializeは、何かを操作するものではありません。「いくつものクエリーを順番に一括して実行する」ためのものです。データベースアクセスでは、データベースの内容を書き換えるようなクエリーも実行されます。複数のクエリーがデータベースを書き換える場合、実行する順番が変わったり、同時に複数の変更操作が実行されたりすると、思わぬトラブルを引き起こすことがあります。

そこで、「実行した順番通りにすべてを一括して実行する」ということを保証する仕組みが必要となってくるわけです。それを行っているのが、serializeです。これは非同期のメソッドであり、引数の関数内で実行する処理を記述します。非同期ですが、これまで使ってきたthenメソッドは使わないので注意しましょう。

runメソッドについて

データベースのアクセスは、「run」というメソッドを使って行っています。これは、次のように呼び出します。

```
db.run(query);
```

引数にクエリーのテキストを指定して実行します。「クエリーを実行しっぱなし」という場合は、このように単純な操作で行えます。

レコードを追加する

テーブルの作成は、一度実行すれば以後は使うことはほとんどありません。アプリケーションでもっとも多用されるデータベース操作は、テーブル内のレコードに関するものです。レコードを作成したり、削除したり、必要なレコードを取り出したり、そういった操作ですね。

具体的な例として、「レコードの追加」を行ってみましょう。追加の場合、先ほどのdb.runでも行えないわけではないのですが、クエリーを実行しっぱなしでは「うまくいかなかった場合の操作」などが行えません。そこで、今回は「exec」というメソッドを使うことにしましょう。これはrunと同様、クエリーを実行するメソッドで次のように記述します。

```
《Database》.exec( クエリー, (stat, err)=> { 事後処理 });
```

第1引数にクエリーを用意します。このクエリーが実行されると、そのあとで第2引数の関数が呼び出され実行されます。ここで、クエリー実行後の処理などを用意すればいいのです。

この関数の引数には、実行の状態を示すstat値と、何か問題が発生した場合に送られるエラーのオブジェクトerrが用意されています。このerrがnullならば問題なく実行できたとして処理を行えばよいでしょう。

レコード追加のクエリー

では、レコードの追加はどのようなクエリーを実行すればいいのか。それは「insert into」というもので、次のように記述されます。

```
insert into テーブル名 ( カラム1, カラム2, …… ) values ( 値1, 値2, ……)
```

テーブル名のあとに()を付け、値を設定するカラム名を記述します。カラムの中には、「今回は値はいらない」というものもあります。例えば、id項目は自動で値が設定されるので必要ありませんね。そうしたものは()に含めません。

そして、valuesのあとにある()で、各カラムに割り当てる値を用意します。カラム名の()とvaluesのあとの()は、1つ1つの値がそれぞれのカラムに割り当てられるように、カラム数と同じ数だけ値を用意しておく必要があります。

レコード追加の関数を作成する

では、レコードの追加処理を作ってみましょう。index.htmlの<script>内に以下の関数を追記してください。

▼リスト5-21

```
function addUser(data) {
  return new Promise((resolve, reject)=> {
    let db = new sqlite3.Database(dbpath);
    db.serialize(()=> {
      let query = 'insert into users (name,mail,tel) values '
        + '("' + data[0] + '","' + data[1] + '","' + data[2] + '")';
```

```
        db.exec(query, (stat, err)=> {
          if (err == null) {
            resolve('SUCCESS');
          } else {
            reject(err);
          }
        });
    });
    db.close();
  });
}
```

この「addUser」は、レコードをテーブルに追加する関数です。引数には、name、mail、telのそれぞれに設定する値を配列にまとめたものを用意します。例えば、addUser(['taro', 'taro@yamada', '090-999-999']) といった具合に呼び出せばいいわけですね。

Promiseを返す

この関数では、次のような形で「Promise」というオブジェクトを返す処理が用意されています。

```
return new Promise((resolve, reject)=> { 実行する処理 });
```

Promiseというのは、非同期で実行される関数などの戻り値として使われるオブジェクトでしたね。データベースアクセスは基本的に非同期で実行されますから、実行後の戻り値などは、ただreturnするだけではうまく返せません。そこで、「非同期処理の戻り値」として用意されているPromiseオブジェクトを作成して返すようにしているのです。

このPromiseは、引数に関数を1つ持っています。この関数には、resolveとrejectという2つの値が渡されます。これらの値も、実は関数になっています。resolveは正しく終了したときの戻り値を、rejectはエラーが発生したときに抜けるための処理を行っています。

```
let query = 'insert into users (name,mail,tel) values '
  + '("' + data[0] + '","' + data[1] + '","' + data[2] + '")';
```

addUserの引数で渡されたdataから値を取り出してクエリーを作成しています。このクエリーを「exec」というメソッドを使って実行します。

```
db.exec(query, (stat, err)=> { 事後処理 });
```

こうなっていますね。あとは引数に指定した関数の中で、実行後の処理を用意すればいいわけです。ここではエラーであるerrの値がnullかどうかをチェックし、それに応じて処理を行っています。

```
if (err == null) {
  resolve('SUCCESS');
} else {
  reject(err);
}
```

resolveは、問題なく終了した場合に実行する関数です。これにより、引数に指定した値がPromiseに設定されて戻されます。rejectはPromiseから抜けるもので、これを実行すると、Promiseを返送した側に用意されている処理は継続されません（つまり、なにもしないで終わる）。
Promise内で実行するexecでは、「err == nullならresolveし、そうでなければrejectする」と覚えておくとよいでしょう。

doitからaddUserを利用する

では、addUserを使ってみましょう。ボタンをクリックしたら、addUserでレコードを追加するようにしてみます。doit関数を次のように書き換えてください。

▼リスト5-22

```
function doit() {
  let ta = document.querySelector('#ta');
  let data = ta.value.split(',');
  addUser(data).then((res)=> {
    alert(res);
    ta.value = '';
  });
}
```

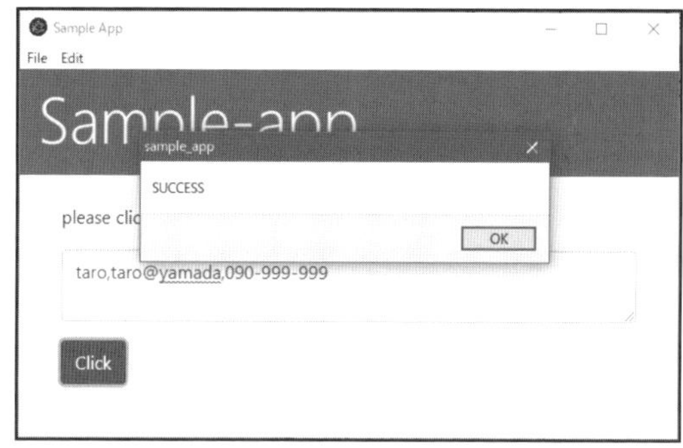

図5-24：名前、メールアドレス、電話番号をカンマで区切って記述しボタンをクリックすると、レコードが追加される。

ここでは、ウインドウに用意してあるテキストエリアを使って入力を行うことにしました。テキストエリアに「名前,メールアドレス,電話番号」というように、各値をカンマで区切って記述してください。そしてボタンをクリックすると、入力されたテキストをもとにレコードを追加します。「SUCCESS」とアラートが表示されたら、レコードは保存されています。
ここではテキストエリアの値を取り出し、それをカンマで分割して配列にしています。

```
let data = ta.value.split(',');
```

これで、変数dataには名前、メールアドレス、電話番号の配列が用意できました。これを引数にしてaddUser関数を呼び出せばいいのです。

addUserは非同期である

　ただし！　ここで注意したいのは「addUserは、Promiseを返す関数だ」という点です。すなわち、これは非同期で実行される関数なのです。したがって実行後の処理は、戻り値からさらにthenメソッドを呼び出して用意しないといけません。

```
addUser(data).then((res)=> { 事後処理 });
```

　つまり、こういうことですね。これでaddUserが正しく呼び出せます。thenの引数に用意してある関数のresには、addUser関数のresolve('SUCCESS')で引数指定した'SUCCESS'が渡されています。resolveで戻した値はここで取り出し、利用されるようになっていたのですね。

レコードを取得する

　データベースの操作には、レコードの作成などのように「データベースに変更を加える」という作業の他に、「データベースから情報を受け取る」という操作もあります。テーブルにあるレコードを取り出す、といった操作ですね。次はこれをやってみましょう。
　レコードの取得は、取り出したレコードを受け取れなければいけません。それには、runやexecは不向きです。得られたレコードをすべてまとめて取り出す、「all」というメソッドを使います。

```
《Database》.all( クエリー , (err, rows)=> { 事後処理 });
```

　実行後、データベースからレコードのデータを受け取り、第２引数の関数を実行します。このとき、rows引数に取得したレコードの情報が渡されます。このrowsは、各レコードをオブジェクトにまとめたものを配列にしたものです。あとは、ここから順にオブジェクトを取り出し、必要な情報を利用するだけです。

select文について

　では、実行するクエリーはどのように用意すればいいのでしょうか？　これは、「select」という文を使います。

```
select カラム from テーブル
```

　このような文です。カラムには、値を取り出すカラム名をカンマで区切って指定します。例えば、usersテーブルからnameとmailだけを取り出したければ、「select name,mail from users」とすればいいわけです。
　すべてのカラムを取り出す場合は、カラム名の代わりに「*」という記号を付けます。例えば、「select * from users」で、usersテーブルの全レコードを取り出すことができます。

テーブルの全レコードを表示する

では、これも使ってみましょう。まず、すべてのレコードを検索して取り出す処理を、「findall」という関数として定義してみます。以下を、index.htmlの<script>に追記してください。

▼リスト5-23

```
function findall() {
  let query = 'select * from users';
  return new Promise((resolve, reject)=> {
    let db = new sqlite3.Database(dbpath);
    db.all(query, (err, rows)=> {
      if (err == null) {
        resolve(rows);
      } else {
        reject(err);
      }
    });
    db.close();
  }).catch((err)=> {
    alert(err.message);
  })
}
```

これも先に作成したaddUserと同様、非同期の関数になっており、Promiseを返します。このPromise内で行っていることはDatabaseオブジェクトを作成したあと、次のようにクエリーを実行する処理です。

```
db.all(query, (err, rows)=> {
  if (err == null) {
    resolve(rows);
  } else {
    reject(err);
  }
});
```

err = nullの場合はresolve(rows);を実行して、rowsをそのまま送り出しています。findallを利用する側がthenの関数でこのrowsを受け取り、処理を行うわけです。

findallで得たレコードをテーブルに表示する

このfindallを利用して、起動したらusersテーブルのすべてのレコードをまとめて表示する処理を作ってみましょう。index.htmlの<script>に以下を追記してください。

▼リスト5-24

```
makeTable();

function makeTable() {
  findall().then((res)=> {
    let msg = document.querySelector('#msg');
```

```
    msg.innerHTML = jsonToTable(res);
  });
}
```

（※jsonToTable関数が必要です）

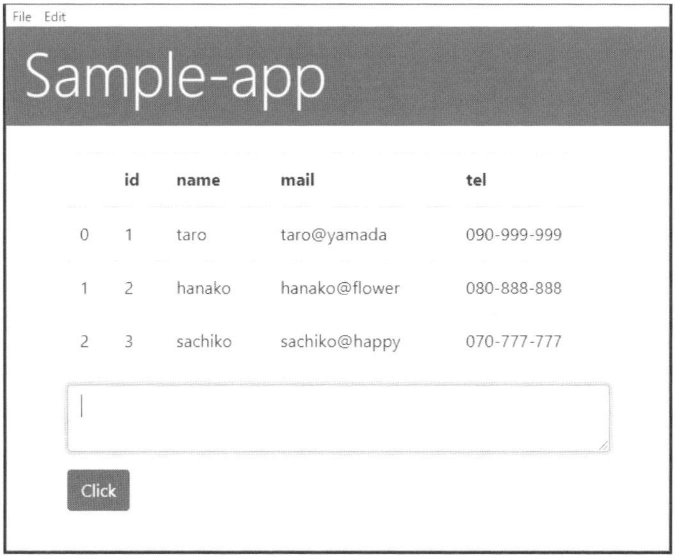

File Edit

Sample-app

	id	name	mail	tel
0	1	taro	taro@yamada	090-999-999
1	2	hanako	hanako@flower	080-888-888
2	3	sachiko	sachiko@happy	070-777-777

Click

図5-25：アプリを実行すると、usersテーブルのレコードを一覧表示する。

アプリを実行すると、usersテーブルのレコードを取得し、まとめて表示します。ここでは、次のようにしてfindall関数を利用しています。

```
findall().then((res)=> { 事後処理 });
```

これで、resにfindallのrowsで得られた全レコードが渡されます。jsonToTableで、このresをもとに<table>ソースコードを生成して表示しているのですね。thenの使い方さえわかれば、非同期の関数を作って利用するのもそれほど難しくはないですね！

条件を付けて検索する

すべてのレコードの検索はできるようになりました。では条件を設定し、特定のレコードだけを取り出す場合はどうなるのでしょうか？

これは、クエリーに少し付け足すだけで可能になります。select文に「where」というものを付けて実行するのです。

```
select * from テーブル where 条件
```

このような形です。whereのあとに用意する条件によって、どのようなレコードが取り出されるかが決まります。

この条件は「カラム = 値」というように、<>=記号を使って2つの値を比較する式を使うのが基本です。例えば「id = 1」とすれば、idの値が1のレコードだけが取り出せます。

レコード検索の関数を用意する

では先ほどのfindallを少し修正し、条件を引数に渡すと、その条件に合致するレコードを検索する関数を作ってみましょう。

▼リスト5-25

```
function findUsers(fstr) {
  let query = 'select * from users where ' + fstr;
  return new Promise((resolve, reject)=> {
    let db = new sqlite3.Database(dbpath);
    db.all(query, (err, rows)=> {
      if (err == null) {
        resolve(rows);
      } else {
        reject(err);
      }
    });
    db.close();
  }).catch((err)=> {
    alert(err.message);
  })
}
```

ここでは、引数にfstrというものを用意しています。これに、条件となる式をテキストで渡すのです。実行するクエリーを見ると、こうなっていますね。

```
let query = 'select * from users where ' + fstr;
```

whereのあとにそのままfstrをつなげ、db.allで実行しています。クエリーの作成部分以外はfindallと同じですから、大体の流れはもうわかるでしょう。

findUsersを利用する

findUserを使って検索を行うようにしてみましょう。doit関数を、次のように書き換えてください。

▼リスト5-26

```
function doit() {
  let fstr = document.querySelector('#ta').value;
  findUsers(fstr).then((res)=> {
    let msg = document.querySelector('#msg');
    msg.innerHTML = jsonToTable(res);
  });
}
```

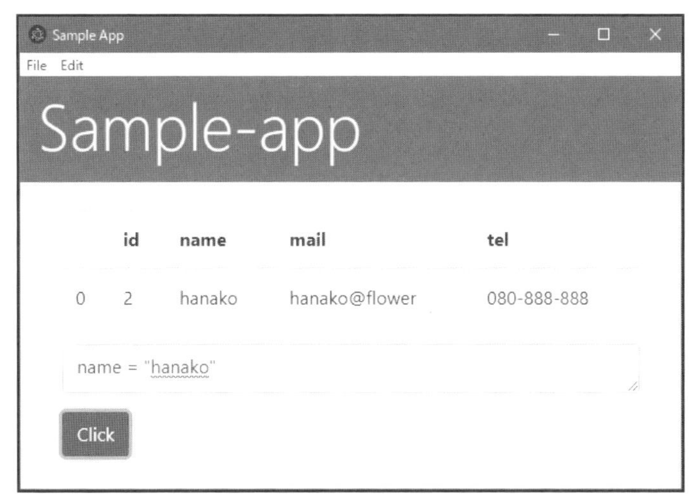

図5-26：テキストエリアに条件となる式を書いてボタンをクリックすると、その条件に合うレコードだけが表示される。

ここでは、テキストエリアに条件の式を入力するようにしてあります。式を書いてからボタンをクリックすると、その式に合致するレコードだけが表示されます。例えば、「id = 1」と書いて実行してみましょう。idの値が1のレコードだけが表示されます。

ここではテキストエリアからテキストを取り出し、それを引数に指定してfindUesrを呼び出しているだけです。

```
let fstr = document.querySelector('#ta').value;
findUsers(fstr).then((res)=> {……});
```

このような形ですね。あとは、thenの関数内でjsonToTable(res)で<table>ソースコードを取得し、それをid="msg"のタグに組み込んで表示するだけです。

テキストエリアにさまざまな式を書いて、どのような結果になるかいろいろと試してみましょう。whereを使った検索がどのように働いているのかがわかってくることでしょう。

基本はexecとall

これで、SQLite3利用の基本はおしまいです。

実をいえば、sqlite3モジュールの基本的な使い方はそう複雑ではありません。基本は、「exec」と「all」だけなのです。レコードの追加のようにデータベースに変更を加えるときは「exec」を使い、レコードを取り出すときは「all」を使う、これだけです。

あとは、「実行するクエリー」次第といってもいいでしょう。すなわち、ここから先は「SQLという言語をいかに理解しているか」にかかっています。データベース利用に興味を持ったなら、SQLについてじっくり学んでみてください。

C O L U M N

MySQLを利用するには?

SQLite3はデータベースファイルに直接アクセスをしますが、多くのSQLデータベースは、データベースサーバーにアクセスして利用するようになっています。こうしたタイプのデータベースを利用するケースも多いでしょう。

SQLデータベースサーバーでもっとも広く使われているものに、「MySQL」があります。これを利用する方法についても簡単に触れておきましょう。

まず、「mysql」というパッケージをインストールします。

```
npm install mysql
```

MySQLの利用は、mysqlオブジェクトからcreateConnectionというメソッドを呼び出し、Connectionというオブジェクトを生成して行います。

```
const mysql = require('mysql');

const connection = mysql.createConnection({
  host: 'ホスト名',
  user: '利用者名',
  password: 'パスワード',
  database: 'データベース名'
});
```

作成したら、connectメソッドでデータベースへの接続を開始します。エラーが発生しなければ、データベースにクエリーを送信できるようになります。

```
connection.connect((err) => { エラー処理 });
```

クエリーの送信は、queryメソッドを使って行います。送信するクエリーをテキストとして引数に指定して呼び出します。

```
connection.query( クエリー, (err, result) => { エラー処理 });
```

これで、実行結果(取得されたレコード)が引数に用意されている関数のresultに返されます。あとは、これを利用して処理をすればいいわけです。

SQLite3とは、データベースへのアクセス方法がだいぶ違いますが、データベースアクセスの基本となるSQLのクエリーはだいたい同じです。ですから、アクセスの手順さえしっかり覚えれば、MySQLの利用はそう難しくはないでしょう。

Chapter 6

テキストエディタ・フレームワーク

ElectronはVisual Studio Codeのようなテキストエディタの開発で有名になりました。
こうしたテキストエディタは「Ace」というフレームワークを導入することで、
誰でも比較的簡単に作成できます。
Aceを使ったテキストエディタの作成について説明しましょう。

Chapter 6

6.1. Aceの基本

テキストエディタとAce

Electronの名前がこれだけ知られるようになった大きな要因として、「著名な開発ツールがElectronで作られている」ということが挙げられるでしょう。それは、GitHubが開発する「Atom」というテキストエディタと、Microsoftによる「Visual Studio Code」です。Visual Studio Codeは実際にこの本でも使っていますね。実は、これもElectron製だったのです。GitHubのAtomも、Visual Studio Codeと並んで広く利用されています。

この他、Electron製ではありませんが、最近はWebベースの開発ツールがずいぶんと増えてきました。これらもElectronと同様に、HTMLとJavaScriptでIDEなどを構築しています。今や「Webベースだから」低機能なものしか作れない、などということはありません。Webの技術だけで、本格的なエディタ環境を構築できるのです。

こうした本格的なエディタをElectronで作ろうとすると、かなり大変な思いをするのは確かでしょう。しかし、諦めることはありません。世の中には、こうしたテキストエディタ構築のためのフレームワークというものも存在するのです。それが、「Ace」です。

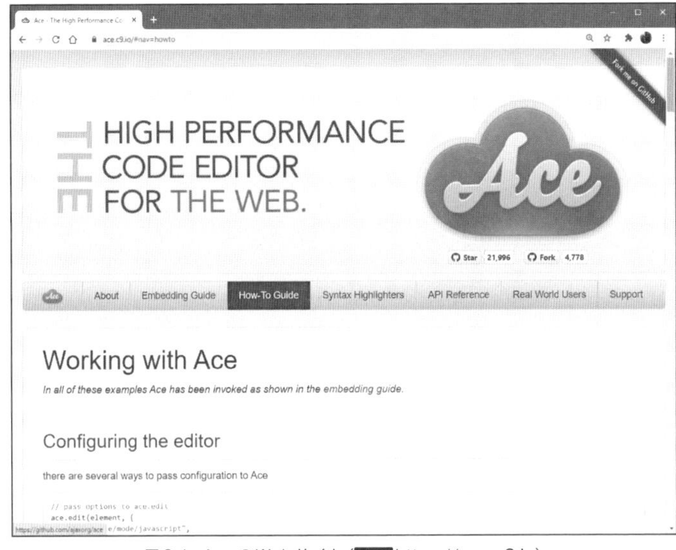

図6-1：AceのWebサイト（URL https://ace.c9.io）

Aceを利用することで、誰でもElectronで本格的なエディタを開発できます。このAceの公開により、Electronは「オリジナルのテキストエディタ開発環境」として広く認知されつつある、といっていいでしょう。

せっかくElectronを覚えるのですから、実用的なアプリを作るための機能もマスターしたいところです。Aceを一通り使えるようになれば、テキストエディタを利用したアプリの開発が可能になります。

アプリケーションを作成する

今回はアプリケーション全体を書き換えることになるので、新しいアプリケーションを用意することにしましょう。適当なところ（デスクトップなど）に新しいフォルダを作成してください。名前は「sample_editor」としておきます。

Visual Studio Codeで新しいウインドウを開き、作成した「sample_editor」フォルダをドラッグ&ドロップして開きます。

そして、「ターミナル」メニューから「新しいターミナル」を選び、現れたターミナルビューで以下のコマンドを実行します。

```
npm init
```

以後、初期化のために必要な情報を尋ねてくるので一通り入力します。といっても、基本的にすべて[enter]キーで問題ありません。

1. パッケージ名の入力

```
package name: (sample_editor)
```

2. バージョンの入力

```
version: (1.0.0)
```

3. 説明文の入力

```
description:
```

4. エントリーポイント(起動プログラム)

```
entry point: (index.js)
```

5. テスト用のコマンド

```
test command:
```

6. Gitのリポジトリ

```
git repository:
```

7. キーワード

```
keywords:
```

8. 製作者

```
author:
```

9. ライセンス形態

```
license: (ISC)
```

```
問題　出力　デバッグ コンソール　ターミナル　　1: node

Press ^C at any time to quit.
package name: (sample_editor)
version: (1.0.0)
description:
entry point: (index.js)
test command:
git repository:
keywords:
author:
license: (ISC)
About to write to D:\tuyan\Desktop\sample_editor\package.json:

{
  "name": "sample_editor",
  "version": "1.0.0",
  "description": "",
  "main": "index.js",
  "scripts": {
    "test": "echo \"Error: no test specified\" && exit 1"
  },
  "author": "",
  "license": "ISC"
}


Is this OK? (yes)
```

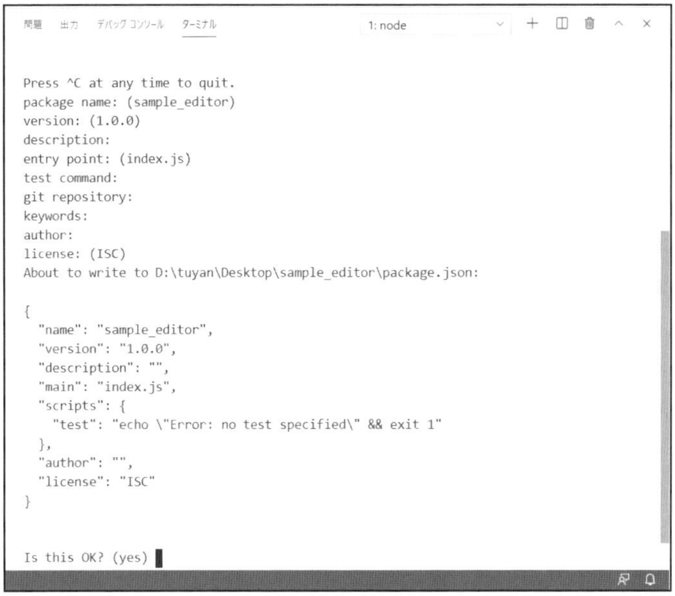

図6-2：npm initで初期化を行う。

AceとCDN

このアプリケーションでAceを利用していきます。Aceの利用には、いくつかの方法があります。npm installでインストールして利用することも可能です。しかし、今回はより利用が簡単な方法として「CDN(Content Delivery Network)」を利用することにします。CDNは、すでにBootstrapで使っていますね。Aceも同様に<script>タグをHTML内に追加することで、外部からスクリプトを読み込み利用することができます。

今回は、以下のタグでCDNを使います。

```
<script src="https://cdnjs.cloudflare.com/ajax/libs/ace/1.4.12/ace.js"></script>
```

cdnjsというJavaScriptのCDNから、Ace 1.4.12を読み込んで利用します。Aceがアップデートした場合は、リンク先を変更することで対応できます。

メイン処理を作成する

では、実際にAceを利用した簡単なサンプルを作成しましょう。まず、メイン処理から作成します。アプリケーションのフォルダ内(「sample_editor」フォルダ)に、「index.js」という名前でファイルを作成してください。

そして、次のように記述をします。

▼リスト6-1

```
const { app, Menu, BrowserWindow } = require('electron');
const path = require('path');

function createWindow () {
  win = new BrowserWindow({
    width: 600,
    height: 400,
    webPreferences: {
      enableRemoteModule: true,
      preload: path.join(app.getAppPath(), 'preload.js')
    }
  });
  win.loadFile('index.html');
  return win.id;
}

function createMenu() {
  let menu_temp = [
    {
      label: 'File',
      submenu: [
        {label: 'New', click: ()=>{
          createWindow();
        }},
        {role: 'close'},
        {type: 'separator'},
        {role: 'quit'}
      ]
    },
    {role: 'editMenu'},

  ];
  let menu = Menu.buildFromTemplate(menu_temp);
  Menu.setApplicationMenu(menu);
}

createMenu();
app.whenReady().then(createWindow);
```

これは、今まで作成してきたものとほぼ同じ内容です。メニュー関係はとりあえず「File」と「Edit」だけ用意し、「FIle」メニューには「New」「Cose」「Quit」だけ用意しておきました。それ以外のものは、必要に応じて追加していくことにしましょう。

表示用HTMLファイルを用意する

続いて、ウインドウの表示に使うHTMLファイルを用意しましょう。アプリケーションフォルダ内に、「index.html」という名前でファイルを作成してください。

そして、次のように記述を行います。

▼リスト6-2

```
<!DOCTYPE html>
<html lang="ja">

<head>
  <meta charset="UTF-8">
  <meta name="viewport"
    content="width=device-width, initial-scale=1.0">
  <link rel="stylesheet" href="https://stackpath.bootstrapcdn.com/bootstrap/⤵
    4.5.0/css/bootstrap.min.css">
  <script src="https://code.jquery.com/jquery-3.5.1.slim.min.js"></script>
  <script src="https://cdn.jsdelivr.net/npm/popper.js@1.16.0/dist/umd/⤵
    popper.min.js"></script>
  <script src="https://stackpath.bootstrapcdn.com/bootstrap/4.5.0/js/⤵
    bootstrap.min.js"></script>
  <link rel="stylesheet" href="index.css">
</head>

<body>
  <nav class="navbar bg-secondary" id="header">
    <h1 class="h5 text-light">Sample-editors</h1>
  </nav>
  <div class="row m-0" id="content">
    <div class="col-12 m-0" id="editor_area"></div>
  </div>
  <div class="row m-0" id="footer">* this is footer. *</div>
  <script src="https://cdnjs.cloudflare.com/ajax/libs/ace/1.4.12/ace.js"></script>
  <script src="editor.js"></script>
</body>

</html>
```

特に複雑な内容ではありません。<body>では、id="content"内に<div id="editor_area">というタグを用意してあります。これが、エディタ部分が組み込まれる場所になります。

また、</body>の手前にAceのスクリプトをCDNから読み込む<script>タグを用意してあります。Aceのスクリプトは、エディタとして扱うタグの読み込み完了後に読み込ませるようにしてください。

そのあとにeditor.jsというスクリプトファイルを読み込む<script>タグがありますが、これは後ほど作成します。

スタイルシートの用意

HTMLと共に、index.htmlで利用するスタイルシートも用意しましょう。「index.css」という名前でファイルを作成し、次のように内容を記述しておきます。

▼リスト6-3

```
* {
  margin: 0px;
  padding: 0px;
}

html,
body {
  width: 100%;
  height: 100%;
  background-color: #303030;
}

#header {
  position: fixed;
  width: 100%;
  height: 45px;
}

#content {
  padding: 50px 0px 25px 0px;
  width: 100%;
  height: 100%;
}

#editor_content {
  padding: 0px 0px 0px 0px;
  width: 100%;
  height: 100%;
}

#editor_area {
  padding:0px;
  width: 100%;
  height: 100%;
}

#footer {
  position: fixed;
  height: 22px;
  width: 100%;
  bottom: 0px;
  background-color: #505050;
  color: #e0e0e0;
  font-size: 90%;
}
```

ここでは<body>に配置したヘッダー、コンテンツ、フッターの、各エリアのスタイルを用意してあります。位置と大きさに関する設定が中心で、それぞれのエリアがなるべくきっちりとウインドウ内に配置され、はめ込まれるように調整するためです。

レンダラープロセスの処理を作成する

残るは、レンダラープロセスの処理です。ここでは、index.html内にはスクリプトを用意してありません。これまで以上に複雑な処理を作成することになるでしょうから、HTML内に埋め込むと、かなりわかりにくくなるでしょう。

今回のサンプルも別途スクリプトファイルを用意し、そこでレンダラープロセスで必要な処理を実行させることにします。Ace関連の処理も、ここに用意しておくことにしましょう。

では、スクリプトを作成しましょう。まずは、プレロードのスクリプトから用意します。アプリケーションのフォルダ内に「preload.js」という名前でファイルを作成し、次のように内容を記述します。

▼リスト6-4

```
const { remote } = require('electron');
const { dialog, BrowserWindow } = remote;

window.remote = remote;
window.BrowserWindow = BrowserWindow;
window.dialog = dialog;
```

すぐには使いませんが、remote、dialog、BrowserWindowだけ用意しておくことにします。あとは、必要に応じて追記していくことにしましょう。

続いて、index.htmlを表示するレンダラープロセス側で実行するスクリプトを作成します。アプリケーションのフォルダに「editor.js」という名前でファイルを作成し、次のように記述をします。

▼リスト6-5

```
var editor = null;

window.addEventListener('DOMContentLoaded', onLoad);

function onLoad() {
    editor = ace.edit('editor_area');
    editor.focus();
}
```

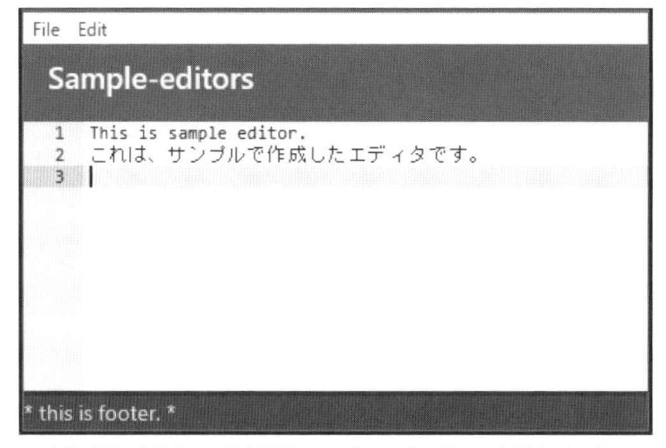

図6-3：実行すると、ごく単純なエディタウインドウが表示される。
ちゃんとテキストを書き、「Edit」メニューでカット＆ペーストもできる。

これで完成です。ターミナルから「electron .」を実行して動作を確かめてみましょう。起動すると、黒字に白のシンプルなテキストエディタウインドウが現れます。エディタの左端には行番号が表示され、改行すると自動的に番号が追加されていきます。

エディタ部分は、普通のテキストエディタとしても入力することができます。また、「Edit」メニューを使い、カット&ペーストで編集することも可能です。これだけで、ごく基本的なテキストエディタとして使えることがわかるでしょう。

ace.editの作成と利用

editor.jsで行っているAce関連の処理について見てみましょう。ここでは、onLoadという関数に処理をまとめています。これは、次のようにイベントに設定されています。

```
window.addEventListener('DOMContentLoaded', onLoad);
```

addEventListenerは、イベントに処理を組み込むメソッドです。ここでは、DOMContentLoadedというイベントにonLoad関数を組み込んでいます。

このDOMContentLoadedは、HTMLのドキュメントのロードと解析が完了したときに発生するイベントです。このときにはHTML要素のDOMツリーの生成も完了しており、ロードされたHTML要素のDOMにアクセスできる状態になっています。

AceはHTML要素にエディタ機能を組み込むため、そのHTML要素のDOMが生成されたあとに実行する必要があります。

プレロードはHTMLドキュメントの読み込みより前にロードされるため、ただ処理を書いただけでは(HTML要素のロードがされる前なので)エラーになってしまいます。

そこでDOMContentLoadedイベントを使い、すべてのHTML要素が利用可能になったところで処理を行うようにしているのです。

Aceの利用

Aceの利用は非常に簡単です。まず、AceのEditorオブジェクトを生成します。

```
editor = ace.edit('editor_area');
```

これが、その文です。ace.editメソッドでオブジェクトを生成します。引数には、エディタを組み込むHTML要素のIDを指定します。これは通常、<div>タグなどを利用します。

実をいえば、Aceによるエディタ機能の生成は、これだけなのです。指定したHTML要素にはもうエディタが組み込まれています。このあとで行っているのは、エディタにフォーカスを設定する処理です。

```
editor.focus();
```

これで、作成したエディタにインサーションポインタが表示され、すぐに入力できる状態になります。これは別になくとも、Aceの利用には何ら影響はありません。

C O L U M N

Ace をアプリケーション内に配置したい

ここではCDNを利用してAceを読み込んでいますが、「アプリケーションの中にAceをインストールして使いたい」という人もいるでしょう。この場合はどうすればいいのでしょうか？

実をいえば、Aceは一般的なNode.jsパッケージのように「npmでインストールすればすぐに使える」という形にはなっていません。ソフトをダウンロードし、そこから必要なファイルをアプリケーション内にコピーして利用する、という形になります。まず、以下のアドレスにアクセスしてください。

https://github.com/ajaxorg/ace

ここからプログラムをダウンロードします（「Code」という緑のボタンをクリックし、「Download ZIP」を選びます）。ダウンロードし展開したフォルダの中から、「src」あるいは「src-min」フォルダをアプリケーションの中にコピーします。そして、この中にあるace.jsを <script src="./src/ace.jp"> というようにタグを用意して読み込んでください。これで、Aceが利用できるようになります。

テーマの設定

作成したエディタは、白地に黒い文字で表示されるごく一般的なものですが、エディタを利用する人の中にはダークモードのほうが見やすいという人も多いでしょう。

Aceにはテーマの設定機能が備わっており、標準でダークモードのテーマが用意されています。先ほど作成したeditor.jsのonLoad関数を、次のように修正してみましょう。

▼リスト6-6

```
function onLoad() {
    editor_area = document.getElementById('editor_area');
    footer_area = document.getElementById('footer');

    editor = ace.edit('editor_area');
    editor.setTheme('ace/theme/dracula');
    editor.focus();
}
```

Sample-editors

```
1  This is sample editor.
2  これは、サンプルで作ったテキストエディタです。
3  
```

* this is footer. *

図6-4：ダークモードでエディタを表示する。

実行すると、ダークモードでエディタが表示されます。黒字に白い文字に変わるのがわかるでしょう。
テーマの設定は、「setTheme」というメソッドで行います。

```
《Editor》.setTheme( テーマの指定 );
```

引数には、使用するテーマ名を指定します。これは、"ace/theme/テーマ名" という形のテキストになります。現在、標準で用意されているテーマには以下のものがあります。

ambiance chaos chrome clouds clouds-midnight cobalt crimson_editor dawn dracula dreamweaver eclipse github gob gruvbox idle_fingers iplastic katzenmilch kr_theme kuroior merbivore merbivore_soft mono_industorial monokai nord_dark pastel_on_dark solarized_dark soralized_light sqlserver terminal textmate tomorrow tomorrow_night tomorrow_night_blue tomorrow_night_bright tomorrow_night_eighties twilight vibrant_ink xcode

これらの名前を"ace/theme/テーマ名" に当てはめて設定すれば、そのテーマが利用できます。実に簡単ですね！

テーマをメニューに登録する

では、テーマの変更機能をアプリケーションに追加してみましょう。これは、メニューの形で用意します。メインプロセスであるindex.jsのcreateMenu関数を修正し、さらにテーマ変更用の関数「setTheme」を追加することにします。

▼リスト6-7

```
// createMenu関数を修正する
function createMenu() {
  let menu_temp = [
    {
      label: 'File',
      submenu: [
        {label: 'New', click: ()=>{
          createWindow();
        }},
        {role: 'close'},
        {type: 'separator'},
        {role: 'quit'}
      ]
    },
    {role: 'editMenu'},
    {
      label: 'Theme',
      submenu: [
        {label: 'textmate',
          click: ()=> setTheme('textmate') },
        {label: 'chrome',
```

```
          click: ()=> setTheme('chrome') },
        {label: 'github',
          click: ()=> setTheme('github') },
        {label: 'dracula',
          click: ()=> setTheme('dracula') },
        {label: 'twilight',
          click: ()=> setTheme('twilight') },
          {label: 'pastel on dark ',
          click: ()=> setTheme('pastel_on_dark') }
      ]
    },
  ];
  let menu = Menu.buildFromTemplate(menu_temp);
  Menu.setApplicationMenu(menu);
}

// setTheme関数を追加する
function setTheme(tname) {
  let w = BrowserWindow.getFocusedWindow();
  w.webContents.executeJavaScript('setTheme("' + tname + '")');
}
```

ここでは、createMenu関数で「Theme」というメニューを作成しています。このメニューではサブメニューで、例えば次のような値を用意していますね。

```
{label: 'textmate', click: ()=> setTheme('textmate') },
```

setThemeの引数にテーマ名を指定して実行しています。このような形で、利用するテーマの設定を必要なだけ用意します。

そしてsetTheme関数では、まずフォーカスのあるウインドウのBrowserWindowを取得します。

```
let w = BrowserWindow.getFocusedWindow();
```

これで、メニューを選んだBrowserWindowが得られました。このWebコンテンツにJavaScriptのスクリプトを送ります。

```
w.webContents.executeJavaScript('setTheme("' + tname + '")');
```

ここでは、「setTheme("テーマ名")」というスクリプトを実行させています。ということは、WebコンテンツにsetTheme関数を用意し、そこでテーマを変更する処理を行えばいいわけですね。

editor.jsを修正する

では、editor.jsを修正しましょう。まず、すでにあるonLoad関数を修正し、さらにテーマ変更のsetTheme関数を追加することにします。

▼リスト6-8

```
// onLoad関数を修正する
function onLoad() {
    editor = ace.edit('editor_area');
    editor.setTheme('ace/theme/textmate');
    editor.focus();
}

// setTheme関数を追加する
function setTheme(tname) {
  editor.setTheme('ace/theme/' + tname);
}
```

これで、「Theme」メニューからテーマ名を選べば、ウインドウのテーマが変更されるようになりました。実際にメニューを選んで動作を確認しましょう。

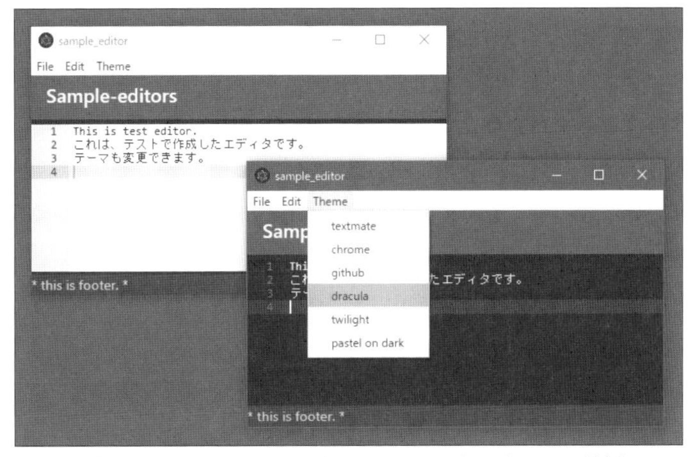

図6-5:「Theme」メニューからテーマを選ぶと、そのウインドウのテーマが変わる。

モードについて

実際にいろいろとテーマを試してみて、「ライトテーマとダークテーマがあることはわかったけど、細かい違いがわからない」と感じた人も多いことでしょう。実際、ただテキストを書いただけでは、細かなテーマの違いは実感できません。

それぞれのテーマは、プログラムのソースコードを編集するようになるとはっきりとします。Aceのエディタには、主なプログラミング言語のソースコードを色分け表示できるようになっています。テーマを変更すると、この色分け表示のスタイルがガラリと変わるのです。

このソースコードの色分け表示は、「モード」と呼ばれます。モードは、Editorのsessionプロパティから「setMode」メソッドを呼び出して設定することができます。

```
《Editor》.session.setMode( モード名 );
```

この「session」というプロパティには、エディタ専用のセッションを管理する「EditSession」オブジェクトが設定されています。これにより、エディタの設定などの情報が保管され、値の変更などの操作も行えるようになっています。

エディタのモードも、このEditSessionによって管理されています。引数に、使用するモードの名前を指定することで、そのモードにエディタが設定されます。

モード切替メニューを追加する

モード設定のサンプルとして、アプリケーションにモード切替のメニューを追加してみましょう。

まず、メインプロセス側のメニュー作成部分を追記します。index.jsに記述してあるcreateMenu関数で、先ほど追加した{label: 'Theme', submenu:[……]},のあとに、以下の値を追記してください。

▼リスト6-9

```
{
  label: 'Mode',
  submenu: [
    {label: 'text',
      click: ()=> setMode('text') },
    {label: 'javascript',
      click: ()=> setMode('javascript') },
    {label: 'html',
      click: ()=> setMode('html') },
    {label: 'python',
      click: ()=> setMode('python') },
    {label: 'php',
      click: ()=> setMode('php') }
  ]
},
```

見ればわかるように、これは「Mode」というメニューを追加するものです。サブメニューには「text」「javascript」「html」「python」「php」といった項目を用意しておきました。これらのメニューから呼び出されるsetMode関数をindex.jsに追記してください。

▼リスト6-10

```
function setMode(mname) {
  let w = BrowserWindow.getFocusedWindow();
  w.webContents.executeJavaScript('setMode("' + mname + '")');
}
```

ここでは、WebコンテンツのexecuteJavaScriptで「setMode(引数)」といったスクリプトをWebコンテンツに送って実行させています。レンダラープロセス側にこのsetMode関数を用意して、モードの変更を行えばいいわけですね。

editor.jsを開き、次の関数を追記しておきましょう。

▼リスト6-11

```
function setMode(mname) {
  editor.session.setMode('ace/mode/' + mname);
}
```

これで、引数に指定したモードにエディタの設定が変わります。これで完成ですが、起動時のモード設定もついでに付け足しておきましょう。onLoad関数を、次のように修正してください。

▼リスト6-12

```
function onLoad() {
    editor = ace.edit('editor_area');
    editor.setTheme('ace/theme/textmate');
    editor.session.setMode("ace/mode/text");
    editor.focus();
}
```

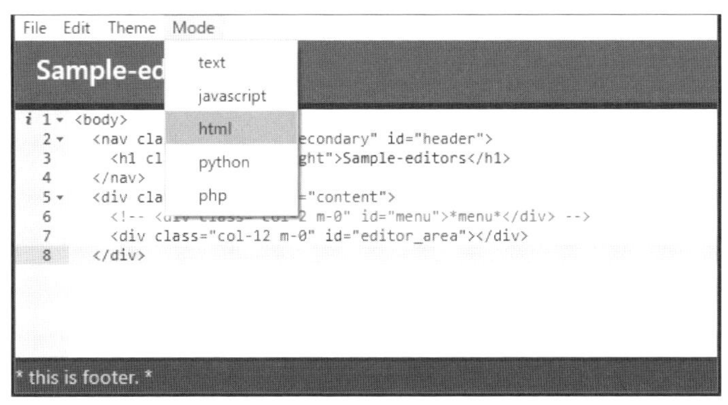

図6-6:「Mode」メニューから言語を選ぶと、そのモードでエディタが機能する。

起動時には「text」モードになっています。これは標準テキストを表示するモードで、記入してもスタイルの変更などはいっさいありません。

エディタにソースコードを記述し、「Mode」メニューから選んでどう変化するか見てみましょう。すると、ソースコードの変数や関数、構文などにスタイルが設定され、より見やすいものに表示が変わります。またテーマを変更すると、使われるスタイルの色などがテーマごとに変化することもわかるでしょう。

このように、テーマとモードは使いやすいエディタを作る上でもっとも重要な機能と言えるでしょう。

フォントサイズの変更

エディタの設定としてもう1つ、「フォントサイズ」についても機能を追加しましょう。標準のエディタは12ポイントでテキストが表示されます。が、もっと小さくていい、もっと大きく表示してほしい、と思う人は多いはずです。

エディタのフォントサイズは、「setFontSize」というメソッドで設定できます。

```
《Editor》.setFontSize( フォントサイズ );
```

このように、引数に設定したいフォント・サイズを整数値で指定して呼び出すだけです。これで、エディタのフォント・サイズが変更できます。

「Font」メニューを追加する

フォントサイズを変更する「Font」というメニューをアプリケーションに追加してみましょう。まずは、メインプロセス側です。index.jsのcreateMenu関数で、「Font」メニューの設定を次のように追記します。

▼リスト6-13

```
{
  label: 'Font',
  submenu: [
    {label: '9',
      click: ()=> setFontSize(9) },
      {label: '10',
      click: ()=> setFontSize(10) },
      {label: '12',
      click: ()=> setFontSize(12) },
      {label: '14',
      click: ()=> setFontSize(14) },
      {label: '16',
      click: ()=> setFontSize(16) },
      {label: '18',
      click: ()=> setFontSize(18) },
      {label: '20',
      click: ()=> setFontSize(20) },
      {label: '24',
      click: ()=> setFontSize(24) },
  ]
},
```

これは、先ほど作成した「Mode」メニューのあとあたりに追記しておけばいいでしょう。メニューを選ぶと、setFontSizeという関数を呼び出すようにしています。これも、index.jsに作成しておきます。

▼リスト6-14

```
function setFontSize(n) {
  let w = BrowserWindow.getFocusedWindow();
  w.webContents.executeJavaScript('setFontSize(' + n + ')');
}
```

やっていることは、setThemeやsetModeとだいたい同じですね。WebコンテンツのexecuteJavaScriptを呼び出し、'setFontSize(' + n + ')' というスクリプトを実行させているだけです。

editor.js側に、このsetFontSize関数を用意すれば完成です。

▼リスト6-15

```
function setFontSize(n) {
  editor.setFontSize(n);
}
```

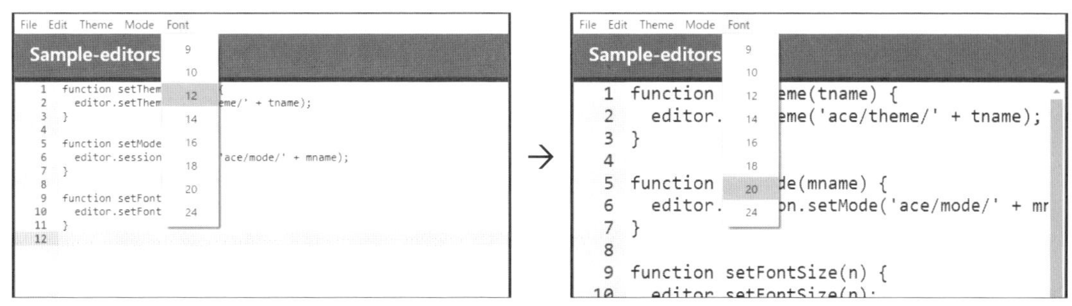

図6-7:「Font」メニューを選ぶと、エディタのフォントサイズが変わる。

できたら、実行して動作を確認しましょう。「Font」メニューにある数字は、フォントサイズを示します。「9」を選べば、エディタが9ポイントのサイズで表示されます。メニューを選んで、エディタのフォントサイズが変わるのを確認しましょう。

Chapter 6

6.2. ファイルの扱いを考える

サイドバーを作る

基本的なエディタ機能ができたところで、このエディタを活用するために「ファイルの利用」について考えることにしましょう。

一般的なテキストエディタはファイルを開いてその内容を表示し、編集して保存する、といった作業を行います。こうしたファイルの読み書きはエディタに必須の機能といえるでしょう。

ファイルのロードとセーブの機能を付け足すだけでもそれなりに使えるエディタになりますが、せっかくですからもう一捻りしてみましょう。Visual Studio Codeでは、左側にフォルダ内のファイルが一覧表示されるエリアが表示され、クリックでファイルを開くことができます。こうした、「フォルダ内のファイルをリスト表示する」というサイドバーを作ってみることにします。

サイドバーの表示を用意する

サイドバーの考え方はわりと簡単です。要するに、エディタ部分の左側にサイドバー用の表示の<div>タグを用意してやればいいのです。

index.htmlの<body>部分を、次のように書き換えてください。

▼リスト6-16

```
<body>
  <nav class="navbar bg-secondary" id="header">
    <h1 class="h5 text-light">Sample-editors</h1>
  </nav>
  <div class="row m-0" id="content">
    <div class="col-12 col-sm-4 col-md-3 col-lg-2 m-0" id="sidebar">*sidebar*</div>
    <div class="col-12 col-sm-8 col-md-9 col-lg-10 m-0" id="editor_area"></div>
  </div>
  <div class="row m-0" id="footer">* this is footer. *</div>
  <script src="https://cdnjs.cloudflare.com/ajax/libs/ace/1.4.12/ace.js"></script>
  <script src="editor.js"></script>
</body>
```

併せて、サイドバー用のスタイルシートも追加しておきましょう。index.cssを開いて、次のコードを追記してください。

▼リスト6-17

```
#sidebar {
  background-color: #505050;
  color: #e0e0e0;
}
#sidebar li {
  list-style: none;
}
```

rowとcol

ここでは、id="content"の中に2つの<div>タグを用意しています。そして片方をサイドバー、もう一方をエディタとして使うようにします。この部分は、整理すると次のような形になっています。

```
<div class="row">
  <div class="col-番号">○○</div>
  <div class="col-番号">○○</div>
</div>
```

classに注目してください。外側の<div>にはclass="row"とあり、内側には例えばclass="col-12……"といった値が用意されています。

rowやcol-12というのは、Bootstrapの「グリッドシステム」を実装するためのものです。Bootstrapでは、複数のコンテンツを横に並べて配置する際のレイアウトを自動的に割り付けるようになっていましたね。エリアを横に12等分し、それぞれの要素ごとに「いくつの区画を使って表示するか」を指定する、という方式です。

ここでは、このグリッドを利用してサイドバーをコンテンツエリアの隣に配置しています。よく見ると、このクラスはいくつも「col-○○」というものが書かれていますね。こんな具合です。

```
col-12 col-sm-4 col-md-3 col-lg-2
```

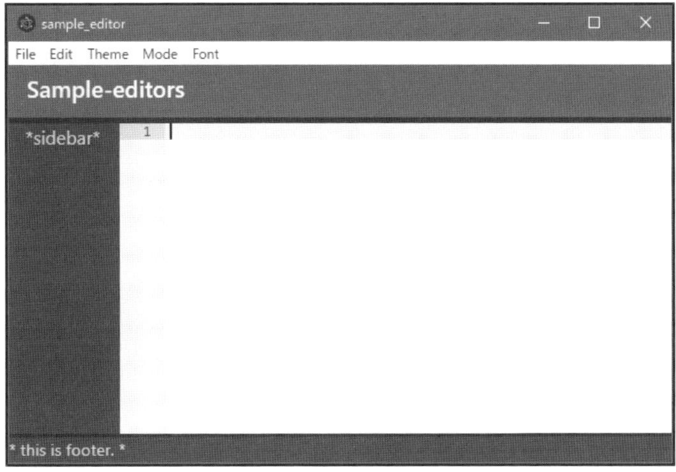

図6-8：サイドバーのエリアを追加した状態。

これは、横幅に応じて割合が変わるように複数のクラスを用意しているわけです。col-sm-というのは横幅が狭い(576px以上)ときの設定で、col-md、col-lgと次第に幅広くなっていったときの割合を操作するようになっています。このグリッドシステムを使うと、横にいくつかのコンテンツを並べて表示するのが非常に簡単に行えます。

「Open folder」メニューを実装する

ではフォルダを開いて、サイドバーにフォルダ内のファイル一覧を表示する処理を作成しましょう。これは、「Open folder」というメニューとして実装することにします。

index.jsのcreateMenu関数で、「File」メニューの項目として「Open folder」を追加しましょう。現在、「New」メニューの定義({label: 'New', click: ()=>{……} }, という部分)が書かれていますから、その次あたりに以下を記入すればいいでしょう。

▼リスト6-18

```
{label: 'Open folder...', click: ()=>{
  openfolder();
}},
```

ここでは、openfolderという関数を呼び出しています。これも、index.jsの中に用意する必要があります。

▼リスト6-19

```
function openfolder() {
  let w = BrowserWindow.getFocusedWindow();
  w.webContents.executeJavaScript('openfolder()');
}
```

もう何度も登場した処理ですね。Webコンテンツのexecute JavaScriptを呼び出し、'openfolder()'をレンダラープロセス側で実行させています。あとは、レンダラープロセスにこの関数を用意すればいいわけですね。

preload.jsへの追記

今回は、プレロードされるスクリプトにfsとpathを読み込む処理を追記しておきます。preload.jsに以下を書き加えてください。

▼リスト6-20

```
const fs = require('fs');
window.fs = fs;
const path = require('path');
window.path = path;
```

フォルダの中からファイル名を取り出してサイドバーに表示していくため、ファイルシステムとパスの操作を行うfsとpathが必要になります。これらをプレロードで使える状態にしておきましょう。

editor.jsにファイル操作の下準備を用意

editor.jsに処理を作成していきましょう。とはいえ、今回は「フォルダを選択して、その中身をサイドバーにリスト表示する」「リストからファイル名をクリックすると、そのファイルを開いてエディタに表示する」という機能を実装していくため、かなり長くなります。そこで、スクリプト全体をいくつかに分けて説明していきましょう。

まずは、プログラム全体で必要になる変数の用意と、onLoad関数の修正です。

▼リスト6-21

```
var editor = null;
var folder_path = null; // 開いたフォルダのパス
var folder_items = null; // フォルダ内のファイル
var current_fname = null; // 開いたファイル名
var sidebar = null;
var footer = null;

window.addEventListener('DOMContentLoaded', onLoad);

function onLoad() {
  footer = document.querySelector('#footer');
  sidebar = document.querySelector('#sidebar');
  editor = ace.edit('editor_area');
  editor.setTheme('ace/theme/textmate');
  setMode("text");
  editor.focus();
}
```

今回は、開いたフォルダのパスを保管するfolder_path、そのフォルダ内にあるファイル名を配列にまとめたfolder_itemsといった変数を用意しています。また、サイドバーのDOM要素を保管するsidebar、フッターを保管するfooterといったものも用意しておきました。これで、必要なオブジェクトを変数で素早く利用できるように準備できました。

フォルダを選択するダイアログの利用

関数を機能として実装していきましょう。まず、メインプロセスから呼び出される「openfolder」関数です。これは、フォルダを選択するファイルダイアログを開き、選択したフォルダのパスをfolder_path変数に設定するものです。

では、以下のリストをeditor.jsに追記してください。

▼リスト6-22

```
function openfolder() {
  let w = BrowserWindow.getFocusedWindow();
  let result = dialog.showOpenDialogSync(w, {
    properties: ['openDirectory']
  });
  if (result != undefined) {
```

```
      folder_path = result[0];
      loadPath(); // ☆
      footer.textContent = 'open dir:"' + folder_path + '".';
    }
  }
```

dialog.showOpenDialogSyncを呼び出してファイルダイアログを開いています。すでにこのメソッドは使っていますから、基本的な働きはわかりますね。

ここでは、properties: ['openDirectory']というようにプロパティを設定しています。これにより、ファイルではなくフォルダを選択するようになります。

開いたファイルパスを返すresultがundefinedでないならばフォルダが選択されていますから、folder_path = result[0]; というようにしてfolder_pathに値を取り出しておきます。showOpenDialogSyncの戻り値はファイルパスではなく、ファイルパスの「配列」だ、ということを忘れないでください。

そのあとで、loadPathという関数を呼び出していますね（☆の部分）。この関数で選択したフォルダからファイル名を取り出し、リストにまとめて表示する処理を行っています。つまり、このopenfolderはフォルダのパスを変数に取り出すだけで、サイドバーの表示はloadPathにまかせているのですね。

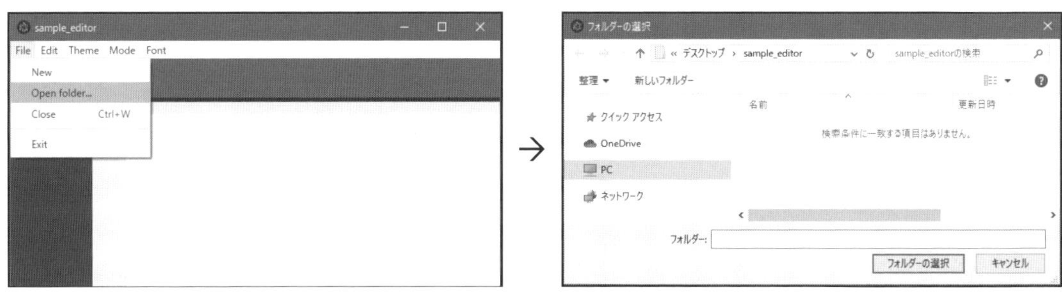

図6-9：完成すると、「Open folder」メニューでフォルダを選択するダイアログが現れる。
ただし、現時点では未完成のため動かないので注意。

loadPath関数でファイルのリストを表示する

では、loadPath関数を作成しましょう。editor.jsに以下の関数を追記してください。

▼リスト6-23

```
function loadPath() {
  fs.readdir(folder_path, (err, files)=> {
    folder_items = files;
    let tag = '<ul>';
    for (const n in files) {
      tag += '<li id="item ' + n + '" onclick="openfile('
        + n + ')">' + files[n] + '</li>';
    }
    tag += '</ul>';
    sidebar.innerHTML = tag;
  });
}
```

ここでは、folder_pathのフォルダ内にあるファイル名をまとめて取り出し、その1つ1つを<li>タグの形にしてリストを作成し表示しています。

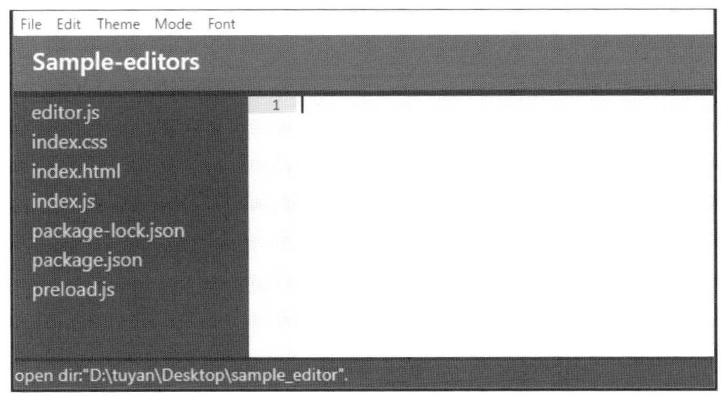

図6-10：フォルダを開くと、その中のファイルがサイドバーにリスト表示される。
ただし、現時点では未完成のため動かないので注意。

フォルダ内のファイルを得る

フォルダの中にあるファイルを得るには、fsモジュールの「readdir」というメソッドを使います。次のように記述します。

```
fs.readdir( フォルダパス , (err, files)=> {……});
```

第1引数には、調べるフォルダのパスをテキストで指定します。第2引数には、関数を用意します。この関数には2つ引数があります。

第1引数は、エラーが発生した際にエラー情報のオブジェクトが渡されます(エラーがなければnullです)。

第2引数がreaddirの結果となるもので、ここにフォルダ内のファイル名をテキスト配列としてまとめたものが渡されます。あとはメソッド内で配列から値を取り出し、処理していくのです。

ファイル名の配列を処理する

関数の引数として渡されたファイル名の配列は、forによる繰り返しを使って処理していくのが基本です。次のような形になります。

```
for (const n in files) {
  ……files[n] を処理……
}
```

これで、files[n]でファイル名が得られます。ここでは、filesのインデックス番号を使って<li>タグを作成し、変数tagに追加していきます。

```
tag += '<li id="item ' + n + '" onclick="openfile(' + n + ')">' + files[n] + '</li>';
```

変数nとfiles[n]を利用して<li>タグが作られているのがわかりますね。こうして、次のような形でタグを作成していきます。

```
<li id="item 番号" onclick="openfile( 番号 )">ファイル名</li>
```

クリックするとopenfileという関数を呼び出し、実行するようになっています。クリックした項目は、番号で識別されるようになっているのですね。

クリックしたファイルを開く

残るは、「リストから項目をクリックすると、そのテキストがエディタに表示される」という処理です。これは、「openfile」という関数として定義します。editor.jsに以下の関数を追記しましょう。

▼リスト6-24

```
function openfile(n) {
  savefile();
  current_fname = folder_items[n];
  let fpath = path.join(folder_path, current_fname);
  fs.readFile(fpath, (err, result)=> {
    if (err == null) {
      let data = result.toString();
      editor.session.getDocument().setValue(data);
      change_flg = false;
      footer.textContent = ' "' + fpath +'" loaded.';
      setExt(current_fname); // ☆
    } else {
      dialog.showErrorBox(err.code + err.errno, err.message);
    }
  });
}
```

ファイルパスの作成

まず最初に、開くファイルのパスを用意しています。アプリケーション以外の場所にあるファイルを開くには、ファイルのフルパスを指定する必要があります。それを行っているのが以下の文です。

```
let fpath = path.join(folder_path, current_fname);
```

path.joinはindex.jsですでに使ってますね。フォルダのパスとファイル名をつなげてフルパスのテキストを作成するものです。これで、folder_pathのフォルダにあるcurrent_fnameのフルパスが得られます。

readFileでファイルを読み込む

ファイルからテキストを読み込むのは、fsのreadFileを使っています。次のように記述しました。

```
fs.readFile(fpath, (err, result)=> {……});
```

これで、読み込んだ情報が第２引数に指定した関数のresultに渡されます。このresultからtoStringでテキストを取り出し、それをエディタに設定します。

```
let data = result.toString();
editor.session.getDocument().setValue(data);
```

エディタに書かれているテキストは、「Document」というオブジェクトによって管理されています。これは、エディタのEditSessionオブジェクトにある「getDocument」メソッドで得ることができます。得られたDocumentの「setValue」というメソッドで、ドキュメントの値（テキスト）が設定できます。整理すると、こうなります。

editor	Editorオブジェクト
session	EditSessionオブジェクト
getDocument()	Documentオブジェクト
setValue(data)	テキストを設定

メソッドチェーンでオブジェクトのオブジェクトの……というように呼び出しが続いているのでちょっとわかりにくいでしょうが、「editor.session.getDocumentでDocumentが得られる」ということだけ頭に入れておけばいいでしょう。

このあと、setExt(current_fname);というものを呼び出しています（☆の文）。ここで、開いたファイルの拡張子に応じてモードを変更する処理を行います。

ファイルの拡張子からモードを変更する

このsetExtが、作成する最後の関数になります。editor.jsに以下の関数を追記してください。

▼リスト6-25

```
function setExt(fname) {
  let ext = path.extname(fname);
  switch (ext) {
    case '.txt':
    setMode('text'); break;
    case '.js':
    setMode('javascript'); break;
    case '.json':
    setMode('javascript'); break;
    case '.html':
    setMode('html'); break;
    case '.py':
    setMode('python'); break;
    case '.php':
    setMode('php'); break;
  }
}
```

ここでは、引数に渡したファイル名から拡張子の部分だけを取り出し、それによってsetModeでモードを変更する、という操作を行っています。ファイルの拡張子は、pathにある「extname」というメソッドを使っています。

```
let ext = path.extname(fname);
```

引数にファイル名のテキストを指定すると、拡張子の部分だけを返します。例えばindex.htmlならば、「.html」というテキストが返されるわけです。これをもとに、switchで拡張子に応じてsetModeを呼び出しています。

動作を確認しよう

これで、サイドバー利用の機能が一通り実装できました。editor.jsには、この他にsetThemeとsetMode関数が書いてあったはずですが、これらも必要ですから削除したりしないでください。

実際に動かして動作を確かめましょう。「Open folder」メニューを選んでフォルダを選択すると、そのフォルダ内のファイルがサイドバーに表示されます。それをクリックすると、内容が編集できるようになります。開くファイルは、.txt拡張子ならばテキストファイル、.jsならJavaScript、.pyはPython、.phpはPHP、.htmlはHTMLというように、拡張子に応じて自動的にモードが切り替わります。

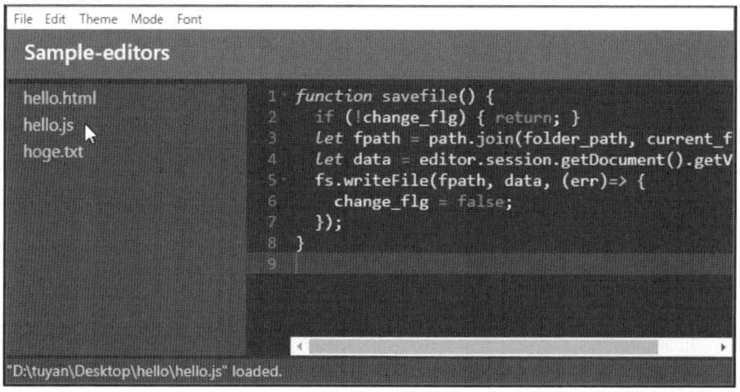

図6-11：サイドバーの項目をクリックすると、ファイルの内容が表示され編集できる。

ファイルの保存機能を作る

サイドバーは、クリックするだけでファイルが開けてとても便利です。これでファイルを開く機能はできました。次は、保存する機能ですね。これは、editor.jsに「savefile」という関数で作成することにしましょう。editor.jsに以下の内容を追記してください。

▼リスト6-26

```
var change_flg = false;

function savefile() {
  if (!change_flg) { return; }
```

```
  let fpath = path.join(folder_path, current_fname);
  let data = editor.session.getDocument().getValue();
  fs.writeFile(fpath, data, (err)=> {
    change_flg = false;
  });
}
```

ここでは、保存するかどうかをchange_flgという変数でチェックするようにしてあります。savefileでは、これがfalseならば何もしません。そうでない場合は、current_fnameのファイルに現在のドキュメントのテキストを保存します。

ここでは、fpathにファイルのフルパスを、dataにドキュメントのテキストを取り出し、fs.writeFileで保存をしています。そして保存が終わったら、change_flg = false;としておきます。change_flgの値によって保存するかどうかが決まるようになっているのですね。

イベントを使ってファイルを自動保存する

この保存機能は、今回は「自動保存」として実装することにします。ファイルを編集し、他のファイルをクリックしたら、編集したファイルをその場で保存して次のファイルを開く、というようにするわけです。

これは、BrowserWindowとDocumentのイベントを利用します。editor.jsのonLoad関数を、次のように修正しましょう。

▼リスト6-27

```
function onLoad() {
  let w = BrowserWindow.getFocusedWindow();
  w.on('close', (e)=> {
    savefile();
  });
  footer = document.querySelector('#footer');
  sidebar = document.querySelector('#sidebar');
  editor = ace.edit('editor_area');
  editor.setTheme('ace/theme/textmate');
  setMode("text");
  editor.focus();
  editor.session.getDocument().on('change', (ob)=> {
    change_flg = true;
  });
}
```

Aceのオブジェクトには、さまざまなイベントが用意されています。それらのイベントは、onメソッドで処理を組み込むことができます。

```
オブジェクト.on( イベント名 , ()=>{…イベント処理…});
```

こんな具合ですね。onの第1引数にはイベント名をテキストで指定し、第2引数にはそのイベントによって実行される関数を用意します。関数の引数はイベントの種類によって変わってきますので、その都度、どういうオブジェクトが返されるか確認しながら使うとよいでしょう。

ウインドウを閉じるイベント

onLoadでは、まずBrowserWindowの「close」イベントを設定しています。closeイベントは、ウインドウが閉じるよう要求された際に発生します。この段階では、まだウインドウは閉じられていません。ウインドウを閉じる際の後始末のような処理を用意するのに用いられます。
ここでは、次のように使われていますね。

```
w.on('close', (e)=> {
  savefile();
});
```

閉じる際に、savefileを呼び出してファイルの保存を行っています。これで、ウインドウを閉じていきなりアプリを終了しても、ちゃんとファイルが保存されるようになります。

ドキュメントの変更イベント

もう1つは、Documentオブジェクトに用意されているイベントです。これは、次のように作成されています。

```
editor.session.getDocument().on('change', (ob)=> {
  change_flg = true;
});
```

'change'というのは、ドキュメントが変更された際に発生するイベントです。ドキュメントが書き換わったら、change_flgの値をtrueに変更する操作をしています。こうすることで、このドキュメントはsavefile時に保存されるようになります。

openfileの修正

もう1つ、ファイルを開く際に呼び出されるopenfile関数も修正をしておきましょう。関数の冒頭に、次のように文を追記してください。

▼リスト6-28

```
function openfile(n) {
  savefile(); // ☆
  current_fname = folder_items[n];
  ……以下略……
```

わかりますか？　関数の一番最初に、☆の文を追記しています。ファイルを開くときは、まずsavefileで現在のファイルを保存してから次のファイルを開くようになります。これで、ファイルの自動保存ができました。

新しいファイルの作成

もう１つ、新しいファイルを作成する機能も欲しいところですね。そのためには、新しいファイル名を入力する仕組みを考える必要があります。

通常ならば、dialog.showSaveDialogなどを使って保存するファイルパスを得て処理すればいいのですが、今回のアプリケーションはフォルダを開いて、その中のファイルを編集するようにしています。ファイルダイアログで、どこにでも自由にファイルを保存できるようにすると、開いたフォルダ以外の場所に作成したファイルの扱いなどを考えないといけません。

今回は、「開いたフォルダの中のファイルだけを扱う」ということで考えることにしましょう。そこで、Bootstrapのモーダルダイアログ機能を使ってファイル名を入力してもらい、そのファイルを開いているフォルダ内に作成する、というアプローチを取ることにしましょう。

「Create file」メニューを追加する

では、ファイルを作成するメニューを作りましょう。

index.jsのcreateMenu関数で、「File」メニューの設定を行っているところに、以下の内容を追記してください。

▼リスト6-29

```
{label: 'Create file', click: ()=>{
  createfile();
}},
```

{label: 'Open folder...', click: ()=>{……}},のあとあたりに追記しておくとよいでしょう。ここでは、メニューを選ぶとcreatefile関数を呼ぶようになっています。index.jsに、次のように関数を追加しておきましょう。

▼リスト6-30

```
function createfile() {
  let w = BrowserWindow.getFocusedWindow();
  w.webContents.executeJavaScript('createfile()');
}
```

これで、Webコンテンツの'createfile()'を呼び出すようになります。レンダラープロセス側でcreatefile関数を作成して、対応させましょう。

ファイル名入力のモーダルを用意する

Bootstrapの機能を使い、ファイル名を入力するモーダルダイアログを用意しましょう。

index.htmlを開き、<body>内の適当な場所に（</body>の手前あたりでいいでしょう）、以下を追記してください。

▼リスト6-31

```
<div class="modal" tabindex="-1" role="dialog" id="save-modal">
  <div class="modal-dialog" role="document">
    <div class="modal-content">
      <div class="modal-header">
        <h5 class="modal-title">Save</h5>
      </div>
      <div class="modal-body">
        <p>Save file name:</p>
        <input type="text" class="form-control" id="input_file_name">
      </div>
      <div class="modal-footer">
        <button type="button" class="btn btn-secondary"
          data-dismiss="modal">Close</button>
        <button type="button" class="btn btn-primary" data-dismiss="modal"
            onclick="createfileresult()">Save</button>
      </div>
    </div>
  </div>
</div>
```

これは、BootstrapのModalというコンポーネントのためのHTMLです。途中にあるid="input_file_name"という<input type="text">で、テキストを入力するようになっています。

新しいファイルを作成する

新しいファイルを作成する処理を用意しましょう。editor.jsに、以下の関数を追記してください。

▼リスト6-32

```
function createfile() {
  $('#save-modal').modal('show');
}

function createfileresult() {
  current_fname = document.querySelector('#input_file_name').value;
  let fpath = path.join(folder_path, current_fname);
  fs.writeFile(fpath, '', (err)=> {
    editor.session.getDocument().setValue('');
    footer.textContent = '"' + current_fname + '" createed.';
    change_flg = false;
    loadPath();
  });
}
```

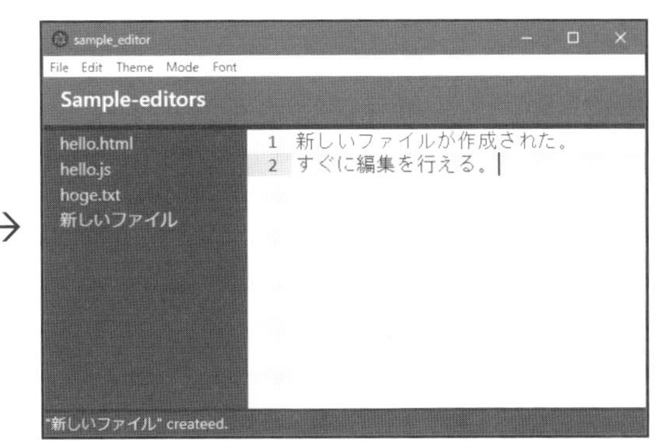

図6-12：「Create file」メニューを選ぶと現れるダイアログにファイル名を記入し「Save」ボタンをクリックすると、フォルダ内にファイルが作成される。

これで完成です。実際に動作を確かめてみましょう。

フォルダを開いたら、「Create file」メニューを選びます。画面にファイル名を入力するダイアログが現れるので、ファイル名を記入して「Save」ボタンをクリックすると、フォルダ内に入力した名前のファイルが作成され、すぐに編集できるようになります。

createfile関数で行っているのは、Bootstrapのモーダルダイアログを表示する処理です。こんな具合に実行します。

```
$( ダイアログ要素の ID ).modal('show');
```

$()というのは、jqueryライブラリによるオブジェクトです。そこからmodalというメソッドを呼び出すことで、指定したIDのHTML要素がモーダルダイアログとして画面に表示されます。

createfileresultでのファイル作成

そのあとのcreatefileresult関数は、表示されたダイアログで「Save」ボタンをクリックしたときに実行される処理です。

まず、ダイアログの入力フィールドに書かれたテキストをcurrent_fname変数に取り出します。

```
current_fname = document.querySelector('#input_file_name').value;
```

続いて、folder_pathとcurrent_fnameをつなげてファイルのパスを用意します。これが、保存するファイルパスになります。

```
let fpath = path.join(folder_path, current_fname);
```

このパスにテキストを書き出します。fs.writeFileを利用して行います。ここでは、次のような形で記述されているのがわかるでしょう。

```
fs.writeFile(fpath, '', (err)=> {……});
```

書き出すテキストは、''です。つまり、空のテキストです。ファイルを作成するだけなので、こんな具合に「空のテキストを書き出す」という形でファイルを作っています。

```
editor.session.getDocument().setValue('');
```

最後に、ドキュメントのテキストを空にします。current_fnameが新たに作成したファイル名に設定されていますから、ドキュメントを空にし、作成したcurrent_fnameの内容を表すようにしておく必要があります。

さあ、これでファイルの読み書きに関する機能が一通り完成しました！

Chapter 6

6.3. アプリケーションの機能を実装する

フォルダのドラッグ&ドロップ

前節でファイルの読み書き共にできるようになりましたが、さらにもう少し使いやすくするために、フォルダのドラッグ&ドロップを行えるようにしましょう。

ファイルやフォルダのドラッグ&ドロップは、ドラッグ&ドロップ関連のイベントを使って行います。これには、次のようなイベントが用意されています。

'dragstart'	ドラッグ開始
'drag'	ドラッグ中(連続発生)
'dragover'	ドラッグ終了
'drop'	ドロップ

この他にもドラッグ関係のイベントはいくつか用意されていますが、とりあえずこのぐらい知っていればドラッグ&ドロップは行えるようになるでしょう。

これらのイベントは、ドラッグ&ドロップを実装したいHTML要素のElement（doument.querySelectorなどで取得されるオブジェクト）の「addEventListener」メソッドを使って組み込みます。

```
《Element》.addEventListener( イベント , (event)=> {……});
```

このような形ですね。あとは、引数に指定した関数内でイベント発生時の処理を行います。ドラッグまたはドロップしたファイルは、eventの中にプロパティとして保管されています。

dragoverとdrop

ドラッグ&ドロップを実装する場合、必要となるのは「dragover」と「drop」の2つです。これらはそれぞれ、次のように作成をします。

●dragover

ドラッグ時のイベントです。組み込んだ要素にドラッグされたときに発生します。ここで、ドラッグが受け付けられるかどうかが決まります。

イベント処理の関数内でevent.preventDefault();を実行することで、ドロップが受け付けられるようになります。これを行わないとドロップが受け付けられず、次のdropイベントも発生しなくなります。

●drop

ドロップされた際のイベントです。ドロップされた項目の具体的な処理を行います。ドロップされた項目は、eventのdataTransferプロパティにあるfilesにまとめられています。配列になっており、ここからドロップされた項目の情報を取り出し処理します。

サイドバーにフォルダをドロップする

では、サイドバーにフォルダをドラッグ&ドロップして開く処理を作成してみましょう。

これは、editor.jsに作成します。onLoad関数の最後に、以下の２つのaddEventListener文を追記してください。

▼リスト6-33

```
sidebar.addEventListener(' dragover' , (event)=> {
  event.preventDefault();
  current_fname = null;
  folder_path = null;
  folder_items = null;
});

sidebar.addEventListener('drop', (event) => {
  editor.session.getDocument().setValue('');
  change_flg = false;
  const folder = event.dataTransfer.files[0];
  folder_path = folder.path;
  loadPath();
});
```

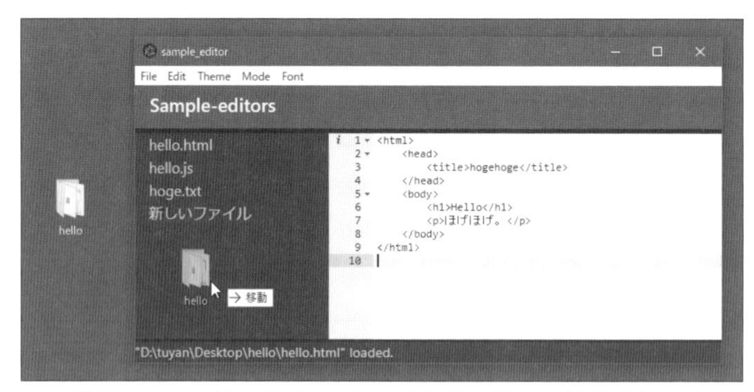

図6-13：フォルダをサイドバーにドロップすると、その中身が表示される。

実際に動かして、動作を確かめましょう。サイドバーにフォルダをドラッグ&ドロップすると、そのフォルダ内のファイルリストがサイドバーに表示されます。そのままファイルをクリックして開き、編集できるようになります。

検索機能について

テキストの編集は、基本的なカット＆ペーストはEditorに組み込まれています。しかし、検索などは用意されていませんので、自分で実装する必要があります。といっても、Editorには基本的な検索のためのメソッドが用意されてますから、それらを利用するだけで済みます。

▼検索の実行

```
《Editor》.find( 検索テキスト , オプション );
```

▼次を検索

```
《Editor》.findNext();
```

▼前を検索

```
《Editor》.findPrevious();
```

非常にシンプルですね。findで検索を実行します。ただし、これは現在カーソルがある位置のあとにある最初の検索テキストを選択するだけです。

その他の検索テキストは、findNextとfindPreviousを使って選択していきます。これらを実行することで、検索テキストの選択を前後に移動できます。

findのオプション

検索の最大のポイントは、findメソッドに用意するオプション設定でしょう。これは、検索に関する細かな設定をオブジェクトにまとめておく必要があります。用意されている項目をまとめると、次のようになるでしょう。

```
{
  backwards: 後ろから ,
  wrap: ラップ（前後をつなげてエンドレスに）,
  caseSensitive: 大文字小文字を区別 ,
  wholeWord: 単語単位で一致 ,
  regExp: 正規表現を利用
}
```

これらはすべて、真偽値で指定をします。とりあえず、すべてfalseに設定して試してみて、その後、必要に応じて設定を調整していけばいいでしょう。

検索メニューを作成する

実際に、検索機能を追加してみましょう。まずは、メニューを用意します。今回は「Find」メニューという項目をメニューバーに追加し、そこに検索と前後に検索の機能を用意することにします。

index.jsのcreateMenu関数に、次の設定を追加してください。これは、「Font」メニューの設定のあとあたりに用意しておけばいいでしょう。

▼リスト6-34

```
{
  label: 'Find',
  submenu: [
    {label: 'Find...', click: ()=>{
      find();
    }},
    {label: 'Find Next',
      accelerator :'CommandOrControl+right',
      click: ()=>{
        findnext();
      }},
    {label: 'Find Prev',
    accelerator :'CommandOrControl+left',
      click: ()=>{
        findprev();
      }},
  ]
},
```

これらのメニューでは、それぞれindex.jsの関数を呼び出すようにしています。これらの関数もindex.jsに追記しておきましょう。

▼リスト6-35

```
function find() {
  let w = BrowserWindow.getFocusedWindow();
  w.webContents.executeJavaScript('find()');
}

function findnext() {
  let w = BrowserWindow.getFocusedWindow();
  w.webContents.executeJavaScript('findnext()');
}

function findprev() {
  let w = BrowserWindow.getFocusedWindow();
  w.webContents.executeJavaScript('findprev()');
}
```

いずれも、WebコンテンツのexecuteJavaScriptを呼び出して同名の関数を呼び出しているだけです。今まで何度も作成してきたものですから、説明は不要でしょう。

acceleratorについて

今回は、前後の移動のメニューに「accelerator」という値を用意してあります。これはショートカットのための項目で、次のように記述をします。

```
accelerator : キー情報のテキスト
```

設定する値は、ショートカットとして指定するキーの組み合わせをテキストで記述したものになります。

CommandOrControl（CmdOrCtrlでも可）	⌘キーまたはcontrolキー
Alt	Altキー（macOSではoptionキー扱い）
Option	optionキー（Windowsでは不可）
AltGr	AltGrキー（欧米では右Altキーの位置にある）
Shift	Shiftキー
Super	WindowsではWindowsキー、macOSでは⌘キー

これらのキーの後に＋記号を付け、利用するキー名を記述します。アルファベットや数字キーは、そのままその文字を付ければOKです。

この他、次のような値が利用できます。

F1 ～ F24	ファンクションキー（Fキー）
up, down, right, left	矢印キー
Space	スペースバー
Tab	Tabキー
Capslock	Caps Lockキー
Numlock	NumLockキー
Backspace	Backspaceキー
Delete	Deleteキー
Insert	Insertキー
Return（Enter）	return / Enterキー（どちらも可）
Home, End	Homeキー、Endキー
PageUp, PageDown	PageUp / PageDownキー
Escape（または Esc）	Escキー
PrintScreen	PrintScreenキー

これらのキーを使い、'○○＋△△'というようにキーの組み合わせをテキストとして指定します。今回、設定している値を見ると、このようになっていますね。

▼次を検索

```
accelerator :'CommandOrControl+right' // Ctrl + →キー
```

▼前を検索

```
accelerator :'CommandOrControl+left' // Ctrl + ←キー
```

このように、ショートカットは比較的簡単に設定できます。これまで作成したメニューも、使いやすいようにショートカットを追加してみるといいでしょう。

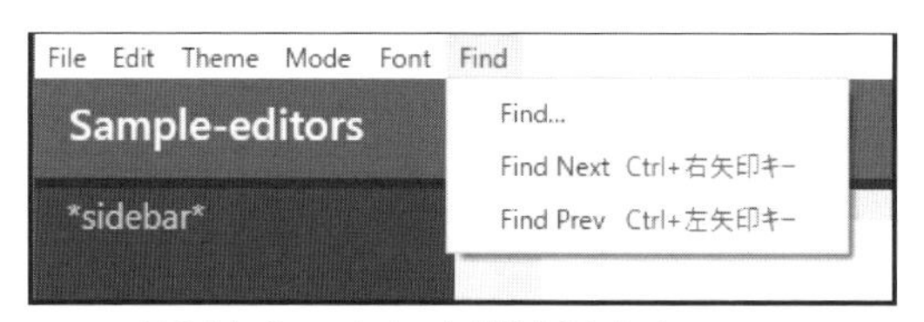

図6-14：ショートカットが設定されたメニュー。

検索ダイアログを用意する

index.html側の修正を行いましょう。検索は、検索テキストを入力するダイアログが必要です。Bootstrapの機能を利用して作ることにします。

index.htmlの<body>内に、以下を追記してください。先にファイル名を入力するダイアログを作りましたが、そのあとあたりに用意するとよいでしょう。

▼リスト6-36

```
<div class="modal fade" tabindex="-1" role="dialog" id="find-modal">
  <div class="modal-dialog" role="document">
    <div class="modal-content">
      <div class="modal-header">
        <h5 class="modal-title">Find</h5>
      </div>
      <div class="modal-body">
        <p>find string:</p>
        <input type="text" class="form-control" id="input_find">
      </div>
      <div class="modal-footer">
        <button type="button" class="btn btn-secondary"
          data-dismiss="modal">Close</button>
        <button type="button" class="btn btn-primary"
          data-dismiss="modal" onclick="search()">Find</button>
      </div>
    </div>
  </div>
</div>
```

今回は、<input type="text" id="input_find">という入力フィールドを用意しています。ここに入力されたテキストを使って検索を行うことにします。

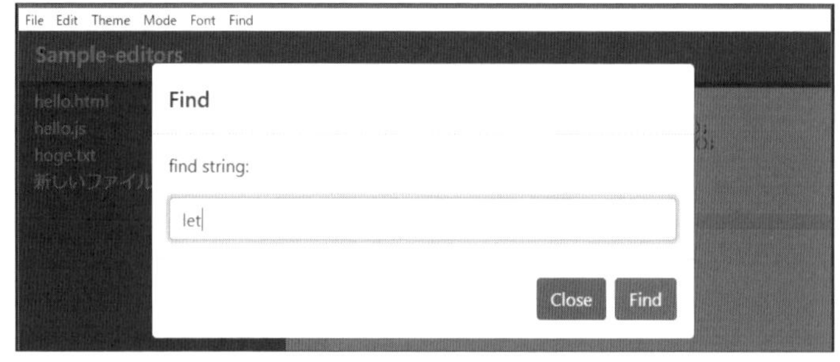

図6-15：作成された検索のダイアログ。ただし、まだスクリプトが完成していないため現時点では表示されないので注意。

検索関係のスクリプトを作成する

では、検索関係のスクリプトを作成しましょう。editor.jsの中に、以下の関数類を追記してください。

▼リスト6-37

```
function find() {
  $('#find-modal').modal('show');
}

function search() {
  let fstr = document.querySelector('#input_find').value;
  editor.focus();
  editor.gotoLine(0);
  editor.find(fstr, {
    backwards: false,
    wrap: false,
    caseSensitive: false,
    wholeWord: false,
    regExp: false
  });
}

function findnext() {
  editor.findNext();
}

function findprev() {
  editor.findPrevious();
}
```

findは、用意した検索用ダイアログを画面に表示するものです。searchは、検索ダイアログから「Find」ボタンをクリックした際に実行される検索処理です。そしてfindnextとfindprevが、それぞれ「次を検索」「前を検索」メニューで実行されるものになります。

検索は、querySelector('#input_find').valueで入力されたテキストを取り出し、それを引数に指定してeditor.findを呼び出しています。

フォーカスと選択行の移動

searchではfindによる検索を実行する前に、次のようなメソッドを実行しています。検索の前準備のようなものです。

```
editor.focus();
editor.gotoLine(0);
```

focusは、このEditorにフォーカスを移動するもので、gotoLineは引数に指定した行に移動するものです。これにより、findを実行するとテキストの一番最初から検索が実行されるようになります。

置換機能について

続いて、置換機能についてです。置換はテキストを検索し、探し出した部分を別のテキストに置き換えます。この働きからわかるように、置換は「検索の追加機能」といった働きをします。

Editorには置換のためのメソッドが用意されていますが、これはまさに置換が検索の延長上にあることを示しています。置換のためのメソッドは以下のものです。

▼検索テキストを1つだけ置換する

```
《Editor》.replace( 置換テキスト , オプション );
```

▼すべての検索テキストを置換する

```
《Editor》.replaceAll( 置換テキスト , オプション );
```

見て、ちょっと不思議な感じがするかもしれません。これらのメソッドには、置き換えるテキストしか用意されていません。「どのテキストを置き換えるのか」がないのです。なぜないのか。それは、これらの置換機能が、findによる検索の実行を前提に作られているからです。

すなわちreplaceは、findで検索されたテキストを置換するメソッドなのです。したがって、findによる検索が行われていないとreplaceは機能しません。

なお、第2引数にあるオプションは、すべてfindのオプション(P.257)とまったく同じものです。

置換メニューを作る

では、置換機能を実装しましょう。まずは、メニューからです。index.jsのcreateMenu関数に、置換のメニューに関する設定を追加しましょう。先ほど作成した「Find」メニュー内に追加しておくとよいでしょう。

▼リスト6-38

```
{label: 'Replace...', click: ()=>{
  replace();
}},
{label: 'Replace Next',
  accelerator :'CommandOrControl+r',
  click: ()=>{
    replacenext();
  }},
{label: 'Replace All',
  click: ()=>{
    replaceall();
  }},
```

今回は置換と、次を置換するメニュー、すべてを置換するメニューを作成し、検索テキストを1つ1つ置換したり、まとめて置換したりできるようにしました。これらは例によって、それぞれ対応する関数を呼び出しています。これらの関数も、index.jsに追記しておきます。

▼リスト6-39

```
function replace() {
  let w = BrowserWindow.getFocusedWindow();
  w.webContents.executeJavaScript('replace()');
}

function replacenext() {
  let w = BrowserWindow.getFocusedWindow();
  w.webContents.executeJavaScript('replacenext()');
}

function replaceall() {
  let w = BrowserWindow.getFocusedWindow();
  w.webContents.executeJavaScript('replaceall()');
}
```

このあたりはもうお手のものですね。それぞれメニュー名に対応したメソッドをwebContents.executeJavaScriptで実行させています。

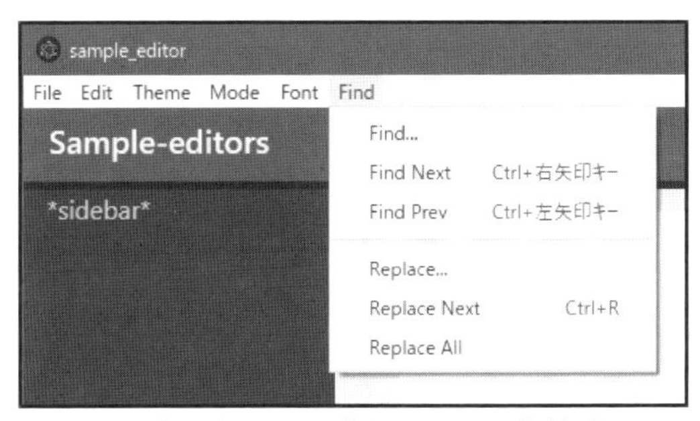

図6-16:「Find」メニューに検索用のメニューを追加する。

置換用ダイアログを作る

続いて、置換用のダイアログを用意しましょう。index.htmlの<body>内に以下を追記してください。先ほどの検索ダイアログの下あたりでいいでしょう。

▼リスト6-40

```
<div class="modal fade" tabindex="-1" role="dialog" id="replace-modal">
  <div class="modal-dialog" role="document">
    <div class="modal-content">
      <div class="modal-header">
        <h5 class="modal-title">Find</h5>
      </div>
      <div class="modal-body">
        <p>find and replace string:</p>
        <input type="text" class="form-control mb-2" id="input_find2">
        <input type="text" class="form-control" id="input_replace">
      </div>
      <div class="modal-footer">
        <button type="button" class="btn btn-secondary"
```

```
          data-dismiss="modal">Close</button>
        <button type="button" class="btn btn-primary" data-dismiss="modal"
          onclick="replacenow()">Find</button>
      </div>
    </div>
  </div>
</div>
```

基本的には検索ダイアログと同じような内容ですが、入力フィールドが2つ用意されています。

```
<input type="text" id="input_find2">
<input type="text" id="input_replace">
```

検索フィールドはid="input_find2"、置換のフィールドはid="input_replace"としておきました。これらに入力した値をもとに置換を実行します。

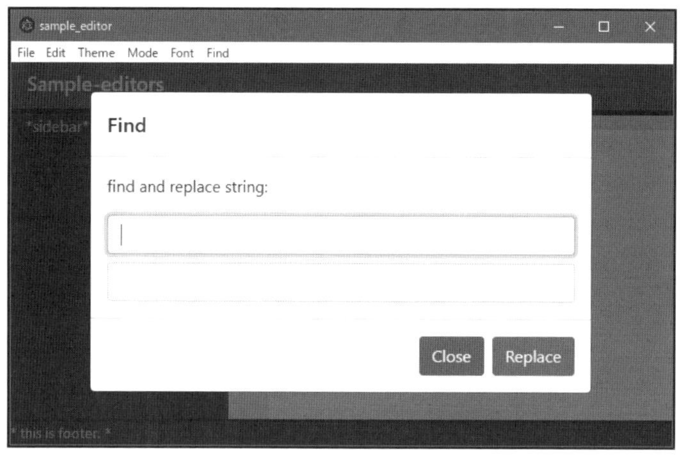

図6-17：作成された置換用のダイアログ。
ただしスクリプトが未完成なため、現時点ではまだ表示されないので注意。

置換処理を作成する

editor.jsを開いて、置換用の処理を作成しましょう。ここでは、3つの関数を作成します。以下をeditor.jsに追記してください。

▼リスト6-41

```
function replace() {
  document.querySelector('#input_find2').value = '';
  document.querySelector('#input_replace').value = '';
  $('#replace-modal').modal('show');
}

function replacenow() {
  let fstr = document.querySelector('#input_find2').value;
  editor.focus();
```

```
  editor.gotoLine(0);
  editor.find(fstr, {
    backwards: false,
    wrap: false,
    caseSensitive: false,
    wholeWord: false,
    regExp: false
  });
  replacenext();
}

function replacenext() {
  let rstr = document.querySelector('#input_replace').value;
  editor.replace(rstr, {
    backwards: false,
    wrap: false,
    caseSensitive: false,
    wholeWord: false,
    regExp: false
  });
}
```

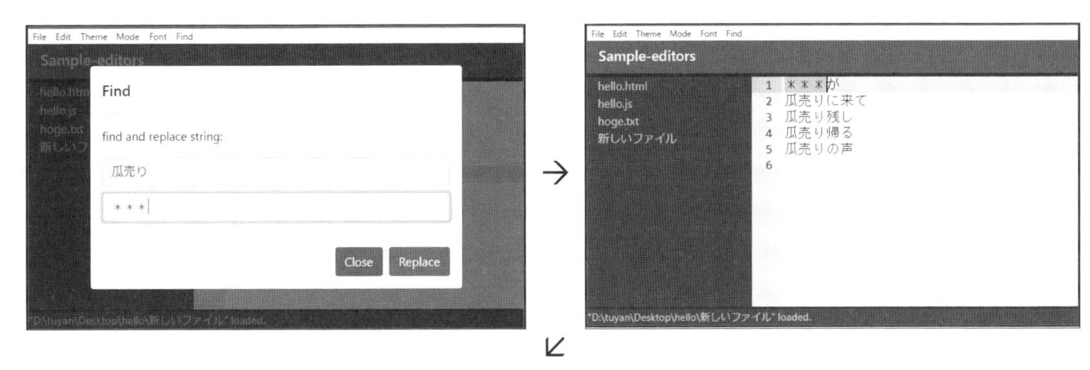

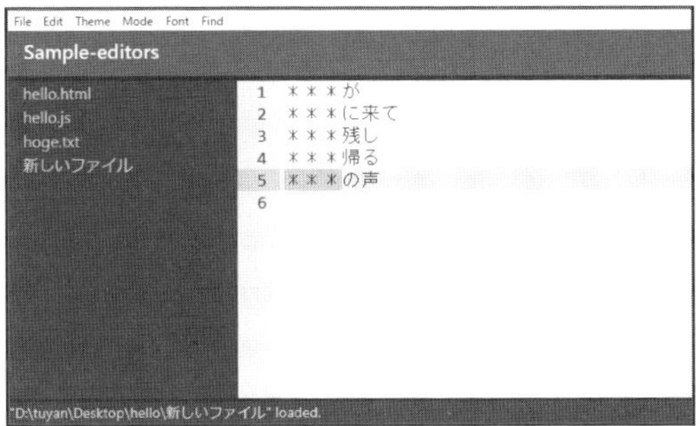

6-18：「Replace」メニューでダイアログに検索・置換テキストを入力し「Replace」ボタンをクリックすると、最初の検索テキストを置換する。「Replace All」メニューを選ぶと、すべて置換する。

完成したら、実際に動作を確認しましょう。「Replace」メニューを選び、検索テキストと置換テキストを入力して「Replace」ボタンをクリックすると、最初の検索テキストを置換します。そのまま「Replace Next」メニューを選べば、１つずつテキストを置換していきます。また「Replace All」メニューを選ぶと、すべての検索テキストをまとめて置換します。

ここで行っているのは、検索処理とreplacenextの呼び出しです。まず、id="input_find2"'の入力テキストを変数に取り出し、以下の手順で検索を行っています。

```
editor.focus();
editor.gotoLine(0);
editor.find(fstr, {……});
```

これで、最初の検索テキストが選択された状態になりました。そのまま、replacenext関数を呼び出します。この関数で行っているのは、replaceメソッドの呼び出しだけです。

```
editor.replace(rstr, {……});
```

「Replace Next」メニューでは、このreplacenext関数を実行するようにしています。これで、1つずつ順番に置換が行われるわけです。また「Replace All」メニューでは、replaceAllを呼び出すようにしています。

```
editor.replaceAll(rstr, {……});
```

これで、全置換が行えます。置換そのものは、このように恐ろしく簡単に行えます。「検索とセットで実行する」という点さえ忘れなければ、実装は簡単なのです。

覚えておくと便利なEditor機能

だいぶエディタの機能も充実してきました。あとは、それぞれで工夫しながら、より使いやすいエディタを作成してみるとよいでしょう。

Editorオブジェクトには、エディタに関するさまざまなメソッドが用意されています。以下に、「覚えておくと何かと使えそうな機能」をまとめて紹介しておきましょう。

▼タブのスペース数を設定する

```
《Editor》.session.setTabSize( 整数 );
```

▼ソフトタブ(スペースによるタブ)のON/OFF

```
《Editor》.session.setUseSoftTabs( 真偽値 );
```

▼ワードラップモードのON/OFF

```
《Editor》.session.setUseWrapMode( 真偽値 );
```

▼選択行のハイライトのON/OFF

```
《Editor》.setHighlightActiveLine( 真偽値 );
```

▼プリントマージンの表示のON/OFF

```
《Editor》.setShowPrintMargin( 真偽値 );
```

▼変更不可のON/OFF

```
《Editor》.setReadOnly( 真偽値 );
```

▼プリントマージンの位置の設定

```
《Editor》.setPrintMarginColumn( 数値 );
```

▼選択行のインデント

```
《Editor》.indent();
```

▼指定位置にカーソルを移動

```
《Editor》.moveCursorTo( 行数 , 文字数 );
```

▼非表示キャラクタの表示のON/OFF

```
《Editor》.setShowInvisibles( 真偽値 );
```

この他にも、Editorオブジェクトにはさまざまなメソッドやイベントが用意されています。このEditorを使いこなせるようになれば、エディタの基本的な機能はだいたい作成できるでしょう。

まずは、ここに挙げた機能について一通り使ってみてください。Editorの細かな設定が行えることがわかりますよ。

C O L U M N

インストールして使うなら「brace」が便利！

ここでは、CDN を使って Ace をロードし利用してきました。しかし、スタンドアロンなアプリケーションを作成するなら、ちゃんとライブラリを組み込んで利用するほうがいい、と考える人も多いでしょう。

Ace を利用する場合は、すでに触れましたが、ソフトウェアをダウンロードし、手動でファイルをコピーします。手順がわかっていれば難しくはありませんが、面倒ですし、アップデートなども自分で管理しなければならず、大変です。

そこで、npm で管理できる Ace のコンパチブルライブラリ「brace」というものも紹介しておきましょう。サイトは以下になります。

https://www.npmjs.com/package/brace

brace は、npm でインストールして利用する Ace の、ほぼコンパチブルなパッケージです。利用の際には、以下のようにコマンドを実行してインストールします。

```
npm install brace
```

この brace は、ace オブジェクトを作成するまでの部分が若干違います。以下のような手順で ace オブジェクトを作り、editor を作成することになります。

```
const ace = require('brace');
require('brace/mode/javascript');
require('brace/theme/monokai');

var editor = ace.edit( 組み込む要素のID );
```

editor オブジェクトが用意できれば、あとは基本的に Ace と使い方は同じです。本書で説明した内容も、だいたい問題なく動作するはずです。

brace は単に「npm で管理できる」ということだけでなく、もう 1 つ Ace との違いがあります。Ace は内部で WebWorker という技術を利用しているため、Web ページに埋め込んで利用するような場合、利用する Web サーバーによっては正常に動作しない機能が出てくるケースがあるのです。こうした場合、brace が役立ちます。

ただし、本書で解説するように Electron を利用したススタンドアロンなアプリケーション開発に利用する場合は、両者はほとんど違いがないと考えてよいでしょう。

Chapter 7

フロントエンドフレームワークの導入

Webの開発ではフロントエンドフレームワークが利用されています。
その中で、もっとも広く利用されている「React」をElectronに導入し、
開発する手順について説明しましょう。
併せて、Reactの基本的な使い方も説明を行います。

Chapter 7

7.1. React利用アプリケーションの作成

フロントエンドフレームワークについて

Electronは、HTMLを使ってウインドウの表示を作成します。Webページとまったく同じやり方で作るわけですね。ということは、Webページで使われている技術は、そのままElectronでも利用できることになります。

昨今のWeb開発では、JavaScriptのフレームワークが多用されています。Webページ側で利用される「フロントエンドフレームワーク」と呼ばれるものです。こうしたものを利用することで、複雑なWebページを効率よく開発管理できます。これら、フロントエンドフレームワークをElectronに導入することを考えてみましょう。

Reactとは?

Reactは、おそらく現時点でもっとも広く使われているフロントエンドフレームワークではないでしょうか。Facebookにより開発されたReactは、フロントエンドのインターフェイス構築用フレームワークです。仮想DOMによる高速レンダリング、JSXを利用した宣言的UIなど、現在フロントエンドフレームワークで広く使われるようになってきている技術は、Reactによって広まったといっても過言ではないでしょう。

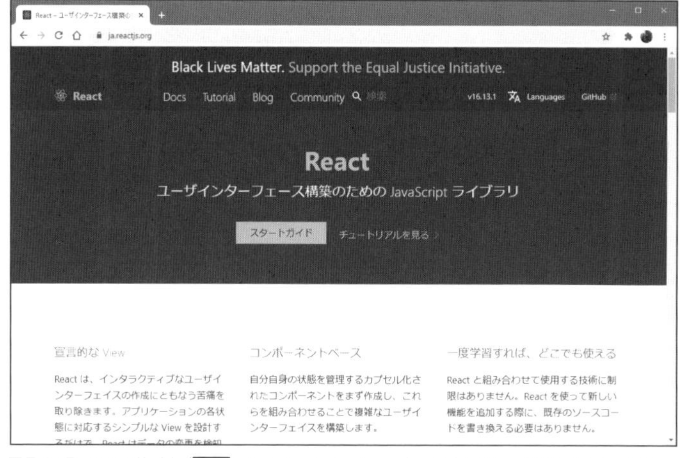

図7-1：Reactのサイト（URL https://ja.reactjs.org）。日本語ページが用意されている。

Reactは、特にSPA(Single Page Application)の開発に威力を発揮します。Electronのアプリケーション開発では、複数のWebページをジャンプして行き来するような作りはあまりされず、SPAのような1ページで完結する作りにすることが多いでしょう。ReactとElectronアプリは、わりと相性が良いのです。

React利用の方法

ReactをElectronから利用するには、いくつかの方法があります。それぞれの利用方法について簡単にまとめておきましょう。

●CDNを利用する

もっとも簡単なのは、CDNを利用してスクリプトをロードする方法でしょう。この方法ならば、HTMLファイルに<script>タグをいくつか追記するだけですぐに使えるようになります。

●npmでインストールする

アプリケーション自体にスクリプト本体を持たせて利用することも、もちろん可能です。npmを使い、React関連のパッケージをインストールすることで使えるようになります。ただし、この方法は「どこでReact関連のファイルを設置するか、どこでパッケージをロードするか」といったことをすべて自分で調べて組み込んでいくことになります。ElectronおよびReactに関する深い知識が必要となるでしょう。

●ツールを利用する

Electron＋Reactのテンプレートを利用してアプリケーションを生成するツールがあります。こうしたものを使うことで、すでにセットアップ済みのアプリケーションを簡単に生成できます。まったく悩むことなくアプリケーションが作成できてしまいますが、そのツールで生成されるテンプレートのディレクトリ構成などを理解して利用しなければいけません。

これらはいずれも一長一短があるので、どれがベストとはいえないでしょう。それほど大掛かりでないアプリケーションで利用するならCDNを使うのが簡単です。本格的なアプリケーション開発は、テンプレートツールを使ってベースを作り、そこからプログラミングを開始するのがよいでしょう。

CDNでReactを利用する

実際に、Reactを使ったElectronアプリケーションの作成を行ってみましょう。まずは、CDNを利用して簡単にReactを使ってみます。

では、新たにアプリケーションを作成しましょう。適当な場所(ここではデスクトップ)に「reactron-app」という名前でフォルダを作成し、ここにアプリケーションを作成することにします。コマンドプロンプトあるいはターミナルを起動して、以下の手順でコマンドを実行してください。

```
cd Desktop
mkdir reactron-app
cd reactron-app
npm init
```

▼npm initの設定

```
package name: (reactron-app)
version: (1.0.0)
description:
entry point: (index.js) main.js
test command:
git repository:
keywords:
author:
license: (ISC)
```

最後の「npm init」は、アプリケーションの情報を入力していきます。基本的に、そのまま[Enter]/[return]キーを押していけばいいのですが、「entry point: (index.js)」という項目だけ「main.js」と入力をしてください。今回、HTMLの表示とスクリプトをindex.htmlとindex.jsというように同じ名前にしてわかりやすくしたいので、メインプログラムはmain.jsという名前に変更しておきます。

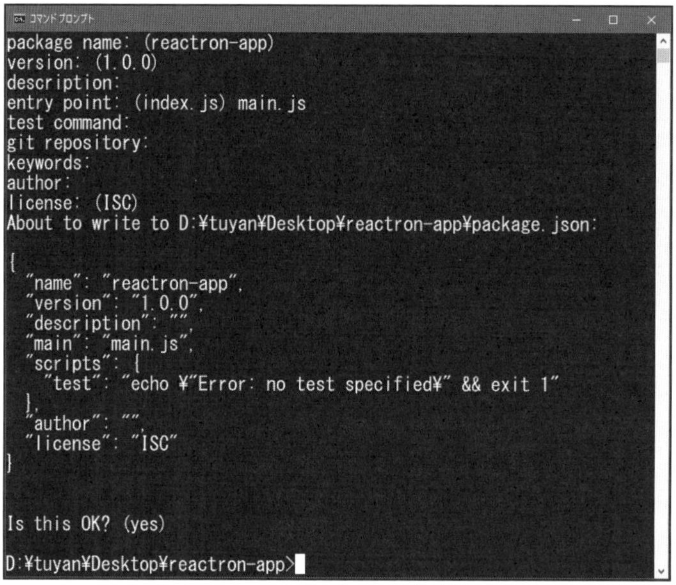

```
package name: (reactron-app)
version: (1.0.0)
description:
entry point: (index.js) main.js
test command:
git repository:
keywords:
author:
license: (ISC)
About to write to D:¥tuyan¥Desktop¥reactron-app¥package.json:

{
  "name": "reactron-app",
  "version": "1.0.0",
  "description": "",
  "main": "main.js",
  "scripts": {
    "test": "echo ¥"Error: no test specified¥" && exit 1"
  },
  "author": "",
  "license": "ISC"
}


Is this OK? (yes)

D:¥tuyan¥Desktop¥reactron-app>
```

図7-2：「reactron-app」フォルダに移動し、npm initでアプリケーションを初期化する。

main.jsを作成する

Electronのアプリケーションを作成していきましょう。メインプログラムは、main.jsというファイル名で用意することにしていました。アプリケーションフォルダ（「reactron-app」フォルダ）の中に「main.js」というファイルを作成してください。そして、次のように記述しましょう。

▼リスト7-1

```
const { app, BrowserWindow } = require('electron');
const path = require('path');
```

```
function createWindow () {
  let win = new BrowserWindow({
    width: 600,
    height: 400,
    webPreferences: {
      enableRemoteModule: true,
      preload: path.join(app.getAppPath(), 'preload.js')
    }
  });
  win.loadFile('index.html');
}

app.whenReady().then(createWindow);
```

この部分は、ごく一般的なElectronの起動プログラムです。改めて説明するまでもないでしょう。preloadには、'preload.js'というスクリプトファイルを指定してあります。また、loadFileで'index.html'を読み込んで表示するようにしています。

preload.jsを作成する

次に、プレロードのスクリプトを用意しましょう。アプリケーションフォルダ内に「preload.js」という名前でファイルを作成し、次のように処理を記述してください。

▼リスト7-2

```
const { remote } = require('electron');
const { dialog, BrowserWindow } = remote;
const { ipcRenderer } = require('electron');

window.remote = remote;
window.BrowserWindow = BrowserWindow;
window.dialog = dialog;
window.ipcRenderer = ipcRenderer;
```

Electronの基本的なオブジェクトとして、remote, dialog、BrowserWindow、ipcRendererを使えるようにしたものです。React関連のものはありません。これは、「プレロードはこんな感じで用意する」というサンプルと考えてください。これから作るサンプルで、実際にこれらのオブジェクトを使うわけではありません。

index.htmlを作成する

続いて、画面に表示するHTMLファイルを作成します。アプリケーションフォルダ内に「index.html」というファイルを作成してください。そして、次のように記述をしておきましょう。

▼リスト7-3

```
<!DOCTYPE html>
<html lang="ja">
  <head>
    <meta charset="UTF-8">
    <meta name="viewport"
```

```
        content="width=device-width, initial-scale=1.0">
    <title>Sample App</title>
    <link rel="stylesheet" href="https://stackpath.bootstrapcdn.com/bootstrap/↵
      4.5.0/css/bootstrap.min.css">
    <script src="https://code.jquery.com/jquery-3.5.1.slim.min.js"></script>
    <script src="https://cdn.jsdelivr.net/npm/popper.js@1.16.0/dist/umd/↵
      popper.min.js"></script>
    <script src="https://stackpath.bootstrapcdn.com/bootstrap/4.5.0/js/↵
      bootstrap.min.js"></script>

    <script src="https://unpkg.com/react@16/umd/react.production.min.js" ↵
      crossorigin></script>
    <script src="https://unpkg.com/react-dom@16/umd/react-dom.production.↵
      min.js" crossorigin></script>
    <script src="https://unpkg.com/babel-standalone@6/babel.min.js"></script>

    <script type="text/babel" src="index.js"></script>
  </head>
  <body>
    <nav class="navbar bg-primary mb-4">
      <h1 class="display-4 text-light">React-app</h1>
    </nav>
    <div class="container">
      <p>This is React component sample...</p>
      <div id="root"></div>
    </div>
  </body>
</html>
```

今回は、<script>タグが計6個も用意されています。3つがBootstrap関連であり、残る3つがReact関連です。CDNでReactを使う場合、これらのタグは必須と考えてください。

<body>にはヘッダーとなる<nav>タグとコンテンツを表示する<div class="container">タグがあり、その中に<div id="root">というタグがあります。これが、ReactによるUIが組み込まれる場所になります。

index.jsでReactを利用する

最後に、index.html内で読み込み実行するスクリプトファイルを作成しましょう。アプリケーションフォルダ内に、「index.js」という名前で作ります。

▼リスト7-4

```
let dom = document.querySelector('#root');

ReactDOM.render(
  <div className="card">
    <div className="card-body">
    <h1>Hello</h1>
    <p>This is React application sample.</p>
    </div>
  </div>,
  document.getElementById('root')
);
```

これが、Reactによる表示を作成している部分です。内容はあとで説明するとして、記述したら、実際にアプリケーションを実行しましょう。

Visual Studio Codeを利用している場合は、アプリケーションフォルダを開いたあと、「ターミナル」メニューから「新しいターミナル」を選んでターミナルを呼び出してください。そして、「electron .」コマンドでアプリケーションを実行しましょう。

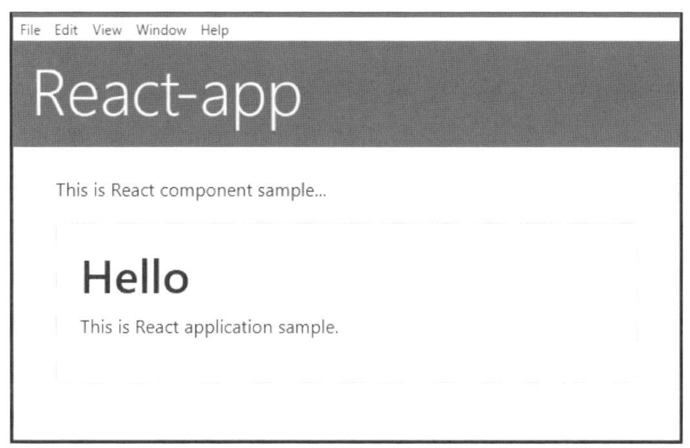

図7-3：実行すると、このようなウインドウが表示される。
四角い枠のカード部分がReactによるもの。

画面にウインドウが現れ、「Hello」というカードが表示されたら、Reactが正常に動いていることがわかります。このカードの部分が、Reactによって作成されたものです。

実際に作成してみると、index.jsのスクリプトだけがReactを利用しており、メインプロセス側はまったく違いがないことがわかるでしょう。Reactはフロントエンドフレームワークであり、Webページ側（レンダラープロセス）でしか使いません。

ReactDOM.renderとJSX

index.jsに記述した内容を見てみましょう。ここで行っているのは、id="root"のDOMを取得し、そして「ReactDOM.render」というメソッドを実行することだけです。このReactDOM.renderが、Reactによる表示を行っている部分です。次のように記述します。

```
ReactDOM.render( 表示内容 , 表示するDOM );
```

非常にシンプルですね。第１引数には表示する内容となる値を用意し、第２引数に表示する要素のDOMを設定します。Reactの実行は、たったこれだけなのです。

JSXについて

このrenderの第1引数には、表示内容を指定します。この部分がどうなっているかというと、次のような値が書かれています。

```
<div className="card">
  <div className="card-body">
    <h1>Hello</h1>
    <p>This is React application sample.</p>
  </div>
</div>
```

「なんだ、HTMLそのものじゃないか」と思った人、よく見てください。<div>のclass属性がclassNameとなっていますね。これは、HTMLそのものではありません。第一、HTMLの内容をJavaScriptで使う際は、テキストの値として用意しておくのが基本でしょう。タグをそのまま値のように書くことなんて、本来はできませんから。

ここで記述されているのは、実はHTMLではなく、「JSX」です。JSXはJavaScriptの構文拡張と呼ばれる機能で、JavaScriptにHTMLライクなタグを値として直接記述できるようにするものです。すなわち、<div> ～ </div>という部分は、JavaScriptの「値」なのです。

Reactのrenderは、このようにJSXを使って表示内容を記述するのが一般的です。

JSXを使わない表示

JSXは、Reactに必須の技術というわけではありません。JSXを使わずにReactを利用することも可能です。

例えば、先ほどのReactDOM.render部分は、次のような形に書き直すこともできます。

▼リスト7-5

```
ReactDOM.render(
  React.createElement(
    'div', {className:'card'}, [
      React.createElement(
        'div', {className:'card-body'}, [
          React.createElement(
            'h1', {}, 'Hello!'
          ),
          React.createElement(
            'p', {}, 'This is non-JSX sample!'
          )
        ]
      )
    ]
  ),
  document.getElementById('root')
);
```

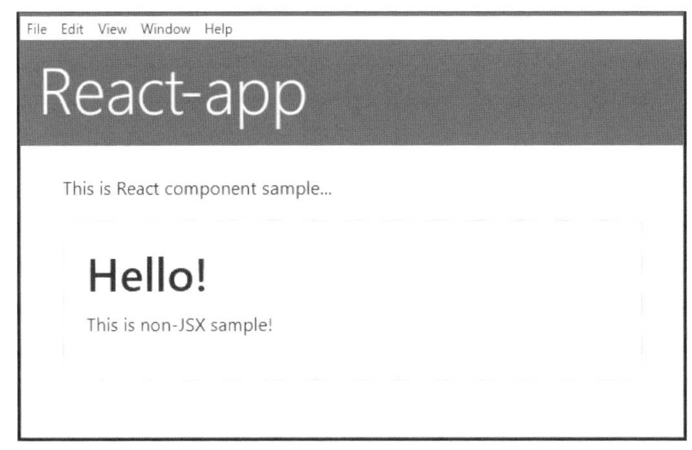

図7-4：JSXを利用しないで作成したサンプル。

これでも問題なく動作しますが、見たところ、かなり複雑な感じがしますね。ここでは、Reactの「create Element」というものを使っています。次のような形で記述します。

```
React.createElement( タグ , { 属性の設定 }, 内部に組み込むもの );
```

第1引数にタグ名のテキスト、第2引数に属性の設定情報をオブジェクトにまとめたものをそれぞれ用意します。第3引数には、そのタグの内部に用意するものを指定します。例えば、<h1>タグのようなものならテキストでしょうし、<div>タグでさらに内部に別のタグを組み込む場合は、そのReact.createElementを用意します。複数の項目を組み込む場合は、それらを配列にまとめます。

これで同様に表示はできますが、先ほどのJSXの場合と比べて「どちらがわかりやすく記述しやすいか」といったら、圧倒的にJSXでしょう。わざわざReact.createElementを使う必要性はあまり高くありません。ただ、「こういう書き方もできる」ということだけ知っておくとよいでしょう。

Chapter 7

7.2. create-electron-reactによる開発

create-electron-reactを使う

CDNを使ったアプリケーションでは、このように比較的簡単にReactを使えるようにできます。ただし、アプリケーションが複雑化し、多数のスクリプトファイルやリソースを組み合わせて構築するようになると、「このスクリプトではどうやってReactを使えるようにするんだ？」といった問題がどっと押し寄せてきます。こうなったら、最初からReact組み込み済みのアプリケーションをツールで作成したほうが遥かにスムーズに開発ができるでしょう。

Reactを組み込んだElectronアプリケーションを生成するツールとしては、「create-electron-react」というパッケージが便利です。これを利用して、アプリケーションを作成してみましょう。

今回も、同じ「reactron-app」という名前でアプリケーションを作成することにします。先ほど作成した「reactron-app」フォルダは他に移動するか、フォルダ名を変更するなどしておいてください。

では、コマンドプロンプトまたはターミナルを起動して、以下のコマンドを実行します。

```
npx create-electron-react reactron-app
```

これは、「npx」というNode.jsの新しいパッケージ管理ツールを利用したコマンドです。「npx create-electron-react 名前」というように実行することで、指定の名前でアプリケーションを作成します。

実行するとアプリケーションの設定を尋ねてきますので、順に入力していきましょう。

1. Application Name

アプリケーション名です。デフォルトで「reactron-app」と設定されているので、そのまま[Enter]/[return]します。

2. Application Id

アプリケーションに割り当てるIDを指定します。ここでは、「com.tuyano.reactron」と入力しておきました。

3 Application Version

バージョンの設定です。デフォルトで「0.0.1」となっているので、そのまま[Enter]/[return]すればいいでしょう。

4. Project Description

プロジェクトの説明です。これもデフォルトのままでかまいません。

5. Author

作者名です。デフォルトで利用者名が設定されているので、そのままEnter/returnします。

6. Package Manager

パッケージマネージャを選択します。「npm」「yarn」の２つが用意されています。上下の矢印キーで「npm」を選択してEnter/returnしましょう。

7. Template default

テンプレートの指定です。これも矢印キーで項目を上下し選択できるので、「default」を選んだままEnter/returnしてください。

すべてを入力すると、アプリケーションの生成が始まります。あとは、ただ待つだけです。再び入力待ちの状態に戻れば、アプリケーションが完成しています。

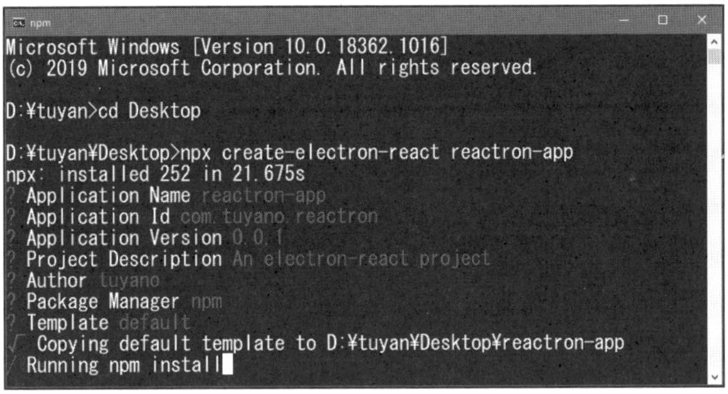

```
Microsoft Windows [Version 10.0.18362.1016]
(c) 2019 Microsoft Corporation. All rights reserved.

D:¥tuyan>cd Desktop

D:¥tuyan¥Desktop>npx create-electron-react reactron-app
npx: installed 252 in 21.675s
? Application Name reactron-app
? Application Id com.tuyano.reactron
? Application Version 0.0.1
? Project Description An electron-react project
? Author tuyano
? Package Manager npm
? Template default
√ Copying default template to D:¥tuyan¥Desktop¥reactron-app
/ Running npm install
```

図7-5：npx create-electron-reactでアプリケーションを作成する。

index.ejsを修正する

これでアプリケーションは完成ですが、実は１つだけ修正が必要です。アプリケーションフォルダの中にある「src」というフォルダの中に、「index.ejs」というファイルがあります。これを開いてください。

この中に記述されている<body>タグの部分で、以下の部分を削除してください。

```
<!-- Set `__static` path to static files in production -->
```

このコメント文から、

```
<!-- webpack builds are automatically injected -->
```

このコメント文までを削除します。これで、<body>タグは次のようになります。

▼リスト7-6

```
<body>
  <div id="root"></div>
</body>
```

これで、修正完了です。実際にアプリケーションを実行して、動作を確認してみましょう。といっても、これは「electron .」では実行できません。

npm runによるコマンド

生成されたアプリケーションでは、アプリケーションを操作するための専用コマンドが用意されています。これは「npm run」というコマンドを利用するもので、「npm run ○○」というように、最後に用意されているコマンド名を付け足して実行します。あるいは、「npm ○○」と（runを付けず）直接実行しても動作します。

以下に、主なコマンドを整理しておきましょう。

dev	開発モードでアプリケーションを実行する
build	アプリケーションをビルドする
test	テストを実行する

とりあえず、この3つがわかれば開発できるでしょう。では、Visual Studio Codeでアプリケーションフォルダを開いて「ターミナル」メニューから「新しいターミナル」を選び、現れたターミナルで以下を実行してアプリケーションが起動するか確認しましょう。

```
npm run dev
```

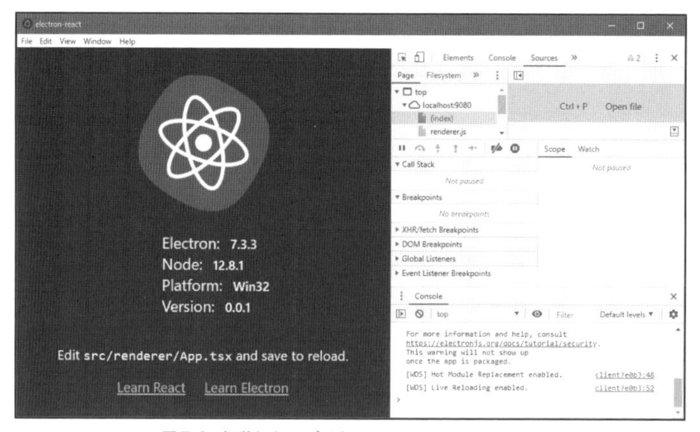

図7-6：起動したアプリケーションのウインドウ。

デフォルトでは、ウインドウにデバッグ用のツールが表示された状態になっていますが、これはクローズボックスで閉じることができます。

C O L U M N

create-electron-react のバージョンについて

create-electron-react は、コマンドで Electron に React を統合したアプリケーションが作成でき、非常に便利です。ただし、このプログラムは個人ベースで開発されているため、常に最新バージョンに更新されているわけではありません。本書執筆時（2020 年９月）では Electron 10 が最新バージョンですが、create-electron-react で生成されるアプリケーションでは、Electron 7 が使われています。

いずれアップデートされ、新しいバージョンに更新されるでしょうが、「create-electron-react で作成されたアプリケーションでは多少古い Electron が使われていることもある」という点には留意しておきましょう。

Reactron-appのディレクトリ構成

「Reactron-app」フォルダの中には、かなりたくさんのファイルが作成されています。アプリケーション開発に使うのは、この中にある以下の３つのフォルダです。

「src」フォルダ	アプリケーションの基本的なプログラム類がまとめられている
「static」フォルダ	静的ファイルの配置場所
「test」フォルダ	ユニットテスト関連のプログラムの配置場所

もっとも重要なのが、「src」フォルダです。この中にはさらに、次のようなものが用意されています。

index.ejs	起動時に実行されるメインプログラム
「main」フォルダ	メインプロセス用のファイル
「renderer」フォルダ	レンダラープロセス用のファイル

プロセスごとにフォルダ分けしてファイル類が整理されているのですね。この基本構成がわかれば、何がどこに保管されているのかすぐに理解できるようになります。

index.jsの処理について

作成されているプログラムがどのようになっているのか、ざっと確認していきましょう。まずは起動時に実行されるメインプロセスのプログラムからです。これは「src」フォルダ内の「main」フォルダにある、「index.js」というファイルになります。このファイルを開くと、次のような記述がされています。

▼リスト7-7

```
'use strict'

import { app, BrowserWindow } from 'electron'
```

```
……中略……

function createWindow () {
  mainWindow = new BrowserWindow({
    height: 563,
    useContentSize: true,
    width: 1000,
    webPreferences: {
      nodeIntegration: true
    }
  })

  mainWindow.loadURL(winURL)

  mainWindow.on('closed', () => {
    mainWindow = null
  })
}

app.on('ready', createWindow)

app.on('window-all-closed', () => {
  if (process.platform !== 'darwin') {
    app.quit()
  }
})

app.on('activate', () => {
  if (mainWindow === null) {
    createWindow()
  }
})
```

途中に、開発モードがdevelopmentモードの場合の設定等を行う処理がありますが、これは触れないでおきましょう。それ以外のElectronアプリケーションの実行に関する部分は、基本的に通常のElectronアプリケーションと大差ありません。app.onを使ってウインドウをすべて閉じたとき、アクティブになったときの処理が追加されているくらいです。ウインドウを作成しているcreateWindow関数で行っている処理は、今までとだいたい同じことがわかりますね。

index.ejsの処理について

続いて、ウインドウに表示されるWebページの部分を見てみましょう。「src」フォルダのindex.ejsファイルになります。次のようなコードが記述されています。

▼リスト7-8

```
<!DOCTYPE html>
<html>
  <head>
    <meta charset="utf-8" />
    <title>electron-react</title>
    <% if (htmlWebpackPlugin.options.nodeModules) { %>
```

```
    <!-- Add `node_modules/` to global paths so `require` works properly in ↵
      development -->
    <script>
      require('module').globalPaths.push('<%= htmlWebpackPlugin.options.↵
        nodeModules.replace(/\\/g, '\\\\') %>')
    </script>
    <% } %>
  </head>

  <body>
    <div id="root"></div>
  </body>
</html>
```

途中に<% …… %>というタグや、<script>タグでJavaScriptのコードが記述されていますが、これはnode_modulesをグローバルパスに追加するための措置で、深く考える必要はありません。あとは、それほど面倒なものはありませんね。

index.ejsを修正する

このindex.ejsを少し書き換えて使うことにしましょう。ファイルの内容を、次のように書き換えてみてください。

▼リスト7-9

```
<!DOCTYPE html>
<html>
  <head>
    <meta charset="utf-8" />
    <title>electron-react</title>
    <link rel="stylesheet" href="https://stackpath.bootstrapcdn.com/bootstrap/↵
      4.5.0/css/bootstrap.min.css">
    <script src="https://code.jquery.com/jquery-3.5.1.slim.min.js"></script>
    <script src="https://cdn.jsdelivr.net/npm/popper.js@1.16.0/dist/umd/↵
      popper.min.js"></script>
    <script src="https://stackpath.bootstrapcdn.com/bootstrap/4.5.0/js/↵
      bootstrap.min.js"></script>
  </head>

  <body>
    <div id="root"></div>
  </body>
</html>
```

Bootstrap関連のタグをヘッダーに追加しました。ごく単純なタグの構成ですから、説明は不要でしょう。<body>にある<div id="root">の部分が、Reactを組み込むところになります。つまり、ここでは<body>内をまるごとReactの表示に置き換えているわけです。

index.dev.jsについて

「main」フォルダには、この他にindex.dev.jsというファイルも用意されています。これには、開発モードのときに実行される処理が用意されています。ここで、アプリケーションのデバッグに必要な機能を組み込んでいます。

先ほどアプリケーションを実行したとき、画面に開発ツールが表示されたのを思い出してください。あれも、このindex.dev.jsで行っていたのです。この中にある、以下の文を探して書き換えてみてください。

▼修正前

```
require('electron-debug')({ showDevTools: true })
```

▼修正後

```
require('electron-debug')({ showDevTools: false})
```

これで、起動しても開発ツールが表示されなくなります。必要に応じてshowDevToolsの値を切り替えながら開発を行うとよいでしょう。

index.jsxの内容について

残るは、レンダラープロセスで実行されるプログラムですね。これは2つあります。「renderer」フォルダのindex.jsxと、App.jsxです。

index.ejsを表示するときに実行されるのが、index.jsxです。.jsxという拡張子から想像がつくように、JSXによる表示を作成しています。

▼リスト7-10

```
import React from 'react'
import ReactDOM from 'react-dom'
import './index.css'
import App from './App'

ReactDOM.render(<App />, document.getElementById('root'))
```

importはライブラリをロードするものですね。ここではReactとReactDOM、index.cssとApp（これについては後述）を読み込んでいます。

そして、ReactDOM.renderでReactによる表示を生成しています。第1引数には<App />というタグ、第2引数にはid="root"のDOMオブジェクトが指定されています。これで、id="root"タグに<App />の表示が組み込まれるようになります。

では、この<App />というタグは一体何でしょうか？　こんなタグはHTMLにはありません。これは、アプリケーションに用意されているReactの「コンポーネント」なのです。

Appコンポーネントについて

Reactでは、表示を部品化して組み合わせて使うことができます。この部品が、「コンポーネント」です。生成されたアプケーションでは、デフォルトでAppコンポーネントが用意され、これを組み込んで表示を行っています。

このAppコンポーネントは、「renderer」フォルダの「App.jsx」というファイルとして用意されています。コンポーネントはこのように、「コンポーネント名.jsx」というファイルとして用意されています。また、コンポーネントは基本的にすべて大文字で始まる必要があります。

では、App.jsの内容をざっと見てみましょう。

▼リスト7-11

```
import React from 'react'
import { hot } from 'react-hot-loader/root'
import logo from './assets/logo.svg'
import './App.css'
import { remote } from 'electron'

const App = () => {
  ……必要なだけ const が並ぶ……

  return (
    <div className="App">
      <header className="App-header">
        <img src={logo} className="App-logo" alt="logo" />

        ……表示する内容が並ぶ……

        </div>
      </header>
    </div>
  )
}

export default hot(App)
```

import文が並んだあと、const Appという定数が用意されています。これは、関数が代入されています。この関数に、コンポーネントの処理が用意されているのです。App関数の部分を整理すると、次のようになっているのがわかるでしょう。

```
const App = () => {
  return ( JSXの表示 )
}
export default hot(App)
```

最後にあるexport defaultというのはNode.jsのモジュール機能で、関数やクラスなどを外部から利用できるようにするための仕組みです。export defaultされたものをrequireでロードすることで、外部で利用できるようになります。そういう基本的な仕組みのために用意されています。ですからこれは、「最後に必ずexport defaultという文を書いておく約束になってる」という程度に理解していればいいでしょう。

肝心のコンポーネントは、returnでJSXによる表示を返しているだけのシンプルな作りになっています。コンポーネントは、このように「JSXをreturnする関数」として定義すればいいのです。

クラス定義コンポーネントについて

関数定義コンポーネントは、非常に簡単にコンポーネントを作成することができます。しかし、ただの関数ですから、あまり複雑な機能は持てません。より高度な表示を作成するには、クラスとしてコンポーネントを定義するやり方を学ぶ必要があるでしょう。

クラスとして定義するコンポーネントは、次のような形で記述します。

```
class クラス名 extends React.Component {
  render() {
    return ( ……JSX……)
  }
}
```

コンポーネントクラスは、React.Componentを継承して定義します。このクラスの中には、renderという引数なしのメソッドを配置します。ここでreturnされたJSXが、このコンポーネントの表示として扱われます。クラスですから、この他にもいろいろなメソッドなどを用意できますが、最低限、このrenderメソッドだけは用意しておく必要があります。

このクラス定義コンポーネントも関数定義コンポーネントと扱いはまったく同じで、<コンポーネント />という形のタグとしてJSX内に記述し、表示させることができます。

Appコンポーネントを作成する

アプリケーションには、「App.jsx」というファイルが用意されていました。これが、Appコンポーネントのファイルでしたね。index.ejsの<div id="root">に組み込まれる処理を用意するindex.jsxではReactDOM.render(<App />, ……) というようにして、<app />でAppコンポーネントをid="root"に組み込んでいました。つまり、このApp.jsxによるAppコンポーネントが、Reactによる実際の表示部分となるわけです。

このApp.jsxを書き換え、Appコンポーネントをカスタマイズしてみましょう。今回はわかりやすいように、App.jsxの全ソースコードを掲載しておきます。

▼リスト7-12

```
import React from 'react'
import { hot } from 'react-hot-loader/root'

class App extends React.Component {
  render() {
    return (
      <div>
        <nav className="navbar bg-primary mb-4">
          <h1 className="display-4 text-light">Reactron-app</h1>
        </nav>
```

```
        <div className="container text-primary">
          <h2>App Component</h2>
          <p>これはAppクラスコンポーネントのサンプルです。</p>
        </div>
      </div>
    )
  }
}

export default hot(App)
```

図7-7：実行すると、青い背景のタイトルの下に青い文字でテキストが表示される。
これが、作成したAppコンポーネント。
ウインドウに表示されているもの全体がAppコンポーネントになる。

ここで作成しているAppコンポーネントは、整理すると次のような形になっていることがわかるでしょう。

```
class App extends React.Component {
  render() {
    return (
      ……JSXの表示……
    )
  }
}
```

関数定義コンポーネントとは多少書き方が違いますが、「クラス内にrenderメソッドを置き、そこで表示内容をreturnする」という点さえ理解していれば、関数型もクラス型もだいたい同じものであることがわかります。

コンポーネントからコンポーネントを呼び出す

このコンポーネントは、1つしか作れないわけではありません。複数のコンポーネントを作成し、それをコンポーネントタグ(<○○ />というタグ)として他のコンポーネント内に埋め込んで、表示を作成していくこともできます。

簡単な例として、AppとContentという2つのコンポーネントを用意し、それらを組み合わせて表示を作成してみましょう。App.jsxを次のように書き換えてください。

▼リスト7-13

```
import React from 'react'
import { hot } from 'react-hot-loader/root'

class App extends React.Component {
  render() {
    return (
      <div>
        <nav className="navbar bg-primary mb-4">
          <h1 className="display-4 text-light">Reactron-app</h1>
        </nav>
        <div className="container">
          <h2>App Component</h2>
          <p>これはAppクラスコンポーネントのサンプルです。</p>
          <Content />
        </div>
      </div>
    )
  }
}

class Content extends React.Component {
  render() {
    return (
      <div className="alert alert-primary">
        <h2>Content Component</h2>
        <p>これは、Contentクラスコンポーネントのサンプルです。</p>
      </div>
    )
  }
}

export default hot(App)
```

図7-8：Appコンポーネントの中にContentコンポーネントが組み込まれている。

ウインドウ全体の表示を行っているのがAppコンポーネントで、その中にある水色の背景部分がContentコンポーネントです。Appコンポーネント内にContentコンポーネントが組み込まれていることがよくわかるでしょう。

ここでは、AppクラスとContentクラスを定義しています。Appクラスのrenderでは、<Content />

を使ってContentコンポーネントを組み込んでいますね。こんな具合に、コンポーネントは別のコンポーネントのJSXで利用することができるのです。

ただし、export defaultできるのは1つだけです。コンポーネントを外部から利用できるような形にしたい場合は、それぞれのコンポーネントを独立したファイルで定義するようにしてください。

JSXに値を埋め込む

renderメソッドは、returnするJSXを使って表示を行います。このJSXには、あらかじめ用意しておいた変数(クラスのプロパティ)を埋め込んで使うことができます。次のような形で記述します。

```
{ this.プロパティ }
```

{}記号を付けて、埋め込むプロパティを指定します。このプロパティは、クラスにコンストラクタを用意し、その中で値を設定しておきます。

```
constructor() {
  super()
  this.プロパティ = 値
}
```

コンストラクタ(constructorメソッド)は、オブジェクトを生成する際の下準備を整えるのに用いられるメソッドです。ここではまず、継承するクラスのコンストラクタが実行されるようにsuperを呼び出し、それから必要な処理を行います。JSXで値を利用する場合はthis.○○というようにプロパティ名を指定し、値を代入しておきます。こうして代入された値が、JSX内で{this.○○}という形で呼び出されるようになるのです。

コンポーネントの表示をコンストラクタで設定する

実際にプロパティを利用して、コンポーネントの表示を設定してみましょう。先ほど、AppとContentというコンポーネントを作成しました。あのContentコンポーネントを修正して使うことにしましょう。App.jsxのContentクラスを、次のように書き換えてください。

▼リスト7-14

```
class Content extends React.Component {
  constructor() {
    super()
    this.title = 'Hello, Component!'
    this.message = 'This is Sample Component!'
    this.classname = 'alert alert-warning'
  }

  render() {
    return (
      <div className={this.classname}>
        <h2>{this.title}</h2>
        <p>{this.message}</p>
```

```
        </div>
      )
    }
  }
```

図7-9：Contentコンポーネントに組み込んだ値を使って表示する。

実行すると、Contentコンポーネントが表示されます。このコンポーネントに表示されているテキストと背景色は、コンストラクタでプロパティに用意しておいたものです。renderに記述されているJSXを見てみましょう。

```
<div className={this.classname}>
  <h2>{this.title}</h2>
  <p>{this.message}</p>
</div>
```

３つのプロパティが組み込まれていることがわかるでしょう。プロパティはこんな具合に、JSX内に組み込めます。そしてこれらのプロパティは、コンストラクタで値を用意しています。

```
constructor() {
  super()
  this.title = 'Hello, Component!'
  this.message = 'This is Sample Component!'
  this.classname = 'alert alert-warning'
}
```

superのあと、title、message、classnameの３つのプロパティに値を設定しています。これらがそのままJSXで使われていたのですね。このように、プロパティをJSXに埋め込んで使うのは非常に簡単です。

ただし、1つだけ注意しておきたいのが「タグの属性」にプロパティを設定する場合です。これは、プロパティをそのまま属性に代入する形で記述します。

```
○) 属性 = { プロパティ }
×) 属性 = "{ プロパティ }"
```

わかりますか？　属性の値として書かれているダブルクォート記号の中に{}で値を埋め込むことはできません。属性のイコールの右辺に、そのまま{}を付けて記述してください。

Chapter 7

7.3. Reactの基本機能を利用する

ステートの利用

Reactのコンポーネントはダイナミックに表示を更新し、操作するための仕組みが備わっています。ただし、そうしたReact独自の機能を利用するには、コンポーネントの各種機能の使い方を知っておかなければいけません。

Reactに用意されている主な機能の使い方について、ここで簡単に説明しておきましょう。まず最初に登場するのは、「ステート」と呼ばれる機能です。

ステートは更新可能な値

ステートは、コンポーネントに用意されている「自動的に表示が更新される特殊な値」です。プロパティの値は、それを使ってコンポーネントを表示することはできますが、コンポーネントが画面に表示されたあとでプロパティの値を変更しても表示は変わりません。コンポーネントはもうHTMLのタグにレンダリングされて画面に表示されているのですから、そこで使っていたプロパティの値がどう変わろうが表示されているコンポーネントは変わりません。

こうした、「表示されている値などを、あとでプログラム内から操作したい」ということはよくあります。通常のJavaScriptならば、document.querySelectorでDOMを取得し、そのtextContentを変更して……といった具合に操作をすることになるでしょう。が、Reactは違います。Reactには、「値を更新することで表示も更新される特別な値」が用意されているのです。それが「ステート」です。

このステートはプロパティなどとは違い、「state」というプロパティに値を設定します。コンストラクタで、次のような形で値を用意するのです。

```
this.state = {
  名前 : 値 ,
  名前 : 値 ,
  ……必要なだけ用意……
}
```

こうして用意されたステートは、JSXの中で {this.state.名前} という形で記述することで表示させることができます。値の作成とJSXへの組み込みは、プロパティなどとそれほど大きな違いはありません。

ステートを更新するには?

では、ステートの値を変更する場合はどうすればいいのか? それは、コンポーネントの「setState」というメソッドを使って行います。

```
this.setState((state) => ({
  名前 : 新しい値 ,
  名前 : 新しい値 ,
  ……必要なだけ用意……
}))
```

setStateは、引数に関数が用意されます。この関数の引数には、現在のステートの値がまとめられたオブジェクトが渡されます。ここから必要な値を利用してもいいですし、まったく新しい値を設定することもできます。

この関数では、ステートのすべての値を用意する必要はありません。値を更新したいものだけを記述すればOKです。

ステートを利用する

では、ステートを使って値を変更するサンプルを作成しましょう。Contentコンポーネントを書き換えてみます。

▼リスト7-15

```
class Content extends React.Component {
  constructor(props) {
    super(props)
    this.flg = true
    this.title = 'Hello, Component!'
    this.state = {
      classname: 'alert alert-warning',
      message: 'This is Sample Component!'
    }
    setInterval(() => {
      if (this.flg) {
        this.setState(() => ({
          classname: 'alert alert-light',
          message: 'This is light alert sample.'
        }))
      } else {
        this.setState(() => ({
          classname: 'alert alert-warning',
          message: 'これは、warningアラートです。'
        }))
      }
      this.flg = !this.flg
    }, 1000)
  }

  render() {
```

```
    return (
      <div className={this.state.classname}>
        <h2>{this.title}</h2>
        <p>{this.state.message}</p>
      </div>
    )
  }
}
```

図7-10：Contentコンポーネントの背景色とメッセージが１秒ごとに切り替わる。

ここではタイマーを使って、コンポーネントの背景とメッセージを１秒ごとに交互に切り替えています。JSXによる表示を見ると、このように記述されていますね。

```
<div className={this.state.classname}>
  <h2>{this.title}</h2>
  <p>{this.state.message}</p>
</div>
```

タイトルはtitleプロパティを使い、classNameとメッセージにステートのclassnameとmessageを使っています。ステートはプロパティと混在して利用できます。

コンストラクタでは、このようにステートが用意されています。

```
this.state = {
  classname: 'alert alert-warning',
  message: 'This is Sample Component!'
}
```

ここではthis.stateに値を代入するだけですから、簡単ですね。わかりにくいのは、値を更新する部分です。今回はsetIntervalを使い、１秒ごとに表示を切り替える処理を実行しています。this.flgの値をチェックし、これがtrueかfalseかでステートを変更しています。

▼trueの場合

```
this.setState(() => ({
  classname: 'alert alert-light',
  message: 'This is light alert sample.'
}))
```

▼falseの場合

```
this.setState(() => ({
  classname: 'alert alert-warning',
  message: 'これは、warningアラートです。'
}))
```

setStateの関数の引数が省略されています。今回は、現在のステートの値を使わないため、用意していません。

classnameとmessageに新しい値を設定すると、自動的にこれらを使ったJSXの表示が更新されます。見ればわかるように、表示を操作するような処理は一切行っていません。ただ、ステートの値を変更するだけでいいのです。

クリックイベントの組み込み

コンポーネントを操作する場合は、イベント処理を用意する必要があります。このイベントの組み込みも、Reactでは独特のやり方で行います。

例として、コンポーネントをクリックしたときの処理を実装する場合を考えてみましょう。まず、実行する処理をコンポーネントクラスにメソッドとして用意します。

```
メソッド名 (e) {
    ……処理……
}
```

引数には、イベント情報をまとめたオブジェクトが渡されます。このように用意したメソッドを、JSXのタグのonClick属性に設定します。

```
onClick={ this.メソッド名 }
```

これでその要素をクリックすると、メソッドが実行されるように設定されます。が！　実はこれだけではまだメソッドは動作しません。最後に、コンストラクタでメソッドを同名プロパティに代入する処理を用意する必要があるのです。

```
this.メソッド名 = this.メソッド名.bind(this)
```

this.メソッド名.bind(this)というように、bindメソッドで得たものを同じメソッド名に代入します。つまり、thisのメソッド名に割り当てられている処理を更新しているのですね。これを行って、初めてイベントによるメソッド実行が可能になります。

ボタンクリックを実装する

では、これも例を挙げましょう。Contentコンポーネントにボタンを追加し、クリックして処理を実行させてみます。

▼リスト7-16

```
class Content extends React.Component {
  constructor(props) {
    super(props)
    this.state = {
      count: 0
    }
    this.doAction = this.doAction.bind(this)
  }

  doAction(e) {
    this.setState(state => ({
      count: state.count + 1
    }))
  }

  render() {
    return (
      <div className="container">
        <div className="alert alert-primary">
          <h2>App Component {this.state.count}</h2>
          <p>This is App-class component!!</p>
          <button className="btn btn-primary" onClick={this.doAction}>click</button>
        </div>
      </div>
    )
  }
}
```

図7-11：ボタンをクリックすると数字が増えていく。

コンポーネントに追加されたボタンをクリックすると、タイトルに表示されている数字が1ずつ増えていきます。ごく単純ですが、ボタンのクリックイベント実装例としては十分でしょう。

JSXの条件表示

Reactのコンポーネントでは JSXで表示を作成しますが、このJSXにもさまざまな機能が用意されています。中でももっとも利用頻度が高いのは、「条件による表示」でしょう。プログラミング言語のif文に相当するような機能が JSXにも用意されているのです。というより、{}で記述する式を少し工夫すれば、いろいろな表現が可能になる、ということですね。

JavaScriptには、三項演算子があります。これを使った式を用意することで、条件に応じた表示が行えるようになります。

```
{ 真偽値
  ? ……true 時の表示……
  :  ……false 時の表示 }
```

こんな具合に記述をします。注意したいのは、true/falseの表示として記述する内容です。基本的に、「1つのタグ」のみ記述できます。複数のタグを並べて表示することはできません。ただし、タグ内に別のタグを組み込むのは自由です(つまり、複数のタグを表示したい場合は、全体を1つの<div>などでまとめればOKです)。

2つの表示を切り替える

では、実際の利用例を挙げましょう。Contentコンポーネントクラスを、次のように書き換えてください。

▼リスト7-17

```
class Content extends React.Component {
  constructor(props) {
    super(props)
    this.state = {
      flg: true
    }
    this.doAction = this.doAction.bind(this)
  }

  doAction(e) {
    this.setState(state => ({
      flg: !state.flg
    }))
  }

  render() {
    return (
      <div className="container">
        <div className="alert alert-primary">
          <h2>Content Component {this.state.count}</h2>
          <p>This is Content-class component!!</p>
          {this.state.flg
            ? <div className="alert bg-danger">
              <h3>Sample Content</h3>
              <p>This is Content-class component!!</p>
```

```
            </div>
            : <div className="alert bg-dark">
              <h3 className="text-light">
                This is Other Content
              </h3>
              <p className="text-light">
                this is Other Content message!!
              </p>
            </div>
          }
          <button className="btn btn-primary mt-3" onClick={this.doAction}>↵
            click</button>
        </div>
      </div>
    )
  }
}
```

→

図7-12：ボタンをクリックすると、赤い背景と黒い背景を交互に切り替え表示する。

コンポーネントにあるボタンをクリックすると、コンポーネント内にあるコンテンツ部分が黒い背景の表示と赤い背景の表示で切り替わります。ここではflgというステートを用意し、この値に応じて表示を切り替えています。ボタンクリックで実行するdoActionメソッドでは、このように実行していますね。

```
this.setState(state => ({
  flg: !state.flg
}))
```

state.flgで、現時点でのflgステートの値が得られます。この逆の値をflgに設定しているのですね。これで、flgの値がtrue/falseと切り替わります。JSXでは、このflgステートを使って表示を行っています。

```
{this.state.flg
  ? <div className="alert bg-danger">……true時の表示……</div>
  : <div className="alert bg-dark">……false時の表示……</div>
```

このような形ですね。これで表示が切り替わります。

ここで、「条件のflgはステートじゃないといけないのか？　普通にプロパティとして用意したのではダメなのか？」と思った人はいませんか。これは、ダメなのです。なぜならflgプロパティでは、この{ ? : }による表示が更新されないからです。

renderによって作成される表示は、基本的に「表示されたあとで操作できない」ものです。表示されたあとで表示内容を更新したい場合は、ステートを使って表示を行わなければいけません。ステートの値を直接表示するだけでなく、この{ ? : }のように条件として使う場合も同じです。条件にステートの値を指定することで、そのステートが更新されると、ステートを条件とした部分も更新されるようになります。

mapによる繰り返し

繰り返しもJSXで行うことができます。配列オブジェクトにある「map」メソッドを利用します。

```
{ 配列 .map((val) => (
   ……表示する項目……
))}
```

配列オブジェクトからmapメソッドを呼び出し、引数に関数を指定します。この関数の引数valに、配列から順に値が渡されます。あとは、これを使ってJSXの表示を出力すれば、配列の各要素ごとに表示が作成されていきます。

リストを作成表示する

では、実際の利用例を見てみましょう。ここでは入力フィールドを用意し、リストを表示する処理を考えてみます。

▼リスト7-18

```
class Content extends React.Component {
  constructor(props) {
    super(props)
    this.fieldvalue = ''
    this.state = {
      data: []
    }
    this.doChange = this.doChange.bind(this)
    this.doAction = this.doAction.bind(this)
  }

  doChange(e) {
    this.fieldvalue = e.target.value
  }

  doAction(e) {
    this.state.data.push(this.fieldvalue)
    this.setState(state => ({
      data: state.data
    }))
  }
```

```
  render() {
    return (
      <div className="container">
        <div className="alert alert-primary">
          <h2>Content Component {this.state.count}</h2>
          <p>This is Content-class component!!</p>
          <ul className="list-group">
            {this.state.data.map((val) => (
              <li key="{val}" className="list-group-item">{val}</li>
            ))}
          </ul>
          <hr />
          <div className="row m-0">
            <input type="text" className="form-control col-10"
              onChange={this.doChange} />
            <button className="btn btn-primary col-2"
              onClick={this.doAction}>click</button>
          </div>
        </div>
      </div>
    )
  }
}
```

図7-13：フィールドにテキストを書いてボタンをクリックすると、リストにその項目が追加される。

初期状態では入力フィールドとボタンが表示されます。ここにテキストを書いてボタンをクリックすると、その上に項目が表示されます。テキストを書いてボタンクリックを繰り返していくことで、入力したテキストがリスト表示されていきます。

あらかじめプロパティにdataという配列を用意しておき、入力したテキストをこの配列に追加していくことで、データを蓄積しています。そして繰り返しを使い、配列の項目をリストにして表示しています。

フィールドの入力

ここではフィールドに入力した値を得るのに、「onChange」イベントを利用しています。<input type="text" />を見ると、次のように属性が指定されています。

```
onChange={this.doChange}
```

これで、入力テキストが変更されるとdoChagneメソッドが呼び出されるようになります。doChangeで行っている処理は非常に単純です。

```
doChange(e) {
  this.fieldvalue = e.target.value
}
```

e.targetで、イベントが発生したターゲットのDOMが得られます。そのvalueで、入力フィールドに記入した値が取り出せます。あとは、それをfieldvalueプロパティに設定するだけです。

ボタンクリックで項目を追加

ボタンクリックで実行するdoActionでは、どのような処理を実行しているのでしょうか？

```
doAction(e) {
  this.state.data.push(this.fieldvalue)
  this.setState(state => ({
    data: state.data
  }))
}
```

dataステートに、pushメソッドでfieldvalueの値を追加しています。そして、setStateでdataステートをdataステートに設定しています。

ステートというのは、値が更新されないと表示も更新されません。ステートのdataにpushで値を追加しても、それだけではdataステートに設定されている値が変わるわけではないので、表示は更新されないのです。そこで、「dataステートをdataステートに設定する」ということを行っています。こうすることでdataが更新され、表示も更新されます。

配列でリストを作成する

JSXのリスト表示を行っている部分を見てみましょう。<ul>タグ内で、this.state.dataからmapで値を順に取り出し、<li>を生成しています。

```
<ul className="list-group">
  {this.state.data.map((val) => (
    <li key="{val}" className="list-group-item">{val}</li>
  ))}
</ul>
```

これで、dataから順に取り出された値が{val}で出力されていきます。{}部分はdataステートを使って表示を作成しているので、ステートの値が変更されると自動的に更新します。これにより、どんどんリストの項目が増えていくのです。

C O L U M N

イテレータにはkeyを用意する

ここでは、<li>タグにkeyという属性が用意されています。これは、React特有のものです。この例のようにイテレータで値を生成していく際には、各項目にkey属性で値を設定する必要があります。

スタイルの設定

スタイルの設定は、他の属性とは少し違っています。通常の属性はそのままテキストを指定するのですが、style属性に関しては、各スタイルの情報をまとめたオブジェクトで値を設定します。例えば、こんな具合です。

```
{
  color: 'red',
  backgroundColor: 'blue',
  fontSize: '20pt'
}
```

このように、複数の設定項目ひとまとめにしたものをそのままstyleに設定すれば、オブジェクトに用意されている値がまとめてstyleに設定されるのです。

スタイルを変更する

スタイルを設定するサンプルを作成しましょう。今回は、<select>を使ってスタイルを変更するサンプルを考えてみます。Contentコンポーネントクラスを、次のように書き換えてください。

▼リスト7-19

```
class Content extends React.Component {
  constructor(props) {
    super(props)
    this.style = [
      {
        color: 'red',
        backgroundColor: '#ffdddd',
        padding: '5px',
        borderStyle: 'solid',
        borderWidth: '5px',
        borderColor: '#990000'
```

```
      },
      {
        color: '#ddddff',
        backgroundColor: 'blue',
        padding: '5px',
        borderStyle: 'double',
        borderWidth: '7px',
        borderColor: '#eeeeff'
      }
    ]
    this.state = {
      style: this.style[0]
    }
    this.doChange = this.doChange.bind(this)
  }

  doChange(e) {
    const n = e.target.selectedIndex
    this.setState((state) => ({
      style: this.style[n]
    }))
  }

  render() {
    return (
      <div className="container">
        <div className="alert alert-primary">
          <h2 style={this.state.style}>Content Component {this.state.count}</h2>
          <p style={this.state.style}>This is Content-class component!!</p>
          <select className="form-control" onChange={this.doChange}>
            <option>red</option>
            <option>blue</option>
          </select>
        </div>
      </div>
    )
  }
}
```

→

図7-14：メニューを選ぶと、コンポーネントのスタイルが変更される。

ここでは、<select>によるスタイルの選択項目が表示されます。ここから「red」を選ぶとその上の表示が赤に、「blue」を選ぶと青に変わります。テキストと背景の色が変わるだけでなく、ボーダーの表示などまで変更されるのがわかるでしょう。

styleプロパティにスタイル情報の配列を用意し、これを使ってスタイルを切り替えています。用意されている値は、次のような形になっています。

```
{
  color: 'red',
  backgroundColor: '#ffdddd',
  padding: '5px',
  borderStyle: 'solid',
  borderWidth: '5px',
  borderColor: '#990000'
},
```

注意して見ると、必ずしもスタイル名と同じものが用意されているわけではないことに気がつくでしょう。例えば、background-colorはbackgorundColorとなっています。

ハイフンで複数の単語がつなげられているようなものは、キャメル記法（つなげる単語の最初の1文字目が大文字になる）による1単語に置き換わっています。また、設定される値は基本的にすべてテキスト値です。

メニュー選択の処理

メニューを選んだときの処理は、onChangeイベントを使っています。ここで実行されるdoChangeメソッドを見てみましょう。

```
doChange(e) {
const n = e.target.selectedIndex
this.setState((state) => ({
  style: this.style[n]
}))
}
```

選択した<select>のDOMは、引数eのtargetプロパティで得ることができます。そのselectedIndexで、選択した項目のインデックス番号が得られます。あとはsetStateで、styleの値をthis.style[n]に変更するだけです。

JSXのスタイルは、style={this.state.style}というようにstyleステートが指定されていますから、setStateによりstyle属性の値が変わり表示が更新される、というわけです。

ReactからElectron/Node.jsを使う

最後に、ReactのコンポーネントからElectronやNode.jsのモジュールを利用するにはどうするのかについても、簡単なサンプルを挙げておきましょう。

▼リスト7-20

```
import React from 'react'
import { hot } from 'react-hot-loader/root'
import { remote } from 'electron'
import fs from 'fs'

const dialog = remote.dialog

class App extends React.Component {
  render() {
    return (
      <div>
        <nav className="navbar bg-primary mb-4">
          <h1 className="display-4 text-light">Reactron-app</h1>
        </nav>
        <div className="container">
          <h2>App Component</h2>
          <p>これはAppクラスコンポーネントのサンプルです。</p>
          <Content />
        </div>
      </div>
    )
  }
}

class Content extends React.Component {
  constructor(props) {
    super(props)
    this.state = {
      message: 'this is sample message...'
    }
    this.doAction = this.doAction.bind(this)
  }

  doAction(e) {
    const w = remote.getCurrentWindow()
    const result = dialog.showOpenDialogSync(w, {
      properties: ['openFile'],
      filters: [
        { name: 'Text Files', extensions: ['txt'] }
      ]
    })
    let re = ''
    let pth = ''
    let msg = ''
    if (result !== undefined) {
      pth = result[0]
      re = fs.readFileSync(pth).toString()
      msg = '"' + pth + '" をロードしました。'
      this.setState((state) => ({
        message: re
      }))
    } else {
      re = 'canceled'
      msg = 'キャンセルされました。'
    }
    dialog.showMessageBox(w, {
```

```
        title: 'Message',
        message: msg
      })
    }

    render() {
      return (
        <div className="container">
          <div className="alert alert-primary">
            <h2 >Content Component {this.state.count}</h2>
            <textarea className="form-control"
              rows="5" value={this.state.message}></textarea>
            <button className="btn btn-primary mt-3"
              onClick={this.doAction}>Click</button>
          </div>
        </div>
      )
    }
  }

  export default hot(App)
```

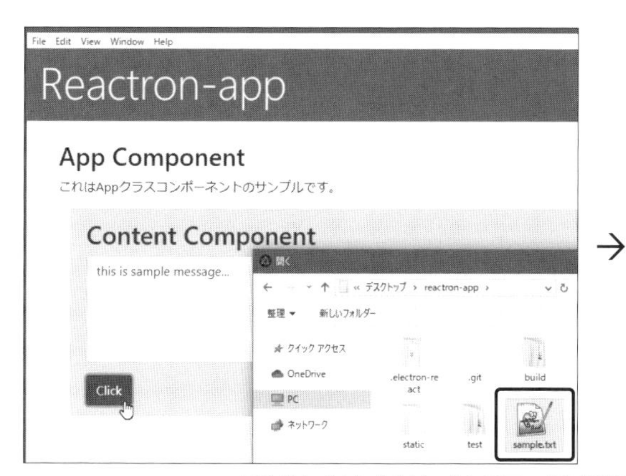

図7-15：ボタンをクリックしてファイルを選択すると、その内容を読み込んで表示する。

ここでは、BrowserWindow、dialog、fsといったモジュールを利用する例を作成しました。ボタンをクリックするとファイルダイアログが現れるので、テキストファイルを選択するとテキストエリアに内容が読み込まれます。ElectronとNode.jsのモジュールが正常に機能していることがわかるでしょう。

ここではまず最初に、importを使ってremoteとfsをロードしています。

```
import { remote } from 'electron'
import fs from 'fs'
```

それまでrequireを使ってきたので面食らった人もいるかもしれませんが、以下の文と実質的に同じものです。

```
const { remote } = require('electron')
const fs = require('fs')
```

ここまで、こうしたモジュールのロードはプレロードを使ってきましたが、create-electron-reactのアプリケーションでは、コンポーネントのjsxファイルから直接remoteをロードし利用できます。

ここでは、doActionメソッドでファイルの読み込み処理を行っています。次のようにファイルダイアログを呼び出していますね。

```
const w = remote.getCurrentWindow()
const result = dialog.showOpenDialogSync(w, {……})
```

見ればわかるように、これまでのElectronのプログラムとまったく変わりありません。レンダラープロセスではremoteを経由してオブジェクトを取り出す、という点も同じですね。あとは、これまで説明した処理ですから、それぞれでコードを読んで理解してください。

Electron/Node.jsのモジュールが使えるようになれば、通常のElectronアプリケーションとまったく同じようにプログラムが作成できるようになります。JSXを利用して表示を作成し、ステートで更新できるので、通常のElectronアプリケーションよりもぐっと開発はしやすくなるでしょう。

Reactについては、ここではその基本的な使い方、作り方についてのみ説明をしました。ごく初歩的なものでしたが、Reactのプログラムがどのようなものか、雰囲気ぐらいは感じ取れたことと思います。興味が湧いてきた人は別途、Reactについて学習してみてください。

Chapter 8

テストとビルド

アプリケーション開発では本体のコーディング以外にも覚えるべきことがあります。
それは、「テスト」と「ビルド」です。
ここではSpectronを利用したテストの実行と、
electron-builderによるアプリケーションのビルドについて説明しましょう。

Chapter 8

8.1. アプリケーションのテスト

Spectronについて

アプリケーションのテストは本格的な開発を行う場合、避けては通れません。Electronは、Webページと同じ技術で開発されてはいますが、それはあくまでレンダラープロセスの部分であり、メインプロセスはNode.jsのアプリケーションのように、独自の機能を使ってプログラミングされています。これらをテストするのは、かなり面倒そうに思えます。

そこでElectronの開発元は、Electronのためのテストフレームワークを開発しリリースしました。それが、「Spectron」です。このSpectronを使うことで、Electronアプリケーションを起動したテストが行えるようになります。

プロジェクトの準備

実際にSpectronを使ってみましょう。今回は、５章まで使っていた「sample_app」アプリケーションをベースにしてテストを行うことにします。

まず、Visual Sudio Codeで「sample_app」フォルダを開き、ターミナルを使えるようにしておいてください。

ところで、Electronはアプリケーション側にインストールされていますか？　Spectronを利用するためには、アプリケーションにElectronがインストールされている必要があります。まだ入ってない場合は、「npm install electron」でインストールしておきましょう。

Spectronをインストールする

では、Spectronをインストールしましょう。ターミナルから以下のコマンドを実行してください。

```
npm install --save-dev spectron mocha
```

今回はSpectronだけでなく、「mocha」というパッケージもインストールしています。mochaはJavaScriptのテスト用フレームワークで、Spectronと併用するのが一般的です。ここでも、両者を組み合わせたテストの利用について説明をします。

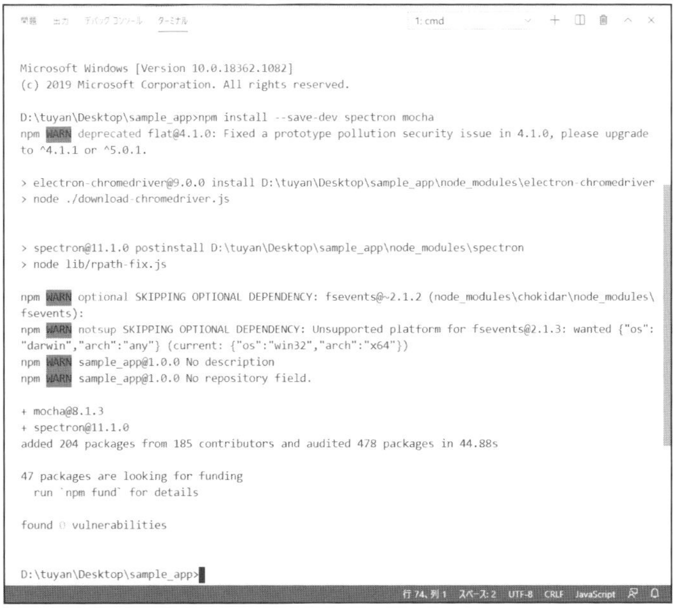
問題 出力 デバッグ コンソール ターミナル
1: cmd
Microsoft Windows [Version 10.0.18362.1082]
(c) 2019 Microsoft Corporation. All rights reserved.
D:\tuyan\Desktop\sample_app>npm install --save-dev spectron mocha
npm WARN deprecated flat@4.1.0: Fixed a prototype pollution security issue in 4.1.0, please upgrade to ^4.1.1 or ^5.0.1.
> electron-chromedriver@9.0.0 install D:\tuyan\Desktop\sample_app\node_modules\electron-chromedriver
> node ./download-chromedriver.js
> spectron@11.1.0 postinstall D:\tuyan\Desktop\sample_app\node_modules\spectron
> node lib/rpath-fix.js
npm WARN optional SKIPPING OPTIONAL DEPENDENCY: fsevents@~2.1.2 (node_modules\chokidar\node_modules\fsevents):
npm WARN notsup SKIPPING OPTIONAL DEPENDENCY: Unsupported platform for fsevents@2.1.3: wanted {"os":"darwin","arch":"any"} (current: {"os":"win32","arch":"x64"})
npm WARN sample_app@1.0.0 No description
npm WARN sample_app@1.0.0 No repository field.
+ mocha@8.1.3
+ spectron@11.1.0
added 204 packages from 185 contributors and audited 478 packages in 44.88s
47 packages are looking for funding
run `npm fund` for details
found 0 vulnerabilities
D:\tuyan\Desktop\sample_app>
行 74、列 1 スペース: 2 UTF-8 CRLF JavaScript

図8-1：spectronとmochaをインストールする。

サンプルアプリケーションの用意

テストするアプリケーションを作成しましょう。今回はごく簡単な入力、ボタン、メニューといったものを持つアプリケーションを用意します。

「sample_app」では、メインプロセスをindex.jsに、レンダラープロセスをindex.htmlに記述していました。この2つを書き換えましょう。まずは、メインプロセス側からです。index.jsを、次のように書き換えます。

▼リスト8-1

```
const { app, Menu, BrowserWindow } = require('electron');

function createWindow () {
  win = new BrowserWindow({
    width: 600,
    height: 375,
    webPreferences: {
      nodeIntegration: true,
      enableRemoteModule: true
    }
  });
  win.loadFile('index.html');
  //win.webContents.openDevTools(); // ☆
  return win.id;
}

function createMenu() {
```

```
  let menu_temp = [
    {
      label: 'Menu',
      submenu: [
        {label: 'doit', click: ()=>{
          doit();
        }},
        {label: 'doDb', click: ()=>{
          doDb();
        }},
        {type: 'separator'},
        {role: 'quit'}
      ]
    },
    {role: 'editMenu'},
  ];
  let menu = Menu.buildFromTemplate(menu_temp);
  Menu.setApplicationMenu(menu);
}

function doit() {
  let w = BrowserWindow.getFocusedWindow();
  w.webContents.executeJavaScript('doit("Do-it!")');
}

function doDb() {
  let w = BrowserWindow.getFocusedWindow();
  w.webContents.executeJavaScript("doDb(1)");
}

createMenu();
app.whenReady().then(createWindow);
```

注意してほしいのは、☆の「win.webContents.openDevTools();」です。開発ツールを組み込む文ですが、ここではコメントアウトしてください。今回のサンプルでは開発ツールがONになっていると、一部のテストに失敗します。

ここではサンプルとして、「doit」「doDb」というメニューを用意しておきました。いずれもexecute JavaScriptでWebコンテンツからJavaScriptの関数を呼び出すようになっています。

また、もう1点注意しておきたいのが、webPreferencesの設定です。今回は、次のようになっていますね。

```
webPreferences: {
  nodeIntegration: true,
  enableRemoteModule: true
}
```

レンダラープロセス側でElectronの機能を使うため、enableRemoteModuleはtrueにしてあります。また、レンダラープロセスでNode.jsの機能を使えるようにするnodeIntegrationはtrueにしてあります。Spectronではレンダラープロセス側で独自機能を使うため、nodeIntegrationをtrueに設定しておく必要があります。

Webページとレンダラープロセスの処理

続いて、Webページを用意しましょう。index.htmlの内容を、次のように書き換えます。今回はレンダラープロセスの処理も、すべてこの中にまとめてあります。

▼リスト8-2

```
<!DOCTYPE html>
<html lang="ja">
<head>
  <meta charset="UTF-8">
  <meta name="viewport"
    content="width=device-width, initial-scale=1.0">
  <link rel="stylesheet" href="https://stackpath.bootstrapcdn.com/bootstrap/↲
    4.5.0/css/bootstrap.min.css">
  <script src="https://code.jquery.com/jquery-3.5.1.slim.min.js"></script>
  <script src="https://cdn.jsdelivr.net/npm/popper.js@1.16.0/dist/umd/↲
    popper.min.js"></script>
  <script src="https://stackpath.bootstrapcdn.com/bootstrap/4.5.0/js/↲
    bootstrap.min.js"></script>
  <title>Sample App</title>
</head>

<body>
  <nav class="navbar bg-primary mb-4">
    <h1 class="display-4 text-light">Sample-app</h1>
  </nav>
  <div class="container">
    <p id="msg">please click button.</p>
    <p>
      <input type="text" class="form-control" id="fld"></textarea>
    </p>
    <button class="btn btn-primary" id="btn" onclick="action()">
      Click
    </button>
  </div>
  <script>
  const { app, BrowserWindow } = require('electron').remote;
  const sqlite3 = require('sqlite3');
  const path = require('path');

  function action() {
    let txt = document.querySelector('#fld').value;
    document.querySelector('#msg').textContent = txt;
    return true;
  }

  function doit(msg) {
    document.querySelector('#msg').textContent = msg;
    return msg;
  }

  async function doDb(id) {
    var dbpath = await path.join(app.getPath('home'), 'mydata.db');
```

```
    let query = 'select * from users where id = ' + id;
    let db = new sqlite3.Database(dbpath);
    db.all(query, (err, rows)=> {
      if (err == null) {
        let jsn = JSON.stringify(rows[0]);
        console.log(jsn);
        doit(jsn);
      } else {
       console.log(err.message);
      }
    });
    db.close();
  }
  </script>
</body>
</html>
```

<input type="text">による入力フィールドとプッシュボタンを、1つずつ用意しておきました。プッシュボタンは、action関数を実行するようになっています。

この他、「doit」「doDb」メニューで呼び出される処理として、doit/doDb関数を用意してあります。doitはごく単純な値を返すタイプの関数で、doDbは5章で作成したmydata.dbのusersテーブルからレコードを取得する処理を行っています。

なお、5章ではpreload.jsでプレロード処理を用意していましたが、今回はnodeIntegration: trueにしているため、プレロード用スクリプトは必要ありません。

package.jsonにscriptsを追記する

あとはテスト用のスクリプトを作成するだけですが、その前に、テストを実行するためのコマンドを用意しましょう。

アプリケーションのフォルダ内のpackage.jsonファイルを開いてください。その中に"scripts":{……}という項目が見つかるでしょう。この部分を、次のように書き換えます(もしない場合は、"devDependencies"という項目の手前あたりに追記してください)。

▼リスト8-3

```
"scripts": {
  "start": "electron .",
  "test": "mocha"
},
```

これは、「npm run」コマンドで実行できるオプションを追加するものです。これで、「npm run start（あるいは単にnpm start）」でアプリケーションを起動し、「npm run test（あるいはnpm test）」でテストを実行するようになります。

"scripts"という項目は、コマンドのオプションを指定するもので、オプション名と実行するコマンドをそれぞれ指定します。"test"ではmochaというコマンドを指定していますが、これは、アプリケーションにインストールしたmochaを実行するためのものです。これによりnpm testとすれば、mochaによるテストが実行されるようになります。

テスト用スクリプトを作る

テスト用のスクリプトファイルを作成しましょう。アプリケーションのフォルダ（「sample_app」フォルダ）内に、「test」というフォルダを作成してください。これが、テスト用ファイルを保管する場所になります。

次に、「test」フォルダにファイルを用意しましょう。ここでは、「test_sample.js」という名前にしておきます。といっても、この名前にしなければいけないわけではありません。ファイル名などは特に決まっておらず、「test」フォルダに用意したスクリプトファイルは自動的にすべてテスト用のスクリプトと認識します。

では、test_sample.jsに簡単なスクリプトを記述しましょう。

▼リスト8-4

```
const assert = require('assert');

describe('Application launch', function() {
  it('shows an initial window', ()=> {
    const flg = true;
    return assert(flg);
  });
});
```

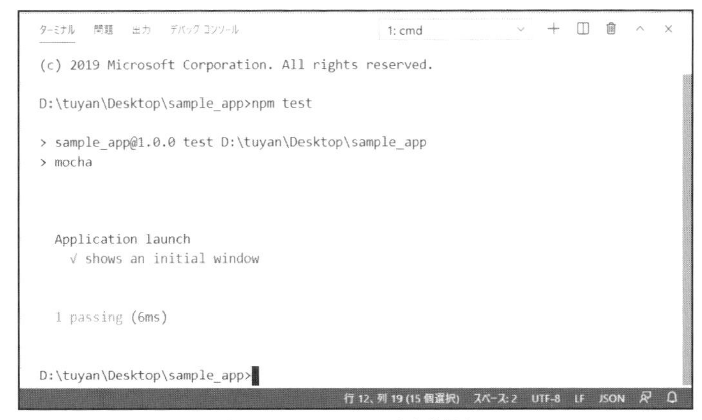

図8-2：npm testでテストを実行する。

記述したら、ターミナルから「npm test」と実行してみてください。「test」フォルダ内にあるスクリプトファイル（test_sample.js）を実行し、テストを行います。実行すると、ターミナルに次のようなメッセージが出力されるでしょう。

```
  Application launch
    ✓ shows an initial window

  1 passing (6ms)
```

「Application launch」はアプリケーションが起動されたことを示し、その後の「✓ shows an initial window」は、「shows an initial window」というテストを無事通過したことを表します。冒頭の✓は、このテストを無事通過した（問題は起こらなかった）ことを示します。試しに、定数flgの値をfalseに変更したらどうなるかやってみましょう。つまり、次のように書き換えるのです。

```
const flg = true;
```

↓

```
const flg = false;
```

これでnpm testすると、「1) shows an initial window」という表示のあとに、次のように表示されます。

```
  0 passing (12ms)
  1 failing
```

「0 passing」は「通過したテストがゼロ」を表し、「 1 failing」は「1つ失敗した」ことを示します。さらにその下を見ると、こんな文が見つかるでしょう。

```
AssertionError [ERR_ASSERTION]: The expression evaluated to a falsy value:

  assert(flg)
```

これは、値が偽（false）であったためエラーになったことを示します。要するに、「値が正しくないよ」といっているわけですね。

テストは、このように成功して通過すれば「〇〇 passing」と表示され、失敗してエラーになると「〇〇 failing」と表示されます。失敗した際はそのエラー内容も出力されるので、それを確認してなぜテストに失敗したかを考え対処していけばいいのです。

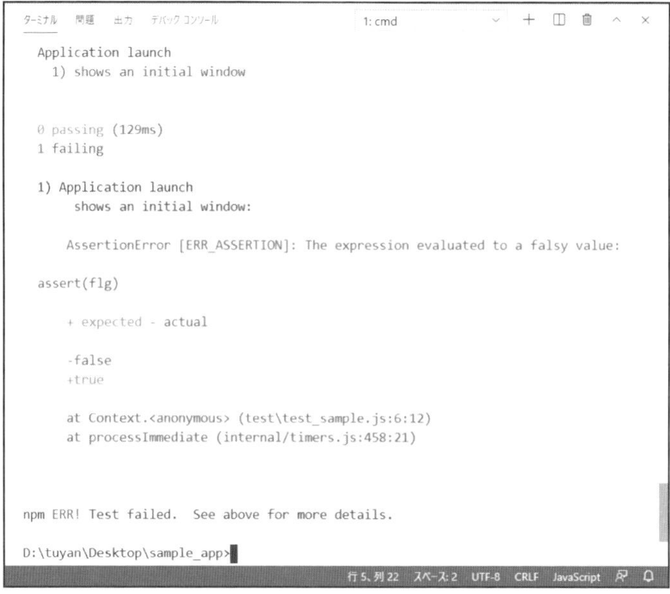

図8-3：テストに失敗すると「failing」という項目が現れ、その下に例外の内容が表示される。

テストの基本コード

作成したテストのソースコードがどのようになっているのか説明しましょう。まず最初に、以下のrequireが用意されています。

```
const assert = require('assert');
```

require('assert')は、値をテストするためのassertモジュールをロードするものです。これは、実はSpectronの機能ではありません。Node.jsに用意されているモジュールです。ここにあるメソッドを使って値のチェックを行います。

実際に実行している処理は、次のような形になっています。

```
describe('Application launch', function() {……}
```

describeは、テスト全体をまとめて記述するのに使われます。第1引数には、テストの項目として表示されるテキストを指定します。第2引数には、テストとして実行される内容を記述します。

第1引数の'Application launch'という値は、出力内容がわかりやすくなるように、なるべくテストの内容を反映するようなテキストを用意しておくようにしましょう。

第2引数には関数が用意され、この中に実行される処理が用意されます。実際に実行される1つ1つのテストは、この関数内にまとめられます。

実行されるテスト

この関数の中には、次のような「it」という関数が用意されています。このitこそが、テストを実行しているものなのです。

```
it('shows an initial window', ()=> {
  return 値;
});
```

第1引数には、テストの内容を表すテキストが用意されます。そして第2引数に、テストとして実行される処理が用意されます。作りはdescribeとほぼ同じです。

ただしこのitの関数は、最後に真偽値をreturnする必要があります。この戻り値がtrueならばテスト通過、falseならばテスト失敗と判断されるのです。

ここでは、次のようなreturn文が書かれていますね。

```
return assert(flg);
```

「assert」が、値をチェックする関数です。これは引数の値をチェックし、それがtrueかどうかを確認します。引数がtrueと判断される値ならば、テストは通過します。値チェックのもっとも基本となる関数といってよいでしょう。

アプリケーションを起動する

テストの基本形はこれでわかりました。しかし実をいえば、今のサンプルはsample_appアプリケーションを起動してテストしているわけではありません。ただ、値をチェックしているだけだったのです。実際の開発ではアプリケーションを実行し、その中でさまざまな値を確認していく必要があるでしょう。

そのためには、「before」「after」という関数を使います。

▼describeの前に実行される

```
before( 関数 );
```

▼describeの後に実行される

```
after( 関数 );
```

▼itの前に実行される

```
beforeEach( 関数 );
```

▼itの後に実行される

```
afterEach( 関数 );
```

それぞれの関数内に実行する処理を用意すれば、必要に応じて自動的に処理が実行されるようになります。例えば、テスト開始時にアプリケーションを起動し、テスト終了時に終了するような処理を作成してみましょう。sample_test.jsを、次のように書き換えてください。

▼リスト8-5

```
const { Application } = require('spectron');
const assert = require('assert');
const electronPath = require('electron');
const path = require('path');

describe('Application launch', function() {

  before(()=> {
    this.app = new Application({
      path: electronPath,
      args: [path.join(__dirname, '..')]
    });
    return this.app.start();
  })

  after(()=> {
    return this.app.stop();
  });

});
```

テストを開始するとアプリケーションが起動し、テストが終わると終了する処理が用意できました。といっても、これを実行してもアプリケーションは現れません（まだ肝心のテストが書かれていないので）。

これで、実際にアプリケーションを起動してテストを実行する基本コードができました。ここで行っている処理は比較的単純なものです。

beforeでは、new Applicationで新しいアプリケーションのオブジェクトを作り、return this.app.start();でアプリケーションを実行し、その戻り値をreturnします。

afterでは、return this.app.stop();でアプリケーションを停止し、その戻り値をreturnします。どちらも、before/afterでアプリケーションの実行・停止を行う際の基本コードと考えてください。

C O L U M N

Application は、Spectron のオブジェクト！

new Application してアプリケーションを作成して実行しているのを見て、「なんだ、Electron はアプリケーションを作ってそのままテストすればいいのか」と思ったかもしれません。が、よく見てください。この Application は、require('spectron') でロードされたものです。つまり、Electron の app ではなく、Spectron の Application なのです。

見た目には Electron のアプリケーションがそのままテストで実行されているように思えるでしょうが、実は Spectron によって実行されている独自のアプリケーションが動いているのです。

テストを追加して動かす

実際に、テストを追加して実行してみましょう。sample_test.jsを、次のように書き換えてみます。

▼リスト8-6

```
const { Application } = require('spectron');
const assert = require('assert');
const electronPath = require('electron');
const path = require('path');

describe('Application launch', function() {
  this.timeout(10000);

  before(()=> {
    this.app = new Application({
      path: electronPath,
      args: [path.join(__dirname, '..')]
    });
    return this.app.start();
  })

  after(()=> {
    return this.app.stop();
  });

  it("test 1", ()=>{
```

```
    return assert(true);
  })

  it("test 2", ()=>{
    return assert(true);
  })

  it("test 3", ()=>{
    return assert(true);
  })
});
```

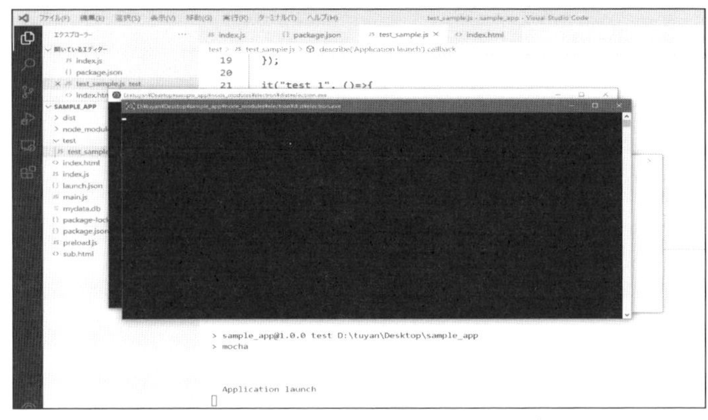

図8-4：実行すると、画面にコマンドプロンプトまたはターミナルのウインドウとアプリケーションのウインドウが現れる。テスト終了後、自動的に消える。

npm testを実行すると、画面に2枚のコマンドを実行するウインドウと、アプリケーションのウインドウが現れます。そしてテストが終了すると、自動的にこれらは消えます。実行後、ターミナルには次のように出力されているはずです。

```
  Application launch
    ✓ test 1
    ✓ test 2
    ✓ test 3

  3 passing (9s)
```

テストがすべて通過していることがわかりますね。ここでは、次のような形で単純なassertを実行するだけのitを3つ用意してあります。

```
it("test 1", ()=>{
  return assert(true);
})
```

これらがApplication launchの後に順にチェックされているのがわかるでしょう。こんな具合に、必要なだけitを用意してテストを実行していくのです。

app.clientをチェックする

では、具体的なテストを作成していきましょう。まずは、app.clientに関する値をチェックします。

app（Applicationオブジェクト）に用意されるclientプロパティには、browserというオブジェクトが保管されています。これは、アプリケーションで実行されるウインドウと考えるとよいでしょう。ここから、ウインドウに関する情報を得ることができます。

実際に、app.clientを使ったテストを書いてみましょう。先ほど作成したサンプルで、describe関数を次のように修正してください。なお、before/afterは先ほどのサンプルと同じなので省略してあります。

▼リスト8-7

```
describe('Application launch', function() {
  this.timeout(10000);

  before(()=> {……略……})

  after(()=> {……略……});

  it('shows an initial window', ()=> {
    return this.app.client.getWindowCount().then((count)=> {
      assert.strictEqual(count, 1);
    });
  })

  it('check window title', ()=> {
    return this.app.client.getTitle().then((title)=> {
      assert.strictEqual(title, 'Sample App');
    });
  });

});
```

実行すると、これら2つのテストを実行し、その結果を出力します。ここでは実行後、次のようなメッセージが出力されるでしょう。

```
  Application launch
    ✓ shows an initial window
    ✓ check window title

  2 passing (10s)
```

2つのテストを通過すればOKです。中には実行中、「Error: Application not running」というエラーが発生した人もいるかもしれません。その場合は、冒頭にある「this.timeout(10000);」の10000という値をもっと大きくしてください。

このthis.timeoutは、タイムアウトまでの時間を指定するものです。引数にはミリ秒単位の整数値を指定します。この値が小さいと、テストがすべて終了する前にタイムアウトし、アプリケーションが終了してしまうことがあります。実際に、timeout(100)と値を小さくして試してみてください。テストに失敗してエラーになります。「Error: Application not running」というエラーが発生した場合は、timeoutの値が十分なものか確認しましょう。

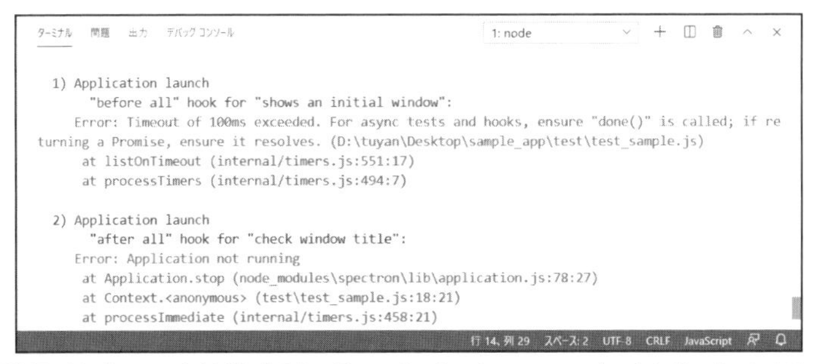

図8-5：this.timeoutを100にすると、Error: Application not runningというエラーになる。

C O L U M N

中断して終了しない！

timeoutを100にして実行するとエラーが発生し、そのままスクリプトが終了せずウインドウも表示されたまま止まってしまいます。このような状態になったら、Ctrl キー＋ C キーでスクリプトを強制終了してください。これで、開いているアプリケーションのウインドウも消えます。

もし、これでもウインドウが残るようなら、面倒ですが1つ1つ手作業で閉じていきましょう。

getWindowCountについて

1つ目のテストから見てみましょう。ここではit関数の引数に用意した関数内で、次のような文を実行しています。

```
return this.app.client.getWindowCount().then((count)=> {……});
```

getWindowCountはclientにあるメソッドで、開いているウインドウの数を返すものです。非同期なので、thenで実行後に呼び出される関数（コールバック関数）を用意します。この関数では、getWindowCountで得られたウインドウ数の値が引数に渡されます。

ここでは、次のようにテストを実行しています。

```
assert.strictEqual(count, 1);
```

strictEqualというのは、厳密に等しいかどうかを確認するもので、第1引数、第2引数にそれぞれ値を用意し、2つの引数の値が等しいかどうかを確認します。「厳密に」というのは、ただ等しいだけでなく、タイプまで同じかどうかを確認するためです。つまり==ではなく、===で等しいかチェックしているわけです。

開発ツールも「ウインドウ」

ここでは、getWindowCountで得られたウインドウ数をstrictEqual(count, 1)でチェックしていますが、中にはここでエラーになった人もいるかもしれません。

メインプロセスで、win.webContents.openDevTools();を実行して開発ツールを表示するようにしていると、このテストに失敗します。開発ツールも1つのウインドウとして扱われるので、getWindowCountの値は「2」になるのです。strictEqualの値を変更するか、openDevToolsの文をコメントアウトするかして再テストしましょう。

getTitleについて

2つ目のテストでは、app.clientの「getTitle」というメソッドを呼び出しています。以下の部分ですね。

```
return this.app.client.getTitle().then((title)=> {……});
```

このgetTitleは、ウインドウのタイトルを取得するものです。これも非同期で、thenの引数に用意した関数で戻り値を受け取ります。ここでは、その値を次のようにチェックしています。

```
assert.strictEqual(title, 'Sample App');
```

タイトルが'Sample App'かどうかを確認しています。アプリケーション名が他のものだと、このテストはエラーになるでしょう。どういうタイトルが表示されるのか、よく確認してテストしましょう。

テスト用オブジェクトは非同期が基本

今回は、getWindowCountやgetTitleといったapp.clientのメソッドを使いましたが、いずれも「非同期で動く」という点が共通していますね。テストで使うapp.clientのメソッドは、基本的に非同期なのです。

これは、これらのメソッドが直接アプリケーションを操作するのではなく、「テスト用のフレームワークの中から、現在実行しているアプリケーションにアクセスして必要な操作を行っている」ためです。テストのための機能は、アプリケーションの外側から内部にアクセスして操作をするため、瞬時に処理が完了するようにはなっていません。このため、非同期で結果を返すようになっているのが一般的なのです。

テスト時に開発ツールをOFFにする

実際に試してみて、アプリケーションを実行するときとテストとして実行するときで、微妙に異なる処理が必要となることに気がついたでしょう。nodeIntegrationはテスト時はtrueにする必要がありますし、openDevToolsで開発ツールを表示する場合もテスト時は非表示にしておかないと、うまくテストできない場合もあります。

テストのたびにこれらの処理を書き換えるのは面倒ですし、後々修正忘れなどといった問題の遠因になりかねません。そこで、「テスト時かどうかで異なる処理を行う」方法を考えましょう。

現在の実行モードは、process.env.NODE_ENVというものでチェックすることができます。通常この値は、開発時には'development'となり、アプリケーションとしてリリースされて以降は'production'となります。これに、さらに「テスト時は'test'にする」という仕組みを追加することで、テスト時にだけ通常と異なる処理が行われるようにできます。

例として、開発ツールの表示処理を修正してみましょう。index.jsのcreateWindow関数内に、次のような形で開発ツール表示の処理を追加してください。

▼リスト8-8

```
if (process.env.NODE_ENV !== 'test') {
  win.webContents.openDevTools();
}
```

NODE_ENVの値が"test"ではない場合のみopenDevToolsが実行され、開発ツールが表示されるようになります。process.envというのは実行中のプロセスの環境変数などをまとめているところで、NODE_ENV環境変数の値が"test"かどうかをチェックして処理を行うようにしています。

実行する処理はできましたが、これだけではテスト時にNODE_ENVが"test"に変わったりはしません。テストの際にNODE_ENVが"test"に変わるように処理を用意する必要があります。

ではpackage.jsonを開き、"scripts"にある"test"の行を次のように修正してください。

▼Windowsの場合

```
"test": "set NODE_ENV=test&&mocha"
```

▼macOSの場合

```
"test": "NODE_ENV=test mocha"
```

これで、npm startでアプリケーションを実行すると開発ツールが表示され、npm testでテストを実行する際は表示されなくなります。package.jsonの"scripts"で、コマンドを実行する際にNODE_ENVの値を変更することで、テスト時かどうか判断できるようにしているのですね。

JavaScriptを実行する

レンダラープロセスの動作を確認する場合、もっとも簡単なのは「JavaScriptを実行する」というものでしょう。

Electronでは、WebコンテンツのexecuteJavaScriptを使ってJavaScriptを実行することができました。これは、Spectronのテストでも使うことができます。実際にやってみましょう。

sample_test.jsのdescribeのコールバック関数内に、以下のit関数を追記しましょう。

▼リスト8-9

```
it('call javascript function', ()=> {
  return this.app.webContents.executeJavaScript('doit("ok")').then((res)=> {
    assert.strictEqual(res, 'ok');
  });
});
```

```
it('get DOM textContent', ()=> {
  let scrpt = 'document.querySelector("#fld").value = "Hello!";'
    + 'action();document.querySelector("#msg").textContent;';
  return this.app.webContents.executeJavaScript(scrpt).then((res)=> {
    assert.strictEqual(res, 'Hello!');
  });
});
```

リスト8-7で作成した2つのit関数は削除してしまってもかまいません。これを実行すると、問題なければ次のように出力されるでしょう。

```
  Application launch
    ✓ call javascript function
    ✓ get DOM textContent (80ms)

  2 passing (9s)
```

ここではJavaScriptの関数を呼び出すものと、スクリプトをテキストで用意して実行させるものの、2つのテストを用意しました。

まず、2つ目のitを見てみましょう。executeJavaScript('doit("ok")')というようにして、doit("ok")を呼び出しています。index.htmlでは、次のようにdoit関数が定義されていました。

```
function doit(msg) {
  document.querySelector('#msg').textContent = msg;
  return msg;
}
```

これでreturn msg;された値が、getWindowCountのthenにあるコールバック関数の引数に渡されます。assert.strictEqual(res, 'ok');で、戻り値が「ok」であればdoit関数は正しく呼び出せています。

スクリプトを実行する

2つ目のit関数ではJavaScriptのスクリプトをテキストにまとめ、それを実行しています。変数scrptに、次のようなテキストを用意しています。

```
document.querySelector("#fld").value = "Hello!";
action();
document.querySelector("#msg").textContent;
```

id="flg"の要素(<input type="text">の要素)のvalueを"Hello!"に変更し、actionを呼び出しています。このactionにより、id="msg"の<div>タグにid="flg"のvalueが設定されいます。

そして、最後のdocument.querySelector("#msg").textContent;で得られる値が、このスクリプトをexecuteJavaScriptで実行した際の戻り値となります。これが、その後のthenのコールバック関数の引数に渡されます。あとは、その値が入力フィールドに設定した値と等しいかどうかをチェックするだけです。

```
assert.strictEqual(res, 'Hello!');
```

ここでは、ボタンクリックで実行されるaction関数を呼び出しているのがポイントです。これにより、入力フィールドの値が<p id="msg">のtextContentに設定されます。その値を取り出し、strictEqualでチェックするのですね。

このように、executeJavaScriptを使えばたいていの処理は実行できるようになりますし、またレンダラー側の表示もたいていは値として取り出せるようになります。

HTML要素を操作する

JavaScriptのスクリプトをテキストで用意して実行するやり方は、たいていのことは行えるようになりますが、テキストでスクリプトを用意するのがかなり面倒です。実をいえば、テストの処理内でHTML要素のオブジェクトを取得し、値の変更やクリック操作などを実行させることができるのです。

これは実際に、サンプルを試しながら説明したほうがよいでしょう。describeのコールバック関数内に、以下のit文を追記してください。なお、先に記述したit関数は削除してもかまいません。

▼リスト8-10

```
it('use form and check message', async ()=> {
  let msg = await this.app.client.$('#msg');
  let fld = await this.app.client.$('#fld');
  let btn = await this.app.client.$('#btn');
  await fld.setValue('Hello!');
  await btn.click();
  let re = await msg.getText();
  return assert.strictEqual(re, 'Hello!');
});
```

これを実行して問題なくテストを通過できれば、次のようなメッセージがターミナルに出力されます。

```
  Application launch
    ✓ use form and check message (195ms)

  1 passing (10s)
```

ここではitのコールバック関数がasync ()=> {……}というように、asyncが付いています。この関数が非同期であることを示すものです。

すでに述べましたが、テストで利用するapp.clientのメソッドは、基本的に非同期です。非同期のメソッドは呼び出したあとでthenを実行し、そのコールバック関数内で結果を受け取ります。呼び出すメソッドが1つや2つならいいのですが、いくつも実行するようになると、then().then().then()……と延々とthenがつながり、わけがわからなくなってきます。

そこで、このテストではasync/awaitを使って同期処理のような感覚で処理を記述できるようにしています。まず、app.clientから必要な要素のDOMに相当するオブジェクトを変数に取り出しています。

```
let msg = await this.app.client.$('#msg');
let fld = await this.app.client.$('#fld');
let btn = await this.app.client.$('#btn');
```

async関数内では、非同期処理はawaitを付けて呼び出すことで、結果が得られるまで待って直接戻り値として値を受け取れるようにできます。これで、id="msg"、id="flg"、id="btn"の、それぞれのDOMに相当するオブジェクトが取り出されました。

要素のオブジェクトを操作する

続いて、入力フィールドに値を設定してボタンをクリックし、表示メッセージを変数に取り出します。順に見ていきましょう。

▼id="flg"要素の値を設定する

```
await fld.setValue('Hello!');
```

▼id="btn"要素をクリックする

```
await btn.click();
```

▼id="msg"要素のテキストコンテンツを得る

```
let re = await msg.getText();
```

先ほどapp.client.$で取り出したオブジェクトから、メソッドを呼び出しています。<input>関連の値は、getValue/setValueでやり取りできます。<p>タグなどのコンテンツは、getTextでテキストを得られます。また、onclickで設定している処理は、clickメソッドで呼び出すことができます。app.client.$で得られたオブジェクトには、操作するためのメソッドがいろいろと用意されているのです。

要素の操作に関するメソッド

ここで使ったsetValueやclickのように、app.clientにはHTMLの要素を操作するメソッドが多数用意されています。これらの使い方を覚えることで、現在の状態を詳しく調べテストできるようになります。

どのようなメソッドが用意されているのか、主なものを簡単に整理しておきましょう。

要素の基本情報

getTagName()	タグ名を得る
getLocation()	位置を得る。{x: 横, y:縦}で得られる
getSize()	大きさを得る。{width: 横幅, height: 高さ}で得られる

状態を得る

isClickable()	クリック可能か
isEnabled()	利用可能か
isExisting()	存在するか
isFocused()	フォーカスがあるか
isSelected()	選択されているか

入力値の操作

getValue()	入力値を得る
setValue(値)	値を設定する
addValue(値)	値を追加する
clearValue()	値をクリアする

コンテンツの操作

getText()	テキストとして得る
setText(値)	テキストを設定する
getHTML()	HTMLコードとして得る
setHTML(値)	HTMLコードを設定する

クリック関係

click()	クリックする
doubleClick()	ダブルクリックする

属性の取得

getAttribute(属性名)	指定の属性の値を得る
getCSSProperty(プロパティ名)	指定のプロパティの値を得る

これらは、今すぐ覚える必要はありません。「こういうメソッドが用意されているらしい」という程度に頭の片隅に入れておけば十分です。自分でテストを書くようになったら、ここを読み返して「こういうことができないかな？」と調べながら処理を作っていけばいいでしょう。

C O L U M N

app.client.$('#btn').click(); では動かない！

app.clientで要素を操作するメソッドを利用する場合、注意したいことがあります。それは、要素オブジェクトの取得と、その中のメソッドは続けて呼び出せない、という点です。例えば、こういうことです。

```
let btn = await this.app.client.$('#btn');
await btn.click();
```

これは問題なく動作します。しかし、次の文は実はエラーになって動かないのです。

```
await this.app.client.$('#btn').click();
```

なぜか？　それは、app.client.$で要素のオブジェクトを取得するメソッド自体が非同期であるためです。$('#btn')は非同期ですから、要素オブジェクトは戻り値として得られません。1つずつ記述したいなら、こうしないといけないのです。

```
await this.app.client.$('#btn').then((ob)=>ob.click());
```

ちょっと面倒ですね。せっかくasync/awaitで非同期メソッドをスッキリ書けるようにしたのですから、こんな書き方はしたくないでしょう。「要素の操作は、await app.client.$で変数に取り出してから操作するのが基本」と考えたほうがいいでしょう。

データベースアクセスを行う

app.clientの機能だけでなく、Node.jsなどに用意されている機能を利用したテストが必要となることもあります。「sample_app」アプリケーションでは、5章でSQLite3を利用しました。このときに作成したテーブルにアクセスするテストを作ってみましょう。

index.htmlには、データベースアクセスをするdoDbという関数を用意していました。この関数を呼び出してデータベースアクセスした結果をチェックするものと、テストの処理内から直接データベースにアクセスするものを作成してみましょう。describeのコールバック関数に、以下を追記してください。なお、冒頭にsqlite3のrequire文を追記するのを忘れないで！

▼リスト8-11

```
// const sqlite3 = require('sqlite3'); 追記

it("access SQLite3 database", async ()=> {
  await this.app.client.waitUntilWindowLoaded();
  await this.app.webContents.executeJavaScript('doDb(1)');
  let msg = await this.app.client.$('#msg');
  let re = await msg.getText();
  return assert.strictEqual(re.startsWith('{"id":1,'), true);
});

it("access SQLite3 directory", ()=> {
  const dbpath = 'mydata.db';
  const id = 1;
  const query = 'select * from users where id = ' + id;
  let db = new sqlite3.Database(dbpath);
  let flg = true;
  db.all(query, (err, rows)=> {
    if (err == null) {
      if (rows[0] != undefined) {
        let r0 = rows[0];
        console.log(r0);
        db.close();
        return assert.strictEqual(r0.id, 1);
      } else {
        db.close();
        return assert.fail('cannot get record!');
      }
    } else {
      console.log(err.message);
      db.close();
      return assert.fail(err);
    }
  });
});
```

これを実行してみましょう。問題なくデータベースアクセスが行えたなら、次のように結果が出力されるでしょう。

```
Application launch
    ✓ access SQLite3 database (169ms)
    ✓ access SQLite3 directory
{ id: 1, name: xxx, email: xxx, tel: xxx }

  2 passing (6s)
```

1つ目のテストは、基本的にJavaScriptの関数を呼び出すだけで、実際のデータベースアクセスはレンダラープロセスに用意した関数で行っていますから、問題なく動作するのは当然でしょう。

2つ目のテストでは、new sqlite3.Databaseでインスタンスを作成し、db.allでレコードを取得しています。その中で、得られたレコードデータに応じて値をreturnしています。エラー時と、そうでない場合のreturnを見てみると、こうなっていますね。

```
return assert.strictEqual(r0.id, 1);
return assert.fail('cannot get record!');
return assert.fail(err);
```

ここでは、問題が発生したとわかっているところではassert.failというメソッドを呼び出しています。これは、テストを失敗するメソッドです。こんな具合に、わざと失敗を実行することもできるのです。

sqlite3のように、Node.jsのモジュールなどを利用した処理のテストもSpectronでは行えます。ここまで使ってきたモジュールがテストできるか、一通り試してみましょう。

Chapter 8

8.2. アプリケーションのビルド

ビルドツール「electron-builder」

ここまでさまざまなサンプルを作成してきましたが、これらはすべて、electronやnpm startといったコマンドを使って実行してきました。

しかし実際には、完成したアプリケーションはスタンドアロンで実行できる形にまとめて配布する必要があります。

これにはいくつか方法がありますが、もっとも簡単なのは、「ビルド用のパッケージを使う」というものでしょう。

Electronには、アプリケーションをビルドするためのツールが用意されています。「electron-builder」というものです。

このelectron-builderを使ってアプリケーションをビルドする方法について説明をしましょう。なお、electron-builderのドキュメント類は、以下のWebサイトで公開されています。

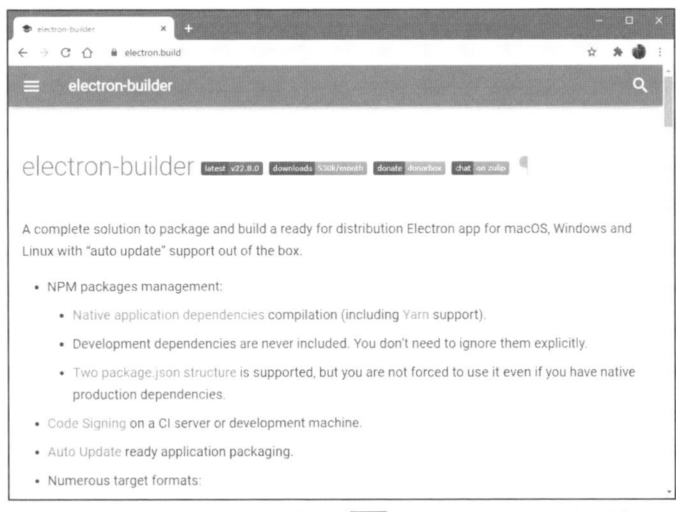

図8-6：electron-builderのWebサイト（URL https://www.electron.build/）。
基本的な情報はここで入手できる。

electron-builderをインストールする

では、electron-builderをインストールしましょう。npmのパッケージとして用意されていますので、npmコマンドで簡単に行えます。Visual Studio Codeのターミナルか、あるいはコマンドプロンプト、ターミナルアプリなどを起動して以下を実行してください。

```
npm install -g electron-builder
```

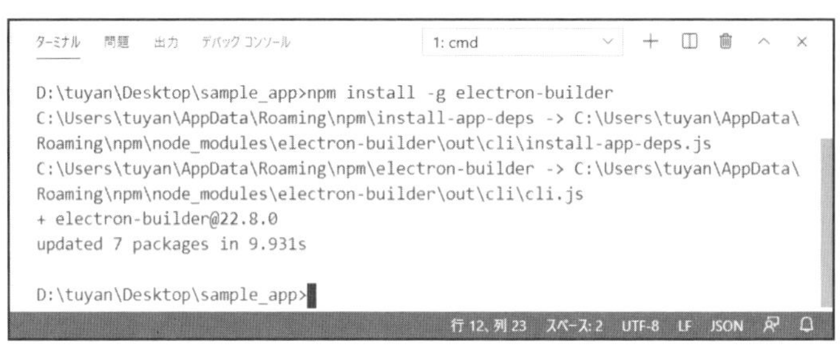

図8-7：npm installでelectron-builderをインストールする。

なお、これはグローバルインストール（どこからでも使えるようにnpm本体側にインストールする）であり、アプリケーションにはインストールしません。したがって、アプリケーション内にカレントディレクトリを移動する必要はありませんし、新しいアプリケーションを作成するたびに実行する必要もありません。一度インストールすればいつでも使えます。

アプリケーションをビルドする

実際にアプリケーションをビルドしてみましょう。Visual Studio Codeでアプリケーションフォルダを開いたままになっていますか？

では、そのままターミナルから以下を実行しましょう。

```
electron-builder
```

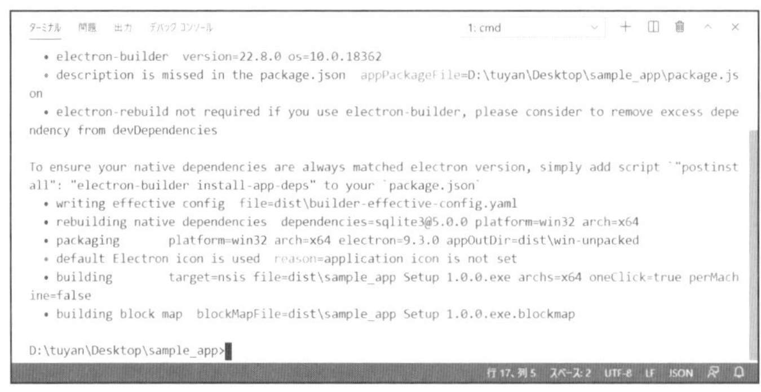

図8-8：アプリケーションをビルドする。

これで、アプリケーションがビルドされます。ビルドには多少の時間がかかりますが、たったこれだけでできてしまうのは驚きでしょう。再び入力可能な状態に戻ったら、ビルドは終了しています。

ビルドで生成されるもの

ビルドが完了したら、アプリケーションフォルダ内にある「dist」というフォルダを開いてください。ここにビルドの生成物が保存されています。この中に、次のようなアプリケーションをインストールためのプログラムが作成されます。

▼Windowsの場合

```
sample_app Setup 1.0.0.exe
```

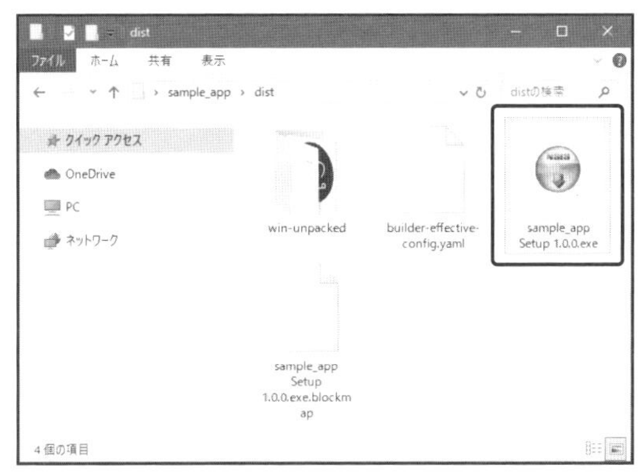

図8-9：Windowsの「dist」フォルダ。専用のインストーラが作成されている。

Windowsでは、「アプリケーション名 Setup バージョン.exe」という名前のファイルが作成されます。これは、Windows用の専用インストーラです。これをダブルクリックすると、自動的にアプリケーションのインストールを行います。スタートボタンとデスクトップには、アプリケーションを起動するショートカットが配置されます。

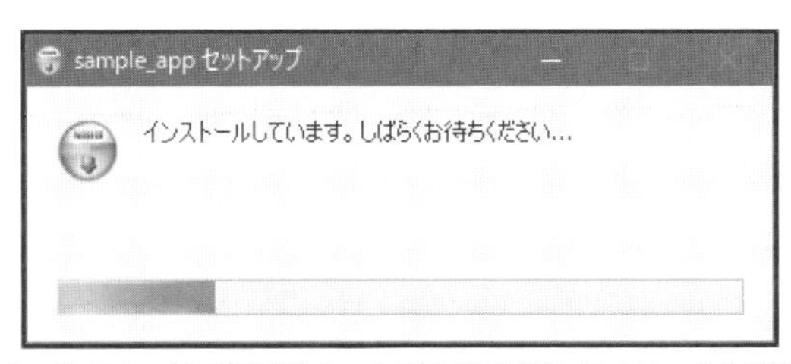

図8-10：インストーラを起動すると、その場で自動的にインストールを開始する。

▼macOSの場合

```
sample_app-1.0.0.dmg
```

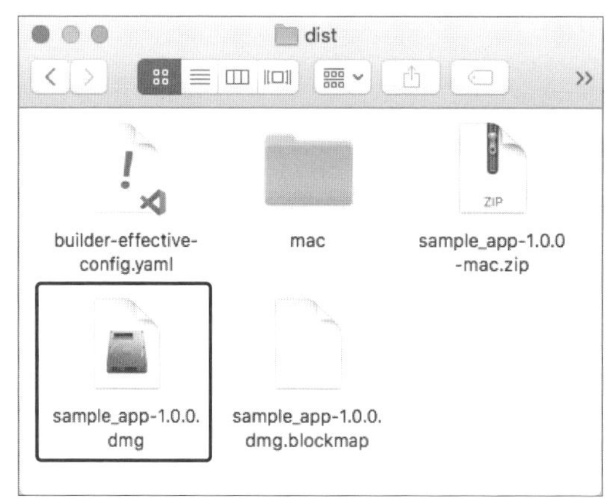

図8-11：macOSのビルド後の「dist」フォルダ。dmgファイルが作成される。

macOSの場合、ディスクイメージ（.dmgファイル）が「dist」フォルダに作成されます。これをダブルクリックするとディスクイメージがマウントされ、その中にアプリケーション本体が現れます。これをそのまま「アプリケーション」フォルダにコピーすれば使えるようになります。

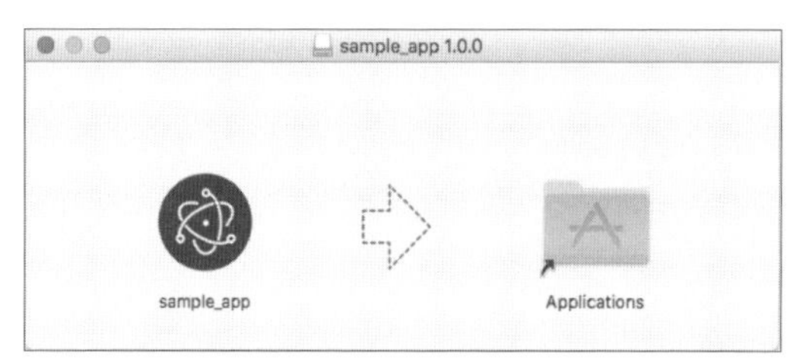

図8-12：ディスクイメージをマウントするとアプリケーションが現れる。

パッケージの配置について

ビルドそのものは非常に簡単ですが、実際に作成されたインストーラやディスクイメージを他のPCにコピーしインストールをしてみると、きちんとアプリケーションが動いてくれない、といった現象に遭遇するかもしれません。

ビルドできているのに動かない。その最大の原因は、アプリケーションのパッケージ設定にあります。ビルドして生成されるアプリケーションに必要なパッケージのプログラムが組み込まれていない場合、「ビルドは成功するが、できたアプリが動かない」といったことになってしまうのです。

では、アプリケーションの設定情報がどのようになっているか確認してみましょう。「sample_app」フォルダ内にある、package.jsonを開いてみてください。そこに、次のようなタグが記述されているでしょう。

▼リスト8-12

```
{
  "name": "sample_app",
  "version": "1.0.0",
  "description": "",
  "main": "index.js",
  "scripts": {
    "start": "electron .",
    "test": "set NODE_ENV=test&&mocha"
  },
  "author": "",
  "license": "ISC",
  "devDependencies": {
    "electron": "^10.1.1",
    "electron-rebuild": "^2.0.1",
    "mocha": "^8.1.3",
    "spectron": "^12.0.0"
  },
  "dependencies": {
    "rss-parser": "^3.9.0",
    "sqlite3": "^5.0.0"
  }
}
```

細かなバージョン等の値は異なっているでしょうが、だいたいこのような形で記述されているはずです。これにより、アプリケーションを実行したりビルドしたりした際に、どういうパッケージが必要となるかがわかります。

devDependenciesとdependencies

この記述の中で、アプリケーションが必要とするパッケージの情報を記述しているのが、以下の２つの部分です。

devDependencies	開発時に必要なパッケージ
dependencies	アプリケーションに必要なパッケージ

この２つは同じように見えて、実は違います。dependenciesはアプリケーションに必要なものであるため、常に必要とされます。したがって、ビルドした際もこれらのパッケージまで含めてビルドが実行されます。

これに対しdevDependenciesは、開発時に必要なパッケージです。electronコマンドでアプリケーションを実行する際にはこれらが使われますが、ビルド時にはこれらは含まれません。

したがって、利用するパッケージがこのどちらに含まれているかによって、ビルドして生成されるアプリケーションの内容も変わってくるのです。

devDependenciesに用意されるもの

では、具体的にどのようなパッケージがdevDependenciesに含まれるのでしょうか？　次のようなものが用意されています。

electron本体	ビルドされたアプリケーションには含まれません。
electron-builder	グローバルインストールした際は、これは書かれていないはずです。間違えてローカルにインストールした場合、ビルド後のアプリに含める必要はありません。
mocha, spectron	テストで利用するパッケージは、ビルド後のアプリには不要です。

この他の、アプリケーションで使うためにインストールしたパッケージ（sqlite3、rss-parserなど）は開発時だけでなく完成されたアプリでも必要となりますから、dependenciesに用意しておく必要があります。

この「どちらにパッケージを置くか」が正しく整理できてないと、ビルドされたアプリが環境によって動かない、などといったことになります。特に、「必要なものがdependenciesに用意されていない」場合にこの問題が発生します。アプリケーションのビルド時には、package.jsonの内容をよく確認してください。

開発時とリリース後の処理を分ける

開発時にopenDevToolsで開発ツールを組み込んでいた場合、ビルドして作成したアプリケーションを起動したら、そのまま開発ツールが表示されてしまった、といった失敗はよくやりがちです。

ビルドのたびにopenDevToolsをコメントアウトするのでもいいのですが、こうした書き換えは別の問題を引き起こす可能性もあります。プログラム内で「このアプリケーションはパッケージ化されているか」を調べることができれば、開発中とリリース後でそれぞれ処理を用意することも可能になります。

例えば、先にテスト時にopenDevToolsが開かないようにする処理を作成しましたね。こういうものです。

```
if (process.env.NODE_ENV !== 'test') {
  win.webContents.openDevTools();
}
```

これをさらに書き換えて、「リリース後およびテスト時にはツールが現れず、開発モードで実行しているときだけ現れる」というようにしてみましょう。すると、こうなります。

▼リスト8-13

```
if (!app.isPackaged) {
  if (process.env.NODE_ENV !== 'test') {
    win.webContents.openDevTools();
  }
}
```

app.isPackagedという値をチェックしています。これが、アプリケーションがパッケージ化されているかどうかを示すプロパティです。この値がtrueならば、パッケージ化されている（つまり、リリース後である）、falseならば、まだ開発中と判断できるわけです。

正式リリース時とそれ以前で処理を変える必要がある場合は、このappisPackagedを利用するとよいでしょう。

ビルドの設定について

electron-builderは、コマンド一発でインストーラやディスクイメージが生成できるので非常に便利ですが、本格的な開発を行う場合は、ビルドするアプリケーションについて「もう少し細かく設定したい」という場合もあるでしょう。

ビルドに関する設定は、package.jsonの中に用意することができます。"dependencies"などの項目と同じようにして"build"という項目を用意し、そこに設定を記述すればいいのです。このような形ですね。

```
"build": {……設定……}
```

この項目は、一番最後の}の手前を改行して追記すればいいでしょう。なお、その手前にある } の後には、必ずカンマ(,)を付けておくのを忘れないでください。

ビルドの基本設定

ビルドの設定は、ビルドするターゲット(WindowsかmacOSか、など)によって変わってきますが、すべてのビルドに共通する設定もあります。それは、次のようなものです。

productName	製品名
copyright	著作権の表示
appId	アプリケーションID

これらの値は、ターゲットに関係なく設定することができます。実際にやってみましょう。package.jsonに、以下の"buidl"設定を追加してください。

▼リスト8-14

```
"build": {
  "productName": "Sample Electron for me",
  "copyright": "Copyright © 2020 ${author} Software.",
  "appId": "com.example.electron.SampleApp"
}
```

追加する場所が間違っていないか、よく確認をしてください。

ここでは、"author"という設定の値を利用しています。package.jsonの中にある"author"という項目に自分の名前などを記述しておきましょう。例えば、次のような形です。

```
"author": "SYODA-Tuyano",
```

これで、electron-builderを実行しビルドしてみましょう。作成されるインストーラや、作成されたアプリの情報を見てみると、これらの設定が反映されているのがわかるでしょう。

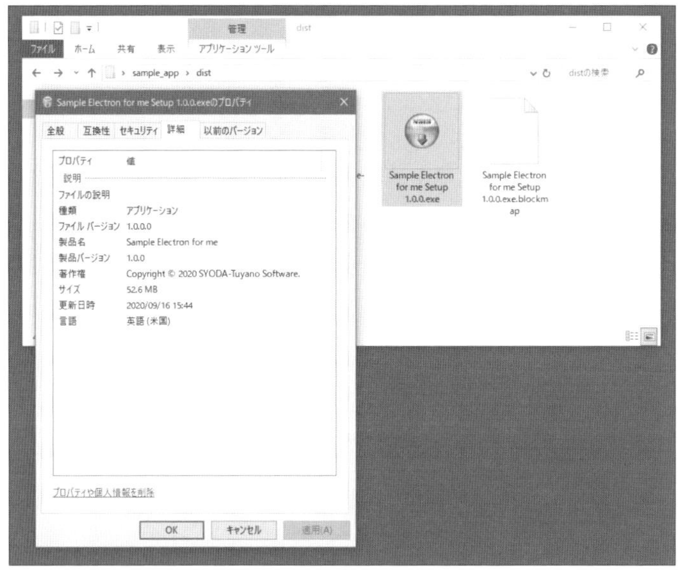

図8-13：生成されるインストーラのファイル名、製品名、著作権などの情報が"build"に用意した設定内容に変わっている。

Windowsの設定

この"build"設定の中に、各プラットフォーム向けの設定を用意していきます。まずは、Windowsの基本的なビルド設定から説明しましょう。

```
"win": {
  "icon": "icoファイルのパス",
  "target": [
    {
      "target": ターゲット,
      "arch": [ 対象 ]
    }
  ]
}
```

"win"の中に"icon"という設定がありますが、これがアプリケーションのアイコンになります。アイコンデータとなるicoファイルのパスを指定することで、アプリケーションのアイコンを設定できます。

そのあとに"target"という設定がありますが、この中にターゲットの情報が記述されています。("target"の設定内にある) "target"では、どのような形態のアプリケーションにするかを指定します。だいたい、以下のいずれかと考えていいでしょう。

"nsis"	一般的なWindowsアプリケーション
"appx"	Windows 10アプリケーション

この他にも、"zip"、"tar.gz"などの圧縮ファイルも指定することができます。これらを指定する場合は、インストーラは作成されず、圧縮ファイルのみが用意されます。

そのあとの"arch"は、対象となるPCのアーキテクチャーを指定します。これは、以下の中から必要なものを配列にまとめて指定します。

"ia32"	32bitアーキテクチャー向け
"x64"	64bitアーキテクチャー向け

両方を指定すれば、32/64bit両対応のアプリケーションになります。もちろん、どちらか一方だけでも問題ありません。

Windowsの設定例

では、Windows向けの設定例を挙げておきましょう。"build"の内容を抜粋して、以下に掲載しておきます。

▼リスト8-15

```
"build": {
  "productName": "Sample Electron for me",
  "copyright": "Copyright © 2020 ${author} Software.",
  "appId": "com.example.electron.SampleApp",
  "win": {
    "icon": "build/icon.ico",
    "target": [
      {
        "target": "nsis",
        "arch": [
          "x64",
          "ia32"
        ]
      }
    ]
  }
}
```

ここでは、アイコンとして"build/icons/icon.ico"を指定しています。アプリケーションフォルダ内に「build」フォルダを作成し、その中に「icon.ico」というファイル名でアイコンファイルを用意してください。

"target"の設定は、値が入れ子状態になっているのでわかりにくいでしょうが、用意する項目自体はそれほどありません。ここではターゲットを"nsis"にしてありますが、このあとで引き続きNSISの設定を行うためです。

NSISの設定について

ここで"target"に設定した"nsis"というのは、「Nullsoft Scriptable Install System（NSIS）」のことです。これは、Windows 10以前のアプリケーションインストールに使われていた標準的なインストールシステムです。Windows 10用でなく、一般的なWindowsアプリケーションとしてインストールする場合は、"target"を"nsis"にします。

このNSISに関する設定は、"wind": {……}のあとに記述します。つまり、次のような形になるわけです。

```
"win": {
   ……設定……
},
"nsis": {
   ……設定……
}
```

このNSISの設定は、Windowsの設定のようにわかりにくくはなく、単純に設定の項目を用意していくだけです。主な設定項目を以下にまとめておきましょう。

oneClick	ワンクリックインストーラ（すべて自動でインストールするもの）か否か
perMachine	PCにインストールするか、利用者ごとにインストールするか
allowElevation	アクセス権の昇格を許可するかどうか
allowToChangeInstallationDirectory	インストール場所の変更を許可するかどうか
runAfterFinish	インストール後、アプリを起動するかどうか
language	言語の指定。日本語は "Japanese"
unicode	ユニコードインストーラを作成するかどうか
createDesktopShortcut	デスクトップショートカットを作成するかどうか
createStartMenuShortcut	スタートメニューにショートカットを作成するかどうか
menuCategory	スタートメニューにカテゴリを追加するかどうか
shortcutName	ショートカット名の指定

これらはすべてデフォルトで設定されますので、不要なものは書く必要はありません（すべてデフォルトのままでいいなら、"nsis"の設定そのものが不要です）。「ここはこうしておきたい」と設定を変更したいもののみ用意すればいいでしょう。

NSISの設定例

NSISの簡単な設定例を挙げておきましょう。ここではワンクリックインストーラではなく、個々の設定を行いながらインストールするタイプのインストーラを作ってみます。この例では、「build」フォルダ内に「installericon.ico」というファイル名で用意したアイコンを、インストーラのアイコンとして使うようにしています。アイコンファイルを用意するか、使わない場合は"installerIcon"の設定を削除して試してください。

▼リスト8-16

```
"nsis": {
  "installerIcon": "build/installericon.ico",
  "oneClick": false,
  "perMachine": false,
  "allowElevation": true,
  "allowToChangeInstallationDirectory": true,
  "runAfterFinish": false
}
```

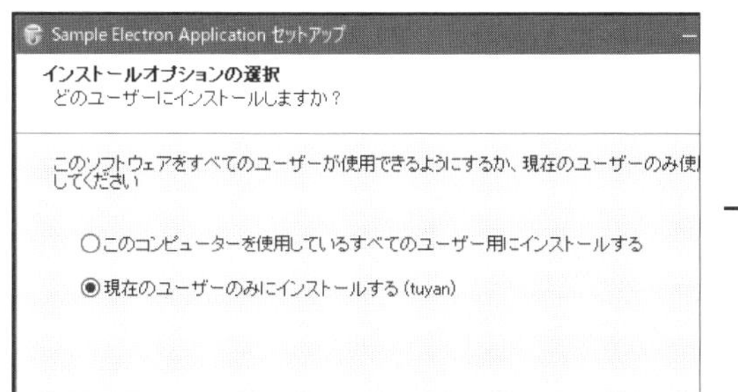

→

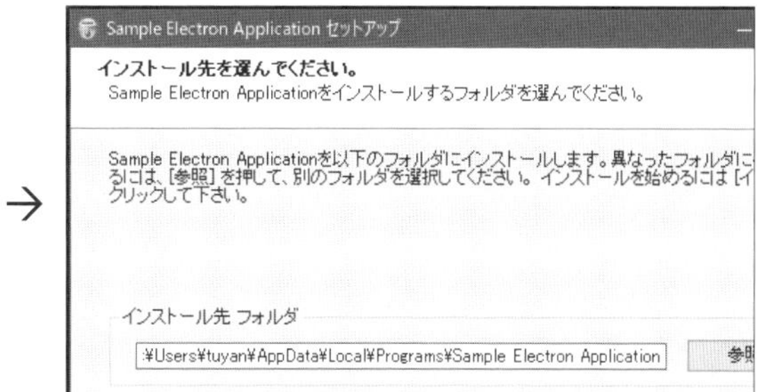

図8-14：ビルドされたインストーラは、インストールオプションを順に設定する形に変わっている。

これでビルドされたインストーラを起動すると、まずインストールオプションの設定という表示が現れ、全利用者と現在の利用者のどちらにインストールするかを指定します。続いて、どこにインストールするかを指定し、インストールを開始します。設定を変更することで、より柔軟にインストールが行えるようになります。

AppXの設定について

Windowsの場合、NSISの他に「AppX」というターゲットも用意されています。Windows 10用のアプリケーションで使われるものです。Windows 10のMicrosoft StoreからインストールするWindows 10用アプリケーションでは、このAppXを利用したインストーラが使われています。

AppXを利用する場合は、"win"設定内に用意してある"target"、"nsis"の値を、"target"、"appx"に変更します。そして、"nsis"の設定の代わりに"appx"の設定を用意します。"appx"用の設定項目として用意されている主なものを以下にまとめておきましょう。

applicationId	アプリケーションID
backgroundColor	バックグラウンドカラー（#で始まる6桁の16進数テキスト）
displayName	ユーザに表示されるアプリケーション名
identityName	アプリケーション名
languages	サポートされている言語。テキストまたはテキスト配列で指定
showNameOnTiles	スタート画面のタイル状にアプリケーション名を表示するか否か

これらもすべて用意する必要はありません。省略する場合でも最低、"identityName"の値だけは用意しておく必要があります。これがないとパッケージングの際にエラーになりますから、ご注意ください。

AppXの設定例

AppXを利用する設定例を挙げておきましょう。"win"のあとに、以下の"appx"の設定を追記してください。

なお、"win"内にある"target"、"nsis"の項目を、"target"、"appx"に変更しておくのを忘れないように。

▼リスト8-17

```
"appx": {
  "applicationId": "com.example.electron.SampleApp",
  "backgroundColor": "#400090",
  "displayName": "Sample Application",
  "identityName": "SampleApp",
  "languages": "ja",
  "showNameOnTiles": true
}
```

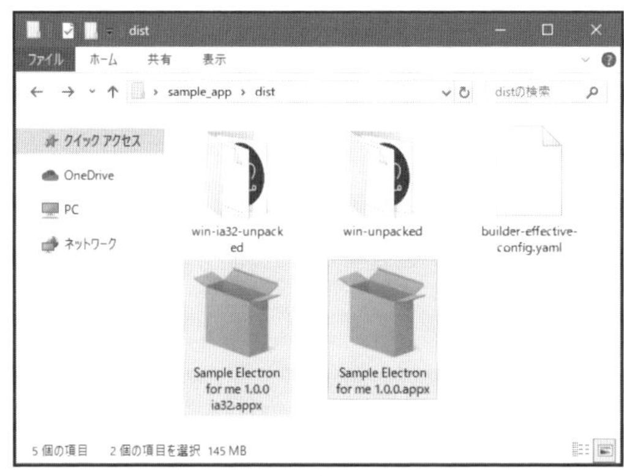

図8-15：ビルドすると、.appx拡張子のファイルが生成される。

実行すると、「dist」フォルダ内に「.appx」という拡張子のファイルが作成されます。これが、AppXのインストーラです。これをダブルクリックして起動すると、AppXのインストーラが起動します。

図8-16：.appxファイルを起動すると、Windows 10向けのインストーラが起動しインストールを行う。

C O L U M N

AppX は署名が必要

AppX でビルドし作成された .appx ファイルを起動してインストールしようとすると、エラーになってインストールが実行できないことに気がついたかもしれません。Windows 10 用アプリのインストールには署名が必須です。Microsoft Store の開発者登録を行い、マイクロソフトに公開するアプリケーションを申請するとアプリケーションに署名がされ、ストアで公開されるようになっているのです。

macOSの設定について

続いて、macOSアプリケーションの設定について説明しましょう。

"build"に用意される項目("productName"、"copyright"、"appId" など)は、Windowsとまったく同じです。そのあとに、"win"の代わりに"mac"という設定を用意します。次のような形になっています。

```
"mac": {
  "icon": "icoファイルのパス",
  "identity": 証明書の名前,
  "target": [
    {
      "target": ターゲット,
      "arch": [ 対象 ]
    }
  ]
}
```

基本的な設定内容は、Windowsの場合とほぼ同じです。違いは、「macOSの場合は"identity"で開発者登録されている証明書の名前を指定する必要がある」という点です。macOS用アプリケーションの開発は、Apple Developer Programに開発者登録を行い、配布用証明書を取得する必要があります。この"identity"に証明書の名前を指定してください。証明書はキーチェーンアクセスを起動し、「証明書」の項目を選択して「○○ Developer: ……」という項目を探せば見つかります。この、コロン(:)以降の部分が証明証の名前です。

図8-17:キーチェーンアクセスで配布用証明書を開き、名前を確認する。

macOSの設定例

macOSの設定例を挙げておきましょう。"build"の設定内容を、次のように書き換えてください。

▼リスト8-18

```
"build": {
  "productName": "Sample Electron Application",
  "copyright": "Copyright © 2020 ${author}",
  "appId": "com.tuyano.SampleApp",
  "mac": {
    "icon": "build/icons/icon.icns"
    "identity": " 配布用証明書の名前 ",
    "target": [
      {
        "target": "dmg",
        "arch": [
          "x64"
        ]
      }
    ]
  }
}
```

"identity"については、それぞれで取得した配布用証明書の名前に変更する必要があります。"author"には、あらかじめ開発者の名前を指定しておくのを忘れないでください。

ここでは、"target"、"dmg"というようにターゲットを指定しています。ディスクイメージとしてビルドすることを示すものです。"target"の値は"dmg"の他、"pkg"も指定できます。また"zip"、"tar.gz"など、圧縮ファイルの指定も可能です。

dmgの設定について

ディスクイメージの作成に関する設定は、"dmg"という設定項目として用意します。"mac": {……} という項目のあとにカンマを付けて、"dmg": {……}という形で記述すればいいでしょう。

"dmg"で使える設定項目としては、次のようなものがあります。これらがすべてというわけではなく、主要な項目のみをまとめています。

background	ウインドウ背景イメージ(.pngファイル)のパス
backgroundColor	ウインドウの背景色
icon	マウントするボリュームのアイコン(.icnsファイルのパス)
iconSize	アイコンサイズ。整数で指定
iconTextSize	アイコンのテキストサイズ。整数で指定
title	マウントされた際のボリューム名
contents	ウインドウに表示されるコンテンツの情報(後述)
window	ウインドウの位置と大きさ(後述)
sign	署名するかどうか

●windowの設定情報

以下の項目をひとまとめにしたオブジェクトを指定します。

x	横位置
y	縦位置
width	横幅
height	高さ

●contentsの設定情報

以下の項目をまとめたオブジェクトの配列を指定します。

x	横位置
y	縦位置
type	種類。"link"、"file"、"dir"（リンク、ファイル、ディレクトリ）のいずれかで指定
name	ファイル（フォルダ）名
path	ファイル（フォルダ）のパス

アイコン関係は、あらかじめアイコンとして使うicnsファイルを用意しておく必要があります。そのパスを指定することで、アイコンが使われるようになります。また、windowやcontentsは複数の項目を{……}で1つにまとめる形（contentsはそれをさらに配列にまとめる）で用意します。

dmgの設定例

実際の利用例を挙げておきましょう。先ほどのリスト8-18で記述した"mac": {……}のあとにカンマ（,）を付け、改行して以下の内容を追記しましょう。

▼リスト8-19

```
"dmg": {
  "backgroundColor": "#990033",
  "title": "Sample Application",
  "contents": [
    {
      "x": 100,
      "y": 200,
      "type": "link",
      "path": "/Applications"
    },
    {
      "x": 300,
      "y": 200,
      "type": "file"
    }
  ],
  "window": {
```

```
    "x": 100,
    "y": 100,
    "width": 600,
    "height": 400
  }
}
```

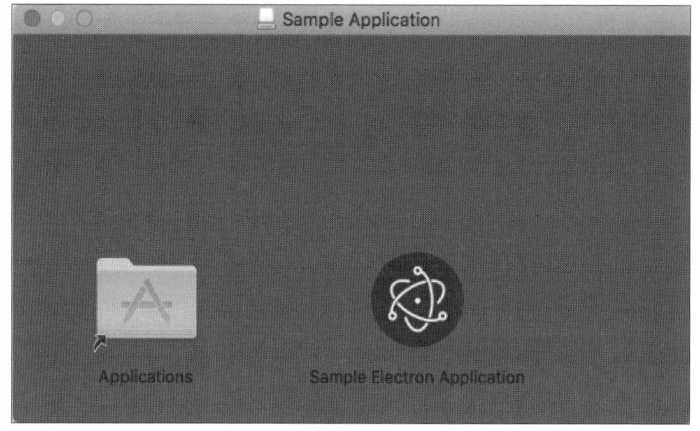

図8-18：ビルドされたディスクイメージをマウントしたところ。

ビルドされたディスクイメージをマウントすると暗めの赤背景でウインドウが表示され、その中にアプリケーションのファイルと「Applications」フォルダのエイリアスが表示されます。

ここでは、"contents"の項目に2つの設定を配列にまとめたものを用意しています。１つは"file"タイプの設定で、これがアプリケーションのファイルの表示に関する指定になります。もう１つは"link"タイプの設定で、"path"を使い、「Applications」フォルダのエイリアスを用意しています。"dmg"では、このようにディスクイメージをマウントして開かれるウインドウ内にアプリケーション本体以外のものも用意することができます。

プログラム内からビルドを行う

これで、WindowsとmacOSのビルドに関する基本的な設定はだいたいわかりました。electro-builderコマンドを使うことで、基本的なアプリケーションのビルドは行えるようになるでしょう。

このビルド作業は、実はプログラムの内部からも利用することができます。これにより、例えばテスト実行後自動的にビルドを行うなど、「ビルド作業まで含めた処理」を作成できるようになります。

そのためには、まずelectron-builderをアプリケーション側にインストールしておきます。ターミナルから次のように実行してください。

```
npm install --save-dev electron-builder
```

アプリケーション内にelectron-builderが組み込まれます。package.jsonを開くと、"devDependencies"内に"electron-builder"、"^xxx"（xxxはバージョン名）といった項目が追加されているはずです。もし、"dependencies"側に追加されていたならそれは間違いですから、記述された項目を"devDependencies"側に移動し、npm installを実行してください。

buildメソッドについて

electron-builderの機能を利用するには、まず冒頭でrequireを使い、electron-builderモジュールをロードしておきます。

```
変数 = require("electron-builder");
```

あとは、この変数からメソッドを呼び出してビルドを実行します。ビルド実行のメソッドは、「build」というものです。

```
《Builder》.build({……設定項目……});
```

引数には、ビルドの設定をまとめたオブジェクトが用意されます。このbuildメソッドは非同期であり、Promiseが返されます。そこからthen、catchといったメソッドを呼び出すことで、ビルド完了時や例外発生時の処理を追加できます。

buildの設定について

buildメソッドの引数に用意するオブジェクトはどのような構造になっているのでしょうか？　整理すると、次のようになるでしょう。

```
{
  targets:《Target》,
  config: {……設定内容……}
}
```

targetsには、《builder》.Platformにあるプロパティからメソッドを呼び出して、Targetオブジェクトを生成します。Platformには、次のようなプロパティがあります。

WINDOWS	WindowsのPlatform
MAC	macOSのPlatform

ビルドしたいプラットフォームのPlatform内から「createTarget」というメソッドを呼び出すことで、Targetオブジェクトが設定できます。これをそのままtargetsに指定します。

もう1つのconfigは、ビルドの設定情報をまとめるためのものです。package.jsonの"build"内に用意した設定内容を、そのままコピー&ペーストすればOKです。内容の書き方等はまったく同じです。

build.jsを作成しビルドする

実際にスクリプトファイルを作成し、それを使ってビルドを行ってみましょう。アプリケーションフォルダ内に「build」というフォルダを作成し、その中に「build.js」というファイルを用意してください。そしてその内容を、次のように変更しましょう。

▼リスト8-20

```
const builder = require("electron-builder");
const Platform = builder.Platform;

builder.build({
  targets: Platform.WINDOWS.createTarget(),
  config: {
    "productName": "Sample Electron!",
    "copyright": "Copyright © 2020 Tuyano project.",
    "appId": "com.example.electron.SampleApp",
    "win": {
      "target": [
        {
          "target": "nsis",
          "arch": ["x64"]
        }
      ]
    },
    "nsis": {
      "oneClick": false,
      "allowToChangeInstallationDirectory": true,
      "runAfterFinish": false
    }
  }
})
.then(() => {
  console.log('\n***** Build-process is finished *****\n');
})
.catch((error) => {
  console.log(error.message);
});
```

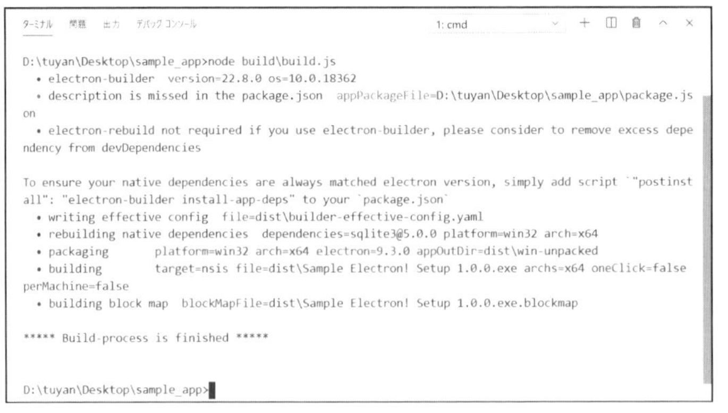

図8-19：build.jsを実行する。最後に「***** Build-process is finished *****」と表示されれば終了。

build.jsを記述したら、これをNode.jsで実行しましょう。ターミナルから次のようにコマンドを実行してください。

▼windowsの場合

```
node build\build.js
```

▼macOSの場合

```
node ./build/build.js
```

これでbuild.jsが実行され、アプリケーションがビルドされます。最後に「***** Build-process is finished *****」と表示されたら、ビルドが完了しています。何か問題が発生した場合は、代わりにエラーメッセージが出力されます。

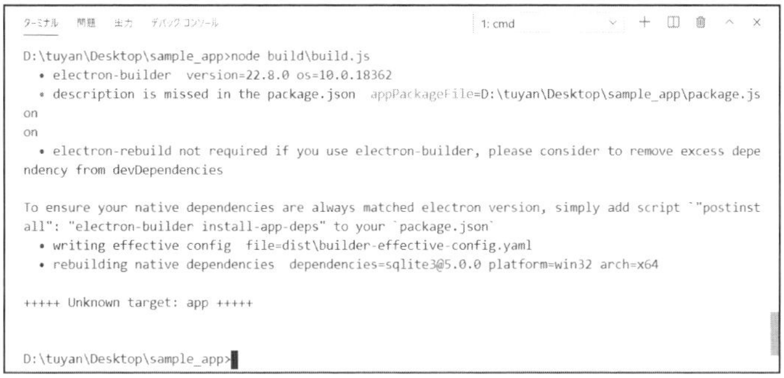

```
ターミナル 問題 出力 デバッグ コンソール                1: cmd
D:\tuyan\Desktop\sample_app>node build\build.js
  • electron-builder  version=22.8.0 os=10.0.18362
  • description is missed in the package.json  appPackageFile=D:\tuyan\Desktop\sample_app\package.js
on
on
  • electron-rebuild not required if you use electron-builder, please consider to remove excess depe
ndency from devDependencies

To ensure your native dependencies are always matched electron version, simply add script `"postinst
all": "electron-builder install-app-deps" to your `package.json`
  • writing effective config  file=dist\builder-effective-config.yaml
  • rebuilding native dependencies  dependencies=sqlite3@5.0.0 platform=win32 arch=x64

+++++ Unknown target: app +++++


D:\tuyan\Desktop\sample_app>
```

図8-20：問題が発生すると、「+++++ メッセージ +++++」という形式でエラーメッセージが表示される。

builder.jsの内容を確認する

では、処理を見てみましょう。ここではelectron-builderをロードし、そこからPlatformを変数に取り出しています。

```
const builder = require("electron-builder");
const Platform = builder.Platform;
```

そして、これらを使ってbuildメソッドを実行します。この部分は、設定内容を省略し整理すると、次のような形になっています。

```
builder.build({
  targets: Platform.WINDOWS.createTarget(),
  config: {……}
})
.then(() => {
  ……終了後の処理……
})
.catch((error) => {
  ……例外処理……
});
```

targetsの指定とconfigの内容を正しく用意すれば、それほど難しいものではありません。configの設定内容はpackage.jsonの"build"に記述したものをそのままコピー＆ペーストすればいいので、複雑そうに見えますが、手間はかからないでしょう。

また、buildがPromiseを返すことを思い出せば、そこからさらにthenやcatchを呼び出すことでビルド後の処理や例外処理を用意できます。

プログラム内からビルドを行うのは、このbuildメソッドを覚えるだけです。それほど複雑なものではありませんから、実際に何度かスクリプトを書いて実行してみればすぐに使えるようになるでしょう。

Index

●英語

●な

●は

●ま

●ら

掌田津耶乃（しょうだ つやの）
日本初のMac専門月刊誌「Mac+」の頃から主にMac系雑誌に寄稿する。ハイパーカードの登場により「ビギナーのためのプログラミング」に開眼。以後、Mac、Windows、Web、Android、iOSとあらゆるプラットフォームのプログラミングビギナーに向けた書籍を執筆し続ける。

最近の著作本：
「ブラウザだけで学べる シゴトで役立つやさしいPython入門」（マイナビ）
「Android Jetpackプログラミング」（秀和システム）
「Node.js超入門 第3版」（秀和システム）
「Python Django3超入門」（秀和システム）
「iOS/macOS UIフレームワーク SwiftUIプログラミング」（秀和システム）
「Ruby on Rails 6超入門」（秀和システム）
「作りながら学ぶWebプログラミング実践入門」（マイナビ））

著書一覧：
http://www.amazon.co.jp/-/e/B004L5AED8/

筆者運営のWebサイト：
https://www.tuyano.com

ご意見・ご感想：
syoda@tuyano.com

本書のサポートサイト：
http://www.rutles.net/download/510/index.html

装丁　米本　哲
編集　うすや

Electronではじめるデスクトップアプリケーション開発

2020年11月30日　初版第1刷発行

著　者　掌田津耶乃
発行者　黒田庸夫
発行所　株式会社ラトルズ
〒115-0055　東京都北区赤羽西4-52-6
電話 03-5901-0220　FAX 03-5901-0221
http://www.rutles.net

印刷・製本　株式会社ルナテック

ISBN978-4-89977-510-2　